盐雾环境模拟试验技术及应用

汪笑鹤 丁光雨 刘学斌 等编著

国防工业出版社

·北京·

内 容 简 介

本书针对盐雾环境模拟试验技术及相关技术，介绍了盐雾环境模拟试验装备与实施、湿热海洋大气环境盐雾腐蚀行为及作用机理、盐雾环境模拟试验腐蚀行为及作用机理、盐雾环境腐蚀效应测试与分析评价、盐雾环境模拟试验数据库技术、腐蚀效应检测及评价技术、腐蚀效应仿真分析与智能评估系统、综合加速盐雾腐蚀试验设计、装备腐蚀效应抑制与装备防腐蚀维护研究等。本书有助于装备环境试验鉴定、装备环境适应性设计行业相关人员全面了解盐雾环境模拟试验技术。

本书可作为装备生产企业、试验鉴定机构、科研院所、大专院校等装备环境工程领域科技人员和管理人员的参考材料。

图书在版编目(CIP)数据

盐雾环境模拟试验技术及应用/汪笑鹤等编著. —北京：国防工业出版社，2022.3
ISBN 978-7-118-12494-1

Ⅰ.①盐… Ⅱ.①汪… Ⅲ.①盐雾影响—环境模拟—模拟试验　Ⅳ.①X820.3

中国版本图书馆 CIP 数据核字（2022）第 030669 号

※

国防工业出版社出版发行
（北京市海淀区紫竹院南路23号　邮政编码100048）
北京虎彩文化传播有限公司印刷
新华书店经售

*

开本 710×1000　1/16　插页 8　印张 19¾　字数 362 千字
2022 年 3 月第 1 版第 1 次印刷　印数 1—1000 册　定价 128.00 元

（本书如有印装错误，我社负责调换）

国防书店：(010)88540777　　书店传真：(010)88540776
发行业务：(010)88540717　　发行传真：(010)88540762

前言

环境模拟试验技术是武器装备试验鉴定的重要组成部分,直接评价装备环境适应性,为环境适应性设计改进和提高提供支撑,也是装备安全性、可靠性考核的基础。盐雾环境模拟试验是装备环境模拟试验的重要环节,用于模拟自然盐雾环境试验。盐雾环境通常是指大气中由含盐微小液滴所构成的弥散系统,对于大部分在海边或海上生产、运输、贮存、部署、使用的武器装备而言,盐雾环境是装备全寿命周期的一项重要影响因素,也是装备环境适应性考核的一项重要内容。在盐雾环境下,会引发武器装备产生各种腐蚀,如电化学腐蚀、加速应力腐蚀等,还会对装备的电气系统造成影响,导致装备性能下降;而盐析出沉积后,也可能导致装备电气功能失常,还可能导致一些机械部件活动部分阻塞、卡死;涂层表面的盐在电解作用下,还可能导致涂层起泡、脱落,引起进一步的腐蚀。沿海地区盐雾环境的影响尤其显著,对军用武器装备的性能具有严重影响,产生锈蚀、变色、涂层起泡、脱落等破坏效应。盐雾环境是装备(尤其对于沿海部署的装备而言)设计、定型和试验中所必须考虑的重要环境因素,盐雾环境模拟试验是考核武器装备对盐雾环境适应性的重要手段。

盐雾环境模拟试验设备种类繁多,根据实验室容积大小划分,可以分为大型、中型、小型盐雾环境试验设备,以满足不同大小武器装备的试验需求。国内盐雾环境模拟试验开展较早,发展迅速,近年来已经有相对比较完善的小型盐雾试验箱和中型盐雾试验箱,能够对国标和国军标中试验的温度、湿度和盐雾沉降量等主要指标进行较好的控制,大的盐雾环境试验设备也有了一定的技术储备,但盐雾环境模拟试验设备制造、试验实施和环境效应等分布于不同的工业部门和研究机构,系统的研究较少。

本书作者主持和参与了多项与盐雾环境模拟试验有关的课题研究和项目建设,完成多种型号武器装备的盐雾环境模拟试验与鉴定,在盐雾环境模拟试验领域有着深厚的理论基础和实践经验。为使盐雾环境试验设备及相关试验技术进一步得到推广应用,让装备环境试验鉴定、装备环境适应性设计行业相关人员全面了解盐雾环境模拟试验技术,作者对多年积累的盐雾环境模拟试验实施、设备使用和相关研究成果进行系统梳理、归纳总结,又吸纳了国内外相关研究成果，最终完成本书的撰写。

本书共分为 11 章。第 1 章简要介绍盐雾环境的概念，以及盐雾环境模拟试验的技术、标准和发展等。第 2 章对盐雾环境模拟试验的关键试验技术及相关试验设备、试验流程做了详细介绍。第 3 章分析在湿热海洋大气环境盐雾腐蚀行为及作用机理。第 4 章阐述盐雾环境模拟试验的腐蚀行为及作用机理。第 5 章介绍盐雾环境腐蚀效应测试与分析评价。第 6 章介绍盐雾模拟环境腐蚀效应智能评价技术。第 7 章简要介绍盐雾环境模拟试验数据库技术。第 8 章介绍腐蚀效应监测及评价技术。第 9 章介绍盐雾环境腐蚀效应仿真分析技术。第 10 章介绍综合加速盐雾腐蚀试验设计。第 11 章介绍装备腐蚀效应抑制与装备防腐蚀维护。

本书由汪笑鹤、丁光雨、刘学斌等编著，参与撰写的人员还有邹正宇、张成、霍威翰、张寒、杜超群、张军虎、张开平、宫苗、孙海瑞。在盐雾环境模拟试验设备研制和技术应用验证过程中得到了中科院金属研究所、中国兵器工业第 59 研究所、无锡南亚科技发展有限公司、北京易盛泰和科技有限公司、上海格麟倍科技发展有限公司的技术支持。在编著过程中恰逢汪笑鹤的儿子汪诺桢出生，妻子丁艳君、母亲张大梅承担起了绝大部分照顾幼子的重担，为他编著和校对提供了时间保障，在此表示诚挚感谢。同时，也向参考文献和其他相关资料的作者表示感谢。

鉴于本书作者水平有限，疏漏和不妥之处在所难免，敬请读者批评指正。

作　者
2021 年 3 月

目 录

第 1 章　概述 ……………………………………………………………… 001

  1.1　盐雾环境的概念 ……………………………………………………… 001

  1.2　盐雾环境模拟试验技术 ……………………………………………… 002

  1.3　盐雾环境模拟试验的标准 …………………………………………… 003

      1.3.1　标准分布的对比分析 …………………………………………… 003

      1.3.2　标准时效性的对比分析 ………………………………………… 005

      1.3.3　主要标准的对比分析 …………………………………………… 005

  1.4　盐雾环境模拟试验的发展 …………………………………………… 006

  1.5　盐雾环境模拟试验研究的意义 ……………………………………… 008

第 2 章　盐雾环境模拟试验设备与实施 ……………………………… 010

  2.1　设备选用依据及要求 ………………………………………………… 010

      2.1.1　设备用途 ………………………………………………………… 010

      2.1.2　设备选用原则 …………………………………………………… 011

      2.1.3　设备功能要求 …………………………………………………… 011

  2.2　设备工作原理 ………………………………………………………… 012

  2.3　关键试验技术 ………………………………………………………… 012

      2.3.1　温度稳定性技术 ………………………………………………… 012

      2.3.2　喷雾雾化技术 …………………………………………………… 013

      2.3.3　沉降量在线监测技术 …………………………………………… 014

  2.4　小型盐雾环境模拟试验设备 ………………………………………… 015

      2.4.1　设备特点 ………………………………………………………… 015

      2.4.2　设备结构功能 …………………………………………………… 016

      2.4.3　重要结构特征 …………………………………………………… 016

  2.5　中型盐雾环境模拟试验设备 ………………………………………… 017

      2.5.1　设备特点 ………………………………………………………… 017

2.5.2　设备结构功能 ································· 018
2.6　大型盐雾环境模拟试验系统 ···························· 019
　　2.6.1　设备特点 ······································· 019
　　2.6.2　系统组成 ······································· 019
　　2.6.3　重要系统结构功能 ······························· 020
2.7　大型盐雾环境模拟试验系统试验实施阶段 ················ 027
　　2.7.1　试前准备 ······································· 027
　　2.7.2　试验实施过程 ··································· 029
　　2.7.3　试验中断处理 ··································· 031
2.8　被试装备检测及评价 ·································· 031
2.9　试后处理 ·· 032
2.10　维护保养要求 ······································· 032

第3章　湿热海洋大气环境盐雾腐蚀行为及作用机理 ············ 035

3.1　湿热海洋大气环境沿海装备腐蚀效应分析 ················ 035
　　3.1.1　湿热海洋大气环境特征分析 ······················· 035
　　3.1.2　湿热海洋大气环境因素影响机理 ··················· 037
　　3.1.3　湿热海洋大气环境效应特征分析 ··················· 040
3.2　大气暴露试验 ·· 041
　　3.2.1　试验场点选择 ··································· 042
　　3.2.2　控制材料 ······································· 042
　　3.2.3　大气暴露试验的试样 ····························· 042
　　3.2.4　暴晒架与暴露试验 ······························· 043
　　3.2.5　试验结果的评价 ································· 044
3.3　金属材料湿热海洋大气腐蚀规律分析 ···················· 044
　　3.3.1　钢腐蚀特征及规律分析 ··························· 045
　　3.3.2　铜及其合金腐蚀规律分析 ························· 048
　　3.3.3　铝合金腐蚀规律分析 ····························· 049
3.4　无机覆盖层湿热海洋大气环境腐蚀规律分析 ·············· 052
　　3.4.1　阳极氧化层腐蚀规律分析 ························· 052
　　3.4.2　镀镍覆盖层腐蚀规律分析 ························· 053
　　3.4.3　镀锌覆盖层腐蚀规律分析 ························· 055
3.5　防护涂层腐蚀老化行为及规律分析 ······················ 057
　　3.5.1　涂层老化现象分析 ······························· 058

  3.5.2 涂层老化规律分析 ·· 060
  3.5.3 涂层红外谱图分析 ·· 061

第4章 盐雾环境模拟试验腐蚀行为及作用机理 ····························· 063

4.1 盐雾环境模拟试验腐蚀机理 ··· 063
  4.1.1 盐雾环境模拟试验的分类 ·· 063
  4.1.2 盐雾的腐蚀机理 ·· 064
  4.1.3 盐雾环境模拟试验的环境效应 ·· 064
4.2 盐雾环境模拟试验结果的评定 ··· 065
  4.2.1 整体腐蚀指标 ·· 066
  4.2.2 局部腐蚀指标 ·· 066
4.3 试验准备与试验方法 ·· 067
  4.3.1 试验设备 ·· 067
  4.3.2 被试装备的准备 ·· 067
  4.3.3 试验流程 ·· 068
4.4 盐雾环境模拟试验腐蚀效应及机理分析 ·· 068
  4.4.1 温度对试验结果的影响 ··· 069
  4.4.2 盐溶液浓度对试验结果的影响 ·· 070
  4.4.3 放置角度对试验结果的影响 ·· 071
  4.4.4 盐溶液的pH值对试验结果的影响 ·· 071
  4.4.5 试验方式对试验结果的影响 ·· 073
4.5 铝合金盐雾环境模拟试验腐蚀规律分析 ·· 075
  4.5.1 表面形貌及腐蚀产物分析 ·· 075
  4.5.2 加速性分析 ·· 077
4.6 镀镉钝化层盐雾模拟试验腐蚀规律分析 ·· 079
  4.6.1 1Cr17Ni2 钢镀镉钝化层 ·· 080
  4.6.2 30CrMnSiA 钢镀镉钝化层 ··· 081

第5章 盐雾环境腐蚀效应测试与分析评价 ····································· 084

5.1 腐蚀效应测试与分析方法 ·· 084
  5.1.1 表观检查 ·· 084
  5.1.2 质量变化 ·· 086
  5.1.3 尺寸测量 ·· 090
  5.1.4 力学性能测试 ·· 091

    5.1.5 电化学技术 ·· 092
    5.1.6 图像信息处理技术 ·· 096
  5.2 基于质量损失腐蚀效应测试与分析 ··· 096
    5.2.1 试验设计 ·· 096
    5.2.2 盐雾环境模拟试验程序变量腐蚀规律 ··· 097
  5.3 基于电化学腐蚀效应测试分析 ·· 099
    5.3.1 试验设计 ·· 099
    5.3.2 极化曲线法 ··· 101
    5.3.3 交流阻抗法 ··· 102
  5.4 基于表面特征表征的腐蚀效应评价 ··· 103
    5.4.1 试验设计 ·· 103
    5.4.2 表面形貌 ·· 105
    5.4.3 色差 ··· 107
    5.4.4 光泽度 ··· 107
  5.5 基于力学特征的腐蚀效应评价 ·· 109
    5.5.1 试验设计 ·· 109
    5.5.2 腐蚀效应规律测试与分析 ·· 110
  5.6 图像特征提取与分析技术 ··· 111
    5.6.1 试验设计 ·· 111
    5.6.2 腐蚀图像表面形貌特征值提取 ·· 113
    5.6.3 涂层分形维数分析 ·· 117

第6章 盐雾模拟环境腐蚀效应智能评价技术 ·· 119

  6.1 技术基础 ·· 119
    6.1.1 腐蚀智能评价的意义 ··· 119
    6.1.2 腐蚀智能评价的发展历程 ·· 120
    6.1.3 腐蚀智能评价的方法 ··· 121
  6.2 腐蚀数据采集 ··· 121
    6.2.1 腐蚀图像数据采集 ·· 122
    6.2.2 腐蚀光谱数据采集 ·· 128
    6.2.3 腐蚀红外热像数据采集 ··· 130
  6.3 腐蚀特征提取 ··· 134
    6.3.1 背景分割提取 ··· 135
    6.3.2 纹理特征提取 ··· 136

6.3.3　腐蚀红外热像特征提取 …………………………………………… 142
　6.4　腐蚀特征识别 …………………………………………………………… 144
　　　6.4.1　腐蚀图像特征识别 …………………………………………………… 144
　　　6.4.2　腐蚀光谱特征识别 …………………………………………………… 149
　　　6.4.3　腐蚀红外特征测量计算 ……………………………………………… 152
　6.5　腐蚀检测智能设备 ……………………………………………………… 154
　　　6.5.1　设备系统原理 ………………………………………………………… 154
　　　6.5.2　设备结构设计 ………………………………………………………… 155
　　　6.5.3　图像特征提取 ………………………………………………………… 157
　　　6.5.4　腐蚀效应类型判别 …………………………………………………… 157
　6.6　腐蚀智能评价方法 ……………………………………………………… 160
　　　6.6.1　评价需收集的信息 …………………………………………………… 160
　　　6.6.2　试验数据采集 ………………………………………………………… 161
　　　6.6.3　腐蚀环境效应评价 …………………………………………………… 163
　　　6.6.4　智能评价方法优势 …………………………………………………… 170

第7章　盐雾环境模拟试验数据库技术 …………………………………… 176
　7.1　数据库的基本概念 ……………………………………………………… 176
　7.2　数据库语言 ……………………………………………………………… 177
　7.3　数据库体系结构 ………………………………………………………… 178
　　　7.3.1　数据库的三级模式结构 ……………………………………………… 178
　　　7.3.2　三级模式之间的映射 ………………………………………………… 178
　7.4　数据库模型 ……………………………………………………………… 179
　　　7.4.1　数据模型的基本概念 ………………………………………………… 179
　　　7.4.2　数据模型的组成要素 ………………………………………………… 179
　　　7.4.3　常见的数据模型 ……………………………………………………… 180
　7.5　数据库管理系统 ………………………………………………………… 180
　7.6　SQL Server 数据库简介 ………………………………………………… 181
　7.7　数据库的设计 …………………………………………………………… 181
　　　7.7.1　数据库的设计概述 …………………………………………………… 181
　　　7.7.2　数据库的设计过程 …………………………………………………… 182
　7.8　腐蚀效应数据库总体设计 ……………………………………………… 186
　　　7.8.1　程序系统的结构 ……………………………………………………… 187
　　　7.8.2　用户登录模块 ………………………………………………………… 188

7.8.3　沿海大气腐蚀数据模块 188
　　7.8.4　盐雾环境模拟试验腐蚀模块 194
　　7.8.5　数据库维护模块 199
　　7.8.6　工具管理模块 201
　　7.8.7　系统管理模块 201

第8章　腐蚀效应监测及评价技术 202
8.1　技术基础 202
　　8.1.1　腐蚀监测的意义 202
　　8.1.2　腐蚀监测的发展过程 202
　　8.1.3　腐蚀监测方法的要求和影响因素 204
　　8.1.4　腐蚀监测方法的分类和选择 204
　　8.1.5　挂片法在腐蚀监测中的应用 205
　　8.1.6　无损检测在腐蚀监测中的应用 206
　　8.1.7　电化学在腐蚀监测中的应用 209
8.2　腐蚀效应监测系统 211
　　8.2.1　腐蚀效应检测系统的原理 212
　　8.2.2　电路设计与开发 212
　　8.2.3　机箱及工作界面的设计 213
8.3　腐蚀环境传感器 214
　　8.3.1　腐蚀效应测试传感器 214
　　8.3.2　温湿度测试传感器 218
8.4　腐蚀效应监测系统测试 219
　　8.4.1　腐蚀传感器敏感性和可靠性测试 220
　　8.4.2　干湿交替过程中腐蚀电流的变化特点 222
　　8.4.3　湿热试验中腐蚀电流的变化特点 223
　　8.4.4　挂片质量损失和腐蚀电流与时间的相关性 225

第9章　盐雾环境腐蚀效应仿真分析技术 229
9.1　试验设计 229
　　9.1.1　仿真分析的基本原理 229
　　9.1.2　仿真模型的选择与盐雾环境模拟试验设计 235
　　9.1.3　仿真分析流程 238
9.2　基础数据测试 238

  9.2.1 测试过程 ·············· 238
  9.2.2 测试数据与处理 ·············· 241
  9.2.3 导入分析软件 ·············· 243
 9.3 铝板仿真分析 ·············· 247
  9.3.1 温度对铝板腐蚀速率的影响 ·············· 248
  9.3.2 NaCl 浓度对铝板腐蚀速率的影响 ·············· 249
  9.3.3 沉降率对铝板腐蚀速率的影响 ·············· 250
 9.4 Fe-Al 模型的腐蚀仿真分析 ·············· 252
  9.4.1 温度对 Fe-Al 模型腐蚀速率的影响 ·············· 253
  9.4.2 NaCl 浓度对 Fe-Al 模型腐蚀速率的影响 ·············· 253
  9.4.3 沉降率对 Fe-Al 模型腐蚀速率的影响 ·············· 254
  9.4.4 标准试验环境下的腐蚀情况对比 ·············· 255
 9.5 沿海典型地域盐雾腐蚀仿真分析 ·············· 257
  9.5.1 自然环境数据分析 ·············· 257
  9.5.2 铝板在万宁环境下的腐蚀仿真 ·············· 258
  9.5.3 Fe-Al 模型在万宁环境下的腐蚀仿真 ·············· 259
  9.5.4 仿真结果分析 ·············· 260

第 10 章 综合加速盐雾腐蚀试验设计 ·············· 262

 10.1 基本原理和分析步骤 ·············· 262
  10.1.1 综合加速腐蚀试验设计的基本原理 ·············· 262
  10.1.2 相关性评价原则和方法 ·············· 263
 10.2 基于印制电路板的综合加速盐雾腐蚀试验 ·············· 265
  10.2.1 自然环境谱 ·············· 265
  10.2.2 加速环境谱 ·············· 267
  10.2.3 试验方案 ·············· 269
  10.2.4 外观检查 ·············· 272
  10.2.5 测试分析和评估 ·············· 273
 10.3 基于防护涂层体系的综合加速盐雾腐蚀试验 ·············· 274
  10.3.1 加速试验谱设计 ·············· 274
  10.3.2 老化行为对比分析 ·············· 277
  10.3.3 老化规律对比分析 ·············· 278
  10.3.4 红外谱图对比分析 ·············· 279
  10.3.5 模拟性分析 ·············· 280

10.3.6　加速性分析 · 283
　10.4　系统级装备综合加速盐雾腐蚀试验分析 · 290
　　　10.4.1　装备服役的特点及环境谱的基本构成 · 290
　　　10.4.2　加速试验环境谱的分析 · 291
　　　10.4.3　当量加速关系的确定 · 291

第11章　装备腐蚀效应抑制与装备防腐蚀维护 · 293
　11.1　正确选材和发展新型耐蚀材料 · 293
　11.2　合理采用防腐蚀表面技术 · 294
　　　11.2.1　基本要求 · 294
　　　11.2.2　防护涂层的要求 · 294
　　　11.2.3　特殊连接部位的防护要求 · 295
　11.3　装备结构防腐蚀设计 · 295
　　　11.3.1　防电偶腐蚀设计 · 295
　　　11.3.2　防缝隙腐蚀设计 · 295
　　　11.3.3　防应力腐蚀设计 · 296
　　　11.3.4　防潮排水设计 · 296
　　　11.3.5　可检性、可达性、可修性设计 · 296
　11.4　改善装备局部使用环境 · 297

参考文献 · 298

第1章

概　述

盐雾环境是引起武器装备故障的一个重要因素,明显影响武器装备的性能和寿命。盐雾环境模拟试验是考核装备对盐雾环境适应性的一个有效手段,对提高装备环境适应性具有重要的作用。本章主要介绍盐雾环境和盐雾环境试验的基本概念、特点、分类,并讲述武器装备的盐雾效应和盐雾环境模拟试验标准,最后对盐雾环境模拟试验设备和技术发展趋势进行概括分析。

1.1　盐雾环境的概念

盐是世界上最普遍的化合物之一。在海洋、大气、陆地表面以及湖泊和河流中均发现有盐。因此,要避免暴露在盐雾中是不可能的,盐雾环境主要出现在海洋大气、含盐湖泊、河流大气及沿岸地域大气中。盐雾易吸附在物体表面成为湿气膜或水膜,溶解在水中的盐是设备腐蚀的一个重要因素。通常,在沿海地区的影响最严重,其盐雾、温度和湿度等构成盐雾环境,影响着该地区的装备。

进行盐雾环境试验主要是为了确定装备防护层和表面涂层的防护效能,也可用于确定盐沉积对装备物理特性和电气特性的影响。装备暴露于盐雾腐蚀大气环境的影响主要有表面涂层的腐蚀影响、电气影响和物理结构的影响。根据有关资料,飞机上的插头、仪表、电机、电气装备中的金属有时几乎全部腐蚀。此外,盐溶液还会降低绝缘材料的绝缘电阻和增大电接触元件的压降。例如,某型飞机发动机点火系统的电接触处,由于盐粒的沉积而打不起火来;沿海地区仪表的游丝腐蚀,影响力矩;轴尖和轴承腐蚀,摩擦力矩增大;导线腐蚀掉层、断头;漆层腐蚀一擦即掉;盐雾颗粒的沉积还会导致装备活动部件的阻塞、卡死现象。

设备暴露于腐蚀大气环境的影响主要分为腐蚀效应、电气效应和物理效应三大类。电气效应和物理效应是盐雾沉积形成的直接效应或腐蚀效应引起的二次效应。盐雾腐蚀效应从腐蚀本质上来讲是以金属为主的导电物质的腐蚀，主要是由于化学或电化学作用引起的腐蚀。电化学腐蚀发生时的重要特征是在金属表面存在相对隔离的阴极与阳极，有微小的电流存在于两极之间，而单纯的化学腐蚀则不形成微电池。

根据各类腐蚀产生的条件、机理、外部特征，可以分为均匀腐蚀和局部腐蚀。均匀腐蚀一般发生在金属表面，面积较大；局部腐蚀则发生在金属表面的局部区域，可细分为电偶腐蚀和缝隙腐蚀、点状腐蚀、晶间腐蚀、应力腐蚀。相对于均匀腐蚀，局部腐蚀的危害性更大。局部腐蚀经常发生于装备的关键部位或功能部件上，不易发现，部分高强金属材料的晶间腐蚀、应力腐蚀发展较快，易产生灾难性后果。电偶腐蚀和缝隙腐蚀经常伴随出现，是盐雾环境试验中发现较多的腐蚀现象。

1.2　盐雾环境模拟试验技术

装备环境模拟试验的研究非常重要，装备战场环境适应性与作战环境作用密切相关，环境模拟试验成为研究装备的环境效应、环境适应性非常好的研究平台，环境模拟技术的不断发展和日益完善为进行环境模拟试验奠定了坚实的基础。

环境模拟技术是研究各种自然环境的人工再现技术和在模拟环境下的试验技术的一门新的综合性工程技术。环境模拟技术吸取了多门学科（热学、力学、电学、生物学、光学、医学等）和多项技术（制冷、真空、空调、加温、自动控制和计量等）的相关理论和方法，是在解决环境模拟和环境试验的理论及实践中形成的独立的技术理论体系。目前，环境模拟技术已广泛应用于各种科学试验界，在科学研究中具有自然界无法实现的时间可控性、条件重复性和数据精确性等突出优点，可以大大加快试验的进程。

盐雾环境模拟试验是在实验室内模拟各种实际环境作用，研究考核材料、结构或设备对所处的盐雾环境产生的环境效应，获得试验对象盐雾环境条件下的特性、环境适应性。环境模拟按照环境因素分为单一环境模拟与综合环境模拟。

盐雾环境模拟试验一般指的是单一盐雾环境因素下进行的环境模拟试验。单一盐雾环境模拟试验具有下述特点：易于找出单一环境因素对结构性能的影响规律；参数控制较容易，只对选定的参数进行调整；环境控制设备较简单，设备投资及试验费用相对较少。这些特点决定了单一环境模拟试验是环境模拟中常用而又重要的试验方法。

综合盐雾环境模拟是指两个及以上环境参数(含盐雾环境)同时作用的模拟试验。综合模拟试验具有以下特点:可以真实地模拟试验对象实际经受、同时发生的环境,产生综合的环境效应,增加试验的真实性和可靠性;可以节省试验时间和次数,从而节约试验费用;调控参数多;模拟设备复杂,投资大。从上述综合模拟试验的特点可以看出,由于试验对象往往处于诸如温度、湿度、承载等多个环境参数的共同作用下,因此综合盐雾环境试验的真实性强,更符合实际。不过综合环境试验投资高,发展会受到一定的限制,但是从长远的观点来看,由于综合环境试验的真实性,大大提高了试验对象的可靠性,经济上是合算的。因此综合环境模拟试验是环境模拟技术的发展方向。

1.3 盐雾环境模拟试验的标准

1.3.1 标准分布的对比分析

盐雾环境模拟试验按照试验溶液变化可分为中性盐雾环境模拟(NSS)试验、醋酸盐雾环境模拟(ASS)试验、铜盐加速醋酸盐雾(GASS)试验、交变盐雾环境模拟试验等。中性盐雾环境模拟试验是出现最早、目前应用领域最广的一种加速腐蚀试验方法,以下主要对中性盐雾环境模拟试验国际标准对比分析。

在 IEC 标准、IEEE 标准、俄罗斯 ROST 标准和美军标 MIL 的盐雾环境模拟试验标准中,主要是一些专用试验方法标准,涉及钾的盐雾环境模拟试验和钠的盐雾环境模拟试验,还有针对钾、钠的盐雾循环试验标准。此外,还有一些是针对光纤互联网装置和元件等设备或元件的专用盐雾环境模拟试验标准。IEC 标准、IEEE 标准、俄罗斯 ROST 标准和美军标 MIL 关于盐雾环境模拟试验的标准共12项,其中,7项 IEC 标准、1项 IEEE 标准、2项俄罗斯标准、2项美军标,详见表 1-1。

表 1-1 盐雾环境模拟试验标准分布

序号	标准号	中文名称	英文名称
1	DOD MIL-STD-331C W/ CHANGE 1—2009	引信和引信部件,环境和性能测试	Fuze and fuze components, environmental and performance tests for
2	DOD MIL-STD-810H—2019 (PART TWO, 509.7)	环境工程相关事项及实验室测试	Environmental engineering considerations and laboratory tests
3	ROST 28207—1989	受外部因素影响的主要试验方法 第2部分:试验 试验 Ka:盐雾	Basic environmental testing procedures Part 2: Tests. Test Ka: Salt mist

续表

序号	标准号	中文名称	英文名称
4	ROST 28234—1989	受外部因素影响的主要试验方法 第2部分：试验 试验Kb：盐雾、周期试验(NaCl溶液)	Basic environmental testing procedures Part 2：Tests Test Kb：Salt mist, cyclic (sodium chloride solution)
5	IEC 60068-2-11 CORR 1—1999	基本环境试验规程 第2部分：试验 试验Ka：盐雾	Basic environmental testing procedures Part 2：Tests Test Ka：Salt mist
5	IEC 60068-2-11—1981	基本环境试验规程 第2-11部分：试验 试验Ka：盐雾	Basic environmental testing procedures Part 2：Tests Test Ka：Salt mist
6	IEC 60068-2-52—2017	环境试验 第2-52部分：试验 试验Kb：循环盐雾(NaCl溶液)	Environmental testing Part 2-52：Tests Test Kb：Salt mist, cyclic (sodium chloride solution)
7	IEC 60512-11-6：2002	电子设备连接器试验和测量 第11-6部分：气候试验 试验11F：腐蚀,盐雾	Connectors for electronic equipment-Tests and measurements-Part 11-6：Climatic tests-Test 11f：Corrosion, salt mist
8	IEC 60721-2-5：1991	环境条件分类第2部分：自然环境条件第2-5部分：灰尘、沙子、盐雾	Classification of environmental conditions-Part 2：Environmental conditions appearing in nature-Section 5：Dust, sand, salt mist
9	IEC 60749-13：2018	半导体器件 机械和气候试验方法 第13部分：盐雾	Semiconductor devices-Mechanical and climatic test methods-Part 13：Saltatmosphere
10	IEC 61300-2-26—2006	光纤互联装置和无源元件 基本试验和测量程序 第2-26部分：试验 盐雾	Fibre optic interconnecting devices and passive components-Basic test and measurement procedures-Part 2-26：Tests-Salt mist
11	IEC 61701：2011	光伏组件的盐雾腐蚀试验	Salt mist corrosion testing of photovoltaic (PV) modules
12	IEEE 1138—2009	电气设备电线的光纤架空地线复合缆用性能及试验标准	Testing and Performance for Optical Ground Wire (OPGW) for Use on Electric Utility Power Lines

1.3.2 标准时效性的对比分析

从表 1-1 中可以发现,整体上来说,盐雾环境模拟试验的标准发布年代都比较早,有的还是 20 世纪 80 年代发布的,最新的标准是美军 2019 年最新发布的"MIL STD 810H",其次是国际电工委员会(IEC)于 2018 年发布的半导体器件的盐雾环境模拟试验标准。

从各个标准化机构来说,2 项俄罗斯的盐雾环境模拟试验标准都是 1989 年发布的,发布年代较早;美军标的 2 项标准分别是 2009 年和 2019 年发布的,标准更新比较及时;电气与电子工程师协会(IEEE)的 1 项标准是 2009 年发布的;IEC 的 7 项标准发布年代差异较大,最早的是 1981 年发布的关于"试验 Ka:盐雾"的"IEC 60068-2-11—1981",虽然在 1999 年制定了标准修改单,但是原标准也使用了近 40 年,最新的专用环境试验标准是 2017 年制定的关于"循环盐雾(NaCl 溶液)"的"IEC 60068-2-52—2017"。

目前,IEC 发布的 IEC 60068-2-11 计划沿用至 2037 年,之后,会发布新的标准。但总体来说,盐雾环境模拟试验标准的变化更新不大,标准的使用时间很长,时效性不是很强。

1.3.3 主要标准的对比分析

盐雾环境模拟试验标准一般规定了试验溶液、试验设备、腐蚀性能评价等内容,对于特定装备标准中的盐雾环境模拟试验,则采用其他标准的方法,规定相关的性能要求。

1. IEC 60068-2-11—1981

IEC 60068-2-11—1981 规定的盐雾环境模拟试验适用于比较具有相似结构的样品对盐雾的抗腐蚀能力,也适用于评定保护性涂层的质量以及均匀性,主要包括试验参数、测试周期、试验结果评价。

1) 试验参数

IEC 60068-2-11—1981 只规定了一种试验方法,即中性盐雾环境模拟试验,其具体参数如下:

试验温度:(35 ± 2)℃;

NaCl 溶液浓度:$(5\pm1)\%$(质量比);

溶液 pH 值:6.5~7.2;

盐雾沉降量:1~2mL/h·80cm^2。

上述列举的"NaCl 溶液浓度"和"溶液 pH 值"不是收集溶液,而是试验前配制的 NaCl 溶液的参数。

2）测试周期

IEC 60068-2-11—1981 推荐的试验周期为 16h、24h、48h、96h、168h、336h、672h，检验人员也可根据有关行业或装备规定的周期进行测试。

3）试验结果评价

试样应进行目视检查。无机覆盖层试样一般会出现灰白色、灰黑色、绿色、棕色或其他颜色的腐蚀产物，而有机覆盖层试样的涂层一旦被腐蚀破坏，则会出现针孔、龟裂、起泡、脱落等缺陷。因此，试样的外观评价可按照 ISO 10289—1999 或者 ISO 4628-1~ISO 4628-5—2003 等标准，评价生锈、起泡、开裂和剥落等腐蚀等级。如有必要，应按照相关规范进行电气和力学性能检测。

2. IEC 60068-2-52—2017

循环腐蚀测试能提供对自然大气腐蚀极佳的实验室模拟，循环腐蚀测试结果在结构形成、形态和相对腐蚀率方面与户外相关性好。循环腐蚀测试出现之前，传统盐雾(35℃连续盐雾)测试是实验室模拟腐蚀的标准方式。由于传统盐雾环境模拟试验方法未能模拟户外自然湿/干循环，测试结果往往与户外相关性不好。因此，IEC 60068-2-52 关于循环盐雾测试的标准应运而生。

第 1 版 IEC 60068-2-52 于 1984 年发布，后经 1996 年第 2 次修订，于 2017 年发布第 3 次修订的标准。IEC 60068-2-52—2017 规定了旨在承受含盐环境的部件或设备的循环盐雾环境模拟试验，因为盐会降低使用金属、非金属材料制造的部件的性能。相较于 1996 年的第 2 版，2017 版有以下重大技术变更：全部内容已尽可能与 ISO 9227 协调一致；增加了引言；简化了适用范围；更新了规范性引用文件；更改了对试验的通用说明；在试验装置上增加了干燥室；严酷程度已变换为试验方法。

1.4 盐雾环境模拟试验的发展

以国家材料环境腐蚀平台和兵器工业集团第 59 研究所为代表的一些研究机构和从事材料工艺、零部件、器件及武器装备自然环境试验、自然加速环境试验、实验室环境试验、贮存寿命评估与研究的单位，掌握了大量的自然环境腐蚀相关数据，并建成我国最权威的材料环境腐蚀数据共享服务平台，面向社会各界提供材料腐蚀（老化）实物资源和信息资源服务。相关研究成果偏重理论和数据积累，并不能直接应用于试验鉴定中腐蚀效应评价。

盐雾环境模拟试验腐蚀效应的评价方法分为定性和定量。定性判定方法有评级判定法、称重判定法、腐蚀物出现判定法、腐蚀数据统计分析法。其中腐蚀物出现判定法是以盐雾腐蚀试验后装备是否产生腐蚀现象来进行判定的,一般装备标准中大多采用此方法。腐蚀数据统计分析方法提供了设计腐蚀试验、分析腐蚀数据、确定腐蚀数据置信度的方法,主要用于分析、统计腐蚀情况,随着现代计算机技术的发展腐蚀数据统计分析方法成为腐蚀研究的热点。称重判定法是一种经典的方法,适用于实验室和现场挂片,是测定金属腐蚀速度最可靠的方法之一,可用于检测材料的耐腐蚀性能、评选腐蚀剂、改变工艺条件时检查防腐效果等,但不适合实验室针对大型系统级装备的腐蚀效应定量评价。为更好地研究腐蚀行为及作用机制,在理论分析的基础上开发腐蚀效应评价新技术,研究基于电偶探针的盐雾环境模拟试验腐蚀监测技术,努力实现定量实时在线测试腐蚀效应。

研究金属大气腐蚀最可靠、最常用的方法是自然大气环境下的暴露腐蚀试验,它能真实地反映金属材料在其服役环境下的腐蚀情况。然而暴露腐蚀试验所需周期很长,而且试验结果具有显著的区域性特点。为此需寻求较为快速的模拟加速腐蚀试验方法,在短期内快速、真实地再现材料在自然大气环境条件下的失效规律成了重点。目前相关研究采用的方法主要有"连续喷洒盐雾""盐雾干/湿复合循环""周期浸润""综合环境""真实海水加速"等多种形式的加速试验,涉及的材料有常见的20钢、Q235钢、铜合金、铝合金、锌等,也有丙烯酸聚氨酯、环氧树脂基复合材料等高分子材料和部分军工单位开展的某型装甲钢,相关研究取得很多积极的成果。现有的研究成果主要关注于机制的模拟工作,而对加速性研究关注不够。而GJB 150.11A盐雾环境模拟试验条件相对较为简单,主要是以"干湿交替"为主,这方面的研究开展较少,没有加速研究成果可以借鉴。研究关注的材料和武器装备使用的材料有所差别,多集中于钢铁、常用铝合金等,而装备中的高强铝合金较少。虽然新材料开发有一定的继承性,但是如果没有相关数据支撑,不能贸然下结论。武器装备材料多变、结构复杂,而且绝大部分都采用了表面处理工艺,开展整系统加速腐蚀鉴定试验、相关性研究和腐蚀预测要困难得多,在此方面目前国内外还没有公开报道。

盐雾环境模拟试验是一种典型的室内模拟加速腐蚀试验,相关性是随着室内模拟加速试验的发展而提出的,主要是指自然环境试验与相应采用的室内模拟加速试验之间的关系。相关性就是某个室内模拟加速试验的多少小时(天),相当于某个自然试验多少年(月),能真实地再现试样在实际环境条件下的失效规律。相关性有一个显著特点,即不确定性,不同的方法、装置有不同的相关性,相同方法不同材料有不同的相关性,环境不同出入也很大。各工业发达国家都致力于相关性研究,投入大量的人力、物力,目前仍是环境试验领域研究的热点。实验室加速腐蚀试验不必准确模拟户外大气腐蚀机制,但必须产生足够的加速腐蚀速度,且具有重复性,这种方法对于材料质量控制及等级评估是理想的,研究表明盐雾腐蚀试验是一种理想的实验室加速试验。虽然GJB 150.11A—2009 给出了试验剪裁及剪裁准则,而我国自然环境和武器部署区域和美军相差较大,GJB 150.11A—2009 合理使用还需要研究。

1.5 盐雾环境模拟试验研究的意义

腐蚀是由于某种物质在环境作用下引起的变质或失效。腐蚀的危害巨大,会使材料的力学、电学和磁学等性能减低甚至丧失,使构件或装备失去使用性能,进而过早地报废,甚至会引起事故等更为严重的后果。装备的研究过程中必须重视腐蚀现象,缓慢的腐蚀,如金属生锈,虽然不会造成大的事故,但会使装备提前失效,而点状腐蚀造成的穿孔或应力腐蚀造成的脆性断裂等常常会造成重大的安全事故,国内外都曾发生过许多灾难性腐蚀事故,如飞机因某一零部件破裂而坠毁,雷达装备精度降低,装甲车因履带产生裂缝而抛锚等。近年来,随着武器装备中新材料的应用越来越广泛,装备的复杂程度越来越高,而现代战争对武器装备的通用性和环境适应性要求越来越严格,环境腐蚀对装备造成的影响也越来越受到重视。美国总审计局在 2003 年呈交美国国会的军事装备腐蚀报告中,报道了环境腐蚀对武器装备的战备性和安全性造成的巨大影响,估计造成每年 200 亿美元的直接损失,构成武器装备寿命期总费用的最大部分。美三军腐蚀会议自 1967 年开始每 2 年召开 1 次,由三军轮流主持召开,与腐蚀相关的研讨会也经常召开,由此可见美军对军用装备腐蚀的高度重视。

沿海地区气候环境对我军装备的腐蚀非常严重,每年都有大量的案例表明由于腐蚀问题造成武器装备精度下降、不能很好地发挥其能力,不得不提前大修甚至提前报废。参加海训的装备腐蚀问题异常突出,由于受到海水及海面盐雾的侵蚀,装备每次涉水或长期在沿海地区使用后都必须及时进行严格的淡水冲洗,否则几日内装备就会出现严重的锈蚀现象,同时每年还需要对装备进行几次喷漆,否则装备会因失去涂层的保护而受到严重的腐蚀威胁,无法确保装备的使用寿命,影响部队的训练和作战任务完成。

盐雾环境模拟试验主要用于考核暴露在含盐量高的大气环境中装备的环境适应性,以确定其保护层和装饰层的有效性,测定对装备物理和电气性能的影响。自然环境下,含盐大气对装备的腐蚀是一个极其缓慢的过程,采用自然环境试验考核装备的耐腐蚀性能无论是从时间上还是经费上都难以满足武器装备试验鉴定的需求。在试验与鉴定过程中,往往采用实验室盐雾环境模拟试验的方法进行装备的耐腐蚀性能考核,评价方法主要是试验后对被试装备的功能进行检查,根据功能检查结果评价装备的耐腐蚀性能。但这种评价方法还不够科学合理,不能很好地回答装备耐腐蚀性问题,仍有部分通过盐雾环境模拟试验考核的武器装备,在高温高湿海洋大气环境中部署后出现腐蚀、老化、寿命降低等现象。目前鉴定试验中使用的 GJB 150.11A—2009,主要是参考美军标 810F 制定,其规定了科学的剪裁和使用流程规范,但在具体实施过程中,由于内容比较宽泛,尤其是试验循环次数的确定没有现实的依据,易造成欠试验或过试验的问题。

目前,关于加速腐蚀试验剖面设计方法研究成果比较分散,针对性不强,试验设计规范、装备失效判据、评估技术系统性研究成果、系统级装备盐雾环境模拟试验鉴定新技术研究很少,难以在试验鉴定中应用。

武器装备防腐蚀设计及维护应考虑整个服役期的全寿命周期设计及其有效性。沿海部署装备经受的腐蚀环境恶劣,尤其是装备结构节点处的应力腐蚀、疲劳腐蚀隐蔽性强,腐蚀破坏后维修困难而且修复费用大。为系统研究结合试验鉴定中发现腐蚀效应,分析海洋环境下装备的使用环境特点、腐蚀失效形式特征,总结海洋环境下装备的腐蚀效应抑制方法和防腐蚀措施,有必要进行盐雾环境模拟试验技术研究,以验证武器装备防腐蚀工艺在整个服役期的全寿命周期设计及其有效性,并为如何在武器装备全寿命周期内更好地进行腐蚀防护提供支撑。

第 2 章

盐雾环境模拟试验设备与实施

本章在分析盐雾环境模拟试验设备选用的原则、依据和一般要求的基础上,介绍各类盐雾设备的组成结构、工作原理及关键试验技术,重点对大型盐雾环境模拟试验设备进行系统介绍。不同被试装备对盐雾环境模拟试验设备的要求也不尽相同,由此导致盐雾环境模拟试验设备类型多样,设备功能差异较大,设计方面也各有特点。针对小型武器装备的盐雾环境模拟试验可采用小型盐雾环境模拟试验设备,而对大型武器装备则必须采用大型盐雾环境模拟试验设备。

2.1 设备选用依据及要求

2.1.1 设备用途

盐雾环境模拟试验的目的是考核装备或金属材料的耐盐雾腐蚀质量的好坏。盐雾测试是一种利用人工模拟盐雾环境来考核装备或金属材料耐腐蚀性能的环境可靠性测试。通过人工模拟盐雾环境,确定装备在盐雾腐蚀环境下是否符合装备性能要求,目的在于评价金属材料及覆盖层的耐腐蚀性,适用于评价盐雾腐蚀环境贮存或使用装备性能的稳定性。

利用人工模拟盐雾环境不受时间、地域的影响,通过人工控制方法可实现盐雾的腐蚀环境,主要包括以下几点:

(1) 能够模拟腐蚀现场环境条件,加速暴露装备潜在缺陷和薄弱点,由腐蚀环境因素导致的问题早期剔除。

(2) 在人工模拟环境中可以通过变量的改变和可控调节,在短时间内取得大量数据,从而大大加快研究进程,更快捷、更准确地检测武器系统的可靠性。

(3) 为各型设备盐雾环境适应性试验提供环境可靠性测试的基础支撑。

2.1.2 设备选用原则

盐雾环境模拟试验设备选用一般应遵循"适用、可靠、先进、经济"的原则,以满足所承担试验任务的武器装备的尺寸为基本考虑,主要考虑因素如下:

(1) 满足被试装备的试验需求。包括体积、试验项目、测试内容、工作状态等。

(2) 考虑设备使用实际条件。主要包括经济条件、场地条件、人员技术条件、配套保障条件。

在确保质量可靠、性能稳定的前提下,强化通用化、一体化、模块化、标准化、智能化的设计,降低改造、生产、使用、维护和保障成本。

2.1.3 设备功能要求

为了满足盐雾环境模拟试验需求,盐雾环境模拟试验设备通常应满足以下要求:

(1) 设备箱体所用材料及结构具备防腐、保温能力;箱体应具备良好的密封性,若试验箱存在因密封不严或被破坏而出现的渗水漏水情况,需有相应的排水措施(箱体本身配备导流槽或者箱体底部增加排水沟等)。

(2) 试验箱附属设备如蒸发器、送风机和排风机等,与试验箱内空气直接接触的设备及部件应选用耐腐蚀的材质。

(3) 配备空气压缩机,并应经过净化处理;配备纯水量化设备或仪表等;盐水箱应有自动搅拌装置。

(4) 箱体内应选用耐腐蚀的温湿度测量传感器和压差传感器,且传感器应能有效防护盐雾腐蚀,传感器布点要合理;具备盐溶液的盐度和 pH 值测量能力。

(5) 试验箱具备现场和远程控制,可完成设备的开关机、试验参数(温湿度、压力、液位等)的监视和测量以及故障报警功能。

(6) 试验设备具备高温、湿热、干燥、盐水喷雾、自动排雾等多个功能,具有压力(试验箱内压力和喷气压力)监测和报警功能;具备纯水和盐水的在线监测、超限报警和自动补给功能。

(7) 设备具备紧急停机功能,在异常情况发生时可以通过控制开关对设备进行断电。

2.2 设备工作原理

盐雾环境模拟试验设备采用塔式气流喷雾方式，其喷雾装置的原理为：利用压缩空气从喷嘴处高速喷射所产生的高速气流，在吸水管的上方形成负压，盐溶液在大气压力的作用下沿着吸水管迅速上升到喷嘴处，被高速气流雾化并喷向喷雾管顶端的锥形分雾器后由喷雾口飘出，扩散到实验室中形成弥漫状态，自然降落在被试装备上，进行盐雾耐腐蚀试验。

2.3 关键试验技术

▶ 2.3.1 温度稳定性技术

1. 饱和器

空间环境温度稳定首先依靠饱和器。其作用原理是进入的空气在饱和器中进行湿热交换，保证雾化空气保持一定的温度与相对湿度，克服由于气流的低温或较低的温度梯度引起雾室内温度的波动，或由于低湿度使喷嘴附近盐析而阻塞喷嘴。饱和器的导气管多为多孔管或喷淋头，目的是使进入的空气能充分地进行湿热交换。饱和器工作时所消耗的蒸馏水应及时进给，自动补充，并保持一定的水位面。因此，饱和器需装备水位计、安全阀、恒温控制器及补水器等。其前端接喷雾电磁阀及压力表，后端接过滤器上的止回阀，喷雾状态与周期可由电磁阀与计时钟进行控制及计数。

2. 加热系统

盐雾设备的加热方式通常采用低温差的传热原理，因为盐雾是一种气溶胶，盐雾液滴颗粒很细，如果加热温差很大，易使液滴蒸发盐析，使盐雾浓度发生变化，影响试验结果。为了减少实验室加热时的温度梯度，国外有的采用恒温室的加热方式，即把盐雾环境模拟试验箱放在恒温室中，由恒温室的热容量来保持试验箱温度的均匀性。也有用气套或水套的夹层加热来控制箱体的温度。目前国内最常见的设计是采用全夹套闭式热循环系统，靠内壁扩散传热来进行空气的热交换。内壁材料是硬聚氯乙烯板，热阻较大，所以用静压箱式的夹套结构，使送风速度减小，压头降低，促使热风循环缓慢地进行，可提高控制精度，克服因壁体材料的热惰性而影响其灵敏度，同时能解决探温元件的耐腐蚀问题。

3. 保温隔热技术

保温隔热技术是通过减小传热温差、减小传热面积和传热系数的方法来削弱传热,在盐雾环境模拟试验设备中,主要是通过选用保温材料来减小传热系数,进而减少热量损失。根据 GJB 150.11A—2009《军用装备实验室环境试验方法第 11 部分:盐雾试验》规定,盐雾环境模拟试验的温度要求为 35℃±2℃,对于小型盐雾环境模拟实验室,由于试验空间较小,故而系统保温所需的热量较少,因此小型的盐雾环境模拟试验设备对于保温材料要求较低;而对于大型盐雾环境模拟实验室来说,试验空间较大,系统散热尤其在冬季条件下极其明显,保温能力欠缺会导致系统升温速度缓慢,甚至无法达到设定温度。保温材料可分为有机材料和无机材料两类,有机材料一般使用聚氨酯泡沫,无机材料以气凝胶毡为主。

2.3.2 喷雾雾化技术

1. 喷嘴

喷雾雾化主要依靠喷嘴,喷嘴是气流或盐雾环境模拟实验室的重要部件,也是保证雾化质量的关键。

早期的喷嘴由于采用较高的喷雾压力与工作温度(60℃),曾选用铜镍合金,但因易受腐蚀而使喷嘴阻塞,后来改用陶瓷或玻璃制造,又因这些材料的热塑性,在加工成形时易使喷嘴口径变形及破碎,现在多数国家采用有机玻璃及硬质塑料等。最简单的一种喷嘴结构是对嘴式喷嘴,其喷雾时的气流在喷嘴口造成的负压或真空来虹吸盐水,使其喷射成雾,一般只要把水嘴调节到高于气嘴孔径的 1/2 处,就能充分雾化。

另一种是圆嘴式喷嘴,利用射流原理,使喷嘴周围造成负压,把盐水虹吸上来,再经环形气嘴打扁喷射成雾。

目前国产盐雾环境模拟试验设备通常采用可调节圆嘴式喷嘴,用有机玻璃嘴壳、聚四氟乙烯嘴芯,具有机械强度高、不易变形及耐腐蚀,并用螺纹连接,便于拆卸清洗等优点。

2. 雾化原理

盐雾环境模拟试验设备使用的喷嘴为介质雾化型喷嘴,介质雾化型喷嘴存在介质混合后再从喷嘴中射出的过程。喷嘴雾化包括两个过程:出口处的一次雾化和下游的二次雾化。出口处的一次雾化过程是出口处的环状液膜被外界气动力的扰动所影响,液膜表面振动形成表面波,液膜边缘处随着波动幅度的增大而发生破裂进而形成大液滴。下游的二次雾化过程和喷嘴雾化一样,液线的不稳性不断增加,当超过临界值时,大液滴破碎形成小液滴,在一次雾化与二次雾化的过程中往往也伴随着液滴的碰撞。

2.3.3 沉降量在线监测技术

盐雾环境模拟试验主要用于评价装备及其材料保护性覆盖层和装饰层的质量和有效性,定位潜在的问题区域、发现质量控制缺陷和设计缺陷等。盐雾沉降率是盐雾环境模拟试验中的重要指标,也是考核装备耐盐雾腐蚀性能最重要的依据之一。

1. 传统盐雾收集器测量方法

盐雾沉降率是指单位时间在单位面积内所收集到的盐溶液的容积。传统盐雾沉降率的测量方法一般是采用面积 80cm^2 的容器收集盐溶液,通过与喷雾时间的比值计算平均盐雾沉降率。长期以来,在各种盐雾环境模拟试验中,一直延续着这种方法。16m^3 盐雾箱目前就采用此方法测量沉降率,如图 2-1 所示,收集器由一个口径为 100mm 的漏斗和一个量筒组成。虽然国军标不要求盐雾沉降率的精确控制,只需要一个时期内的平均沉降率,但是这种测量方法在测量盐雾沉降率上仍有一定的局限性。

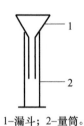

1—漏斗;2—量筒。

图 2-1 传统盐雾收集器

2. 传统盐雾沉降率测量方法的局限性

GJB 150.11A—2009 中规定盐雾环境模拟试验喷雾期间盐雾沉降率为 1~3mL/(80cm^2·h),由于盐雾沉降量非常小,收集器内每小时可收集 1~3mL(1~3g)盐溶液,在短时间内难以读取收集器内盐雾沉降量或者误差较大,以致无法计算准确的盐雾沉降率。因此,为了尽量减少误差,国军标规定每次试验前要进行 10h 以上的喷雾,求其平均值,以达到试验要求的沉降率。这样就使得每调整一次沉降率,都需要数十小时才能得到测量结果。

在盐雾环境模拟试验中,盐雾收集器是放置在实验室内收集盐溶液,试验结束后,通过读取收集器所收集到的盐溶液容积,以计算平均沉降率。整个试验期间,无法监测到盐雾沉降率的变化,尤其对于喷雾系统出现的故障更是无法判断。虽然盐雾箱侧壁有两个收集器,试验期间可以对喷雾情况进行粗略观测,但是由于收集器管路较长,需要长时间才可判断系统是否喷雾。根据经验,一般在 4h 内无盐溶液滴出,方可判断喷雾系统发生故障。更为严重的是,一旦试验结束后,发现沉降率没有达到标准或者喷雾系统出现故障,将会直接影响试验进程和试验质量。

3. 基于称重法的盐雾沉降率测量

针对传统盐雾收集器所存在的局限性,目前常用一种基于称重法的盐雾沉降率测量方法来解决上述问题,该方法采用 RS232 串口软件进行数据采集,通过计算机实时监控,有效地提高了盐雾沉降率的准确性和精确度。

针对盐雾环境模拟试验喷雾期间盐雾沉降量的动态变化特点,结合传统盐雾收集器的收集方式,研究人员设计了称重法盐雾沉降率测量系统。如图 2-2 所示为称重法盐雾沉降率测量装置示意图。主要由称重传感器、100mm 口径的玻璃漏斗、盐溶液盛装容器、密封外壳、带 RS232 串口输出的信号放大器和数据线等组成。

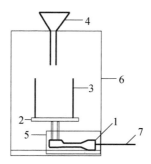

1-称重传感器;2-秤盘;3-盐溶液盛装容器;4-玻璃漏斗;
5-传感器密封壳;6-密封外壳;7-数据线。

图 2-2 称重法盐雾沉降率测量装置示意图

试验时,将测量装置放置于实验室内,被测量的盐雾均匀沉降在玻璃漏斗中,与漏斗壁接触凝露变成盐溶液,缓慢滴入秤盘上的烧杯中,动态的盐雾沉降量由称重传感器进行计量,经高精度放大器放大后,通过模拟量到数字量转换接口将质量信号转换为数字信号发送至计算机进行信号处理,通过软件进行数据采集,并将测得的质量按喷雾时间计算该时间段内的盐雾沉降率,并绘制曲线。

2.4 小型盐雾环境模拟试验设备

2.4.1 设备特点

小型盐雾环境模拟试验设备主要用于对各种武器装备的部件或各种小型武器装备进行盐雾环境模拟试验,主要有以下特点:

(1) 试验箱有效容积小,一般在 $2m^3$ 左右,适用于小型电气设备、光学仪器、弹药、引信等小型武器装备的盐雾环境模拟试验。

(2) 结构简单,制造成本低。

(3) 占地小,用气量、耗盐量少。

2.4.2 设备结构功能

以某型盐雾环境模拟试验箱为例,该试验箱由工作箱、盐溶液供给系统、控制系统、供气系统和气源等部分组成。试验箱的箱体材料采用玻璃钢材质,玻璃钢具有耐腐蚀性能好和牢固耐用等特点,保温层部分采用聚氨酯现场发泡。箱体内外箱之间设有加温夹套,箱盖采用双层发泡保温,箱盖与箱体结合处四周采取水槽密封。

该试验箱可以连续或间歇喷雾,喷雾的压缩空气是经过滤器→空气加湿器→弯玻璃喷嘴上喷出。盐溶液从储液罐→喷雾塔下部储液室→直玻璃嘴,由弯玻璃嘴喷出的高速气流,使直喷嘴内部产生负压,抽吸出喷雾塔下部储液室内的盐溶液,与弯玻璃嘴喷出的压缩空气汇聚成均匀、细散、温度适中、压力稳定的盐雾,盐雾又经喷雾塔顶部可调节的引导锥的粉碎、导向使盐雾更加细散、均匀地向工作室内扩散,并自由降落在试验样品上进行盐雾环境模拟试验。

2.4.3 重要结构特征

1. 工作箱

(1) 为使工作箱内温度均匀,在工作室下部通常设置一个封闭的并能控制加热温度的水槽装置,工作室四壁设有与水槽空间相通的夹套。

(2) 工作室底部排水处有一挡水装置,以保证工作室在工作时始终保持一定的水位和必需的高湿。

(3) 工作室内设有可活动的玻璃样品支撑架和悬吊杆,对平板试验样品,可使样品受试面与工作室垂直平面保持成各种角度进行测试。

(4) 为使工作室内盐溶液的排除和在喷雾时工作箱内气压平衡,工作室底部中央处设有一个与大气连通的压力平衡管,并从箱体后部引出,分别与排水、平衡管道连接。

(5) 在喷雾塔附近及离喷雾塔较远的工作室内壁设有 2 个标准玻璃漏斗,并用胶管与箱外前下部两个带有计量刻度的玻璃计量器连接,以方便观察盐雾沉降量的大小。在试验箱工作室中央处设有一喷雾塔,该喷雾塔由塔体、滑块、调节环、导向锥和喷嘴等组成,其中喷嘴又由直嘴和弯嘴组成,该专用喷嘴长期使用不结晶、不堵塞、耐腐蚀、耐磨损、不变形。

(6) 工作箱的箱盖为 60°尖顶,防止箱盖上的冷凝水滴落在试验样品上。

2. 盐溶液供给系统

该试验箱的储液罐为半透明的聚乙烯罐,罐的上部设有进水口、下部有一塑料水嘴,其连管与喷雾塔下部的储液室连通供给盐溶液,为保证喷雾塔在工作期间,储液室能不断定量补充耗损溶液,在储液罐的封盖处设有一大气平衡连管,使罐内与喷雾塔下储液室连通,以保证盐溶液的不断补充。

3. 控制系统

该试验箱采用微机控制,电气元件均安装在控制箱内,并采用双重超温报警和缺水报警装置,以保证试验箱安全可靠工作。控制面板上能显示各种工作状态,并用清晰的数码管显示,包括水槽温度、工作室温度、开机的工作总时间等。控制箱内的各部件之间的连接线均采用装拆方便的接插件,以方便维修和检查。

4. 供气系统

试验箱配备有低噪声的空气压缩机,并采取双极过滤的除油装置,以保证喷雾时的压缩空气干净无油,并且为使工作气流纯净稳定,还设有能使空气得到加湿和进行调压的空气加湿器装置。

如图 2-3 所示为小型盐雾环境模拟试验系统。

图 2-3　小型盐雾环境模拟试验系统

2.5　中型盐雾环境模拟试验设备

2.5.1　设备特点

中型盐雾环境模拟试验设备主要用于对各种中小型武器装备进行盐雾环境模拟试验,主要有以下特点。

(1) 试验箱有效容积一般在 15m³ 左右,容积较大,适用于中小型航炮、弹药等中小型武器装备的盐雾环境模拟试验。

(2) 可同时进行多种装备试验,工作效率高。

2.5.2 设备结构功能

1. 设备箱体

盐雾箱设备选用优质耐腐蚀材料,整体安装后在底板与侧板之间用同材料直角加强筋加固,既保证了整体刚性又将四周缝隙全部密封,有效防止箱体渗漏。盐雾箱箱体为高密度耐高温玻璃钢+钢结构复合拼装结构,错缝对接坚固可靠,保证长时间使用无变形;箱体底部四周为"回"形导流槽;箱体坐落在水泥浇注并在其周围贴瓷砖并有一定高度的墩子上,四周带有水沟和下水道,箱内的积水可直接引至下水道。

盐雾箱箱门采用双开门结构,配有闭锁装置,使用专门的钥匙方可打开,做试验时非操作人员无法打开,保证安全操作。盐雾箱箱门上安装有观察视窗,为防爆真空玻璃观察视窗,观察视窗自带除雾防冷凝水功能。

盐雾试验箱顶部安装有 4 只 LED 防雾防腐蚀灯,可清楚观察箱体内部情况;箱体侧面开有两个测试孔,且配有耐腐蚀橡皮塞,方便试品引线。

盐雾箱设计有盐浓度在线测试仪和 pH 值在线测试仪,可通过信号转换连接到盐雾箱触摸屏软件上显示,实现在线一体检测。

2. 空气循环系统

空气调节方式采用多翼式离心风机、低噪声电机,在设计中除了采用优质的 316 不锈钢材料,其表面采用了镀特氟龙处理工艺,保证其性能可靠又保证使用寿命;顶部出风式风道结构组成合理的送风循环系统,使实验室内的温湿度均匀并保持稳定。

试验箱制冷系统压缩机要确保制冷效果及可靠性;蒸发器表面可采用特殊镀特氟龙防腐处理,确保长时间使用不腐蚀。

3. 喷雾系统

喷雾系统设计是实现均匀雾化的关键,雾化器均匀分布在整个箱内;喷雾压力可调,喷雾量均匀,以实现喷雾沉降量 $1\sim3\text{mL}/(80\text{cm}^2 \cdot \text{h})$ 可调;盐溶液供给系统配置有盐水供给箱,根据液位设定可自动连续供给,通过盐水泵抽排水实现自动搅拌且可设定搅拌时间。

4. 控制系统

控制系统设计一般具备现场和远程控制两种模式,可完成设备的开关机、试验参数(温度、湿度、压力、液位等)的监视和测量以及故障报警功能。设备搭配有相应的系统软件,软件能够在所提供的操作系统上稳定运行,软件界面简洁,操作方便,智能化程度高。试验箱具备高温、湿热、干燥、盐水喷雾、自动排雾等多个功能,可实现自动循环控制或单一功能控制;具有温度和湿度在线监测和控制、超限报警、精度校准、自检、压力(试验箱内压力和喷气压力)监测和报警功能;具备纯水和盐水的在线监测、超限报警和自动补给功能;可选择喷雾方式(连续喷雾、间隙喷雾、程序喷雾);具备数据设置、记录、报警、处理、存储、导入、导出和绘制曲线图等功能。

2.6 大型盐雾环境模拟试验系统

2.6.1 设备特点

大型盐雾环境模拟试验设备主要用于对大型武器装备的部件或各种大型武器装备进行盐雾环境模拟试验,主要有以下特点:

(1)试验箱有效容积大,一般在 $100m^3$ 以上,适用于整车、无人机、大型火炮等武器装备的盐雾环境模拟试验。

(2)可同时对大量装备进行试验,工作效率高。

(3)占地大,用气量、耗盐量高。

2.6.2 系统组成

以某型大型盐雾环境模拟试验系统为例,其系统组成如图 2-4 所示。

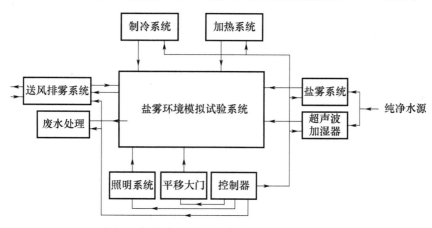

图 2-4 某大型盐雾环境模拟试验系统组成

2.6.3 重要系统结构功能

1. 盐雾系统

1）喷头

喷头采用虹吸式气水混合喷头,该喷头喷射形状为扇形(图 2-5),喷头通过压缩空气喷射时不断抽取下方盐雾槽中的盐水实现喷雾,在实验室上方形成一层盐雾层,然后通过沉降实现盐雾沉降试验,沉降风速可忽略不计,顶部布置多组喷头,可满足喷雾量 $1\sim3\text{mL}/(80\text{cm}^2\cdot\text{h})$ 的要求,试验结束后盐水在重力作用下回流至水槽,不易堵塞喷头。待试验结束,收集虹吸槽内多余的盐水至盐雾箱,再注入纯水,开启喷头进行清洗。为了保证实验室内管路的布置及喷头的均匀性,实验室沿长度方向总共布置 60 个喷头。

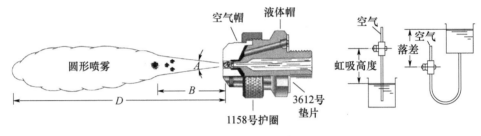

图 2-5 盐雾喷头示意图

2）供水管路

60 个盐雾喷头在长度方向上等间距布置,保证实验室盐雾均匀性。在每个喷头下方设置盐水槽,盐水槽分 4 组串联独立使用(一组墙面长度方向上设置 2 路水管,可以避免长距离输送时,各管路压力分配不均衡问题),配好的盐水由盐水泵抽取后通过高位水箱流入各组盐水槽,再流入每个喷头的虹吸槽内,虹吸槽与各组盐水槽底部设置连通管,即可保证每个喷头虹吸槽内盐水的压力平衡,也能使管路和盐水槽中盐水时刻保持流动状态,从而防止结晶(图 2-6)。

在总盐水槽处设置排水旁通管道,当水槽液面高度超过设置液位,多余盐水通过排水旁通管排走,保证水槽液面高度一致。在虹吸高度一致的情况下,通过控制气压的大小,可保证实验室有效区域内沉降量控制在 $1\sim3\text{mL}/(80\text{cm}^2\cdot\text{h})$。

采用热容连接法可保证管道密封良好;管道采用无规共聚聚丙烯(PPR)材质,抗腐蚀性较强;管道排布具有一定坡度,可保证管道内冷凝液快速排出;管道布置符合给排水设计规范,布置美观。

图 2-6 虹吸式喷雾装置

3) 盐水箱

盐雾水箱加满水后,应满足一整次试验的需求(可连续喷雾时间应大于48h,盐雾沉降率约80%),设有3.5m³聚乙烯盐雾水箱(耐盐水腐蚀),可供48h一次试验用量。

考虑室内盐雾管路压力平衡,盐雾喷头分为4组,每组配一套高位盐水箱。在水箱上设置玻璃液位计,液位计最小刻度为1cm(图2-7)。依据水箱液位可初步判断加氯化钠质量。

图 2-7 水箱液位刻度尺

为避免盐溶液进入实验室蒸发(盐溶液和室内空气有温差)而产生室内温度的波动,减少盐溶液和空气温差,尽可能避免蒸发而产生的温度波动。因此对盐溶液进行加热,保证盐温度和空气温度一致。

盐雾水箱上设有耐腐蚀电加热管,该结构的优点为:可对盐溶液充分加热,使盐溶液和室内环境温度无温差,不发生热交换;盐溶液温度和环境温度保持一致,在喷雾阶段,可减少实验室内温度波动情况,可控制室内温度波动度≤2℃。

电加热管可通过控制系统进行启停设置。同时水箱内设置液位开关,当水箱内液位低于设计液位时,可禁止电加热开启,防止电加热器干烧,保护水箱不被烧坏。

水箱内设置一体化温度变送器,检测的信号可传输至上位机上,在控制室内可进行远程监控。

在盐水箱顶面架设型钢,型钢上特设一个搅拌器(图2-8),加完试验用盐后,启动搅拌器可使其盐溶液均匀。搅拌器轴承和叶片采用316不锈钢材质。

盐水箱内设有实时测量盐水盐度的设备,具有全中文显示、中文菜单式操作、全智能、多功能、测量性能高、环境适应性强等特点,可实现中性盐浓度的连续检测。

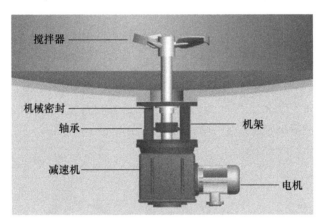

图2-8 盐雾水箱搅拌器

4)盐雾在线监测

通过配置在线实时测重传感器,可在控制软件上设置6套沉降设备平均测量结果和单个设备的测量结果。通过实时观察结果对喷头的气压进行调节,进而对喷雾量调节,可以满足6个检测点平均沉降量$(2\pm0.5)\mathrm{mL}/(80\mathrm{cm}^2\cdot\mathrm{h})$,实验室有效容积内任意一点的沉降量在$1\sim3\ \mathrm{mL}/(80\mathrm{cm}^2\cdot\mathrm{h})$范围内。

微重力传感器最大秤盘尺寸为200mm×200mm,在秤盘上放置口径为$\phi9.5\mathrm{cm}$的量杯。量杯直径大于秤盘直径,保证所有的盐雾都会落入量杯中,秤盘上不会有盐水,保证了测量的准确性(图2-9)。

图 2-9　量杯及微重力传感器

室内设置微重力传感器,可在线监测盐雾沉降量,方便快捷;通过在线测量手段,实时反馈给控制系统,控制系统可在线控制气压大小,可对喷头喷雾量进行调节,满足盐雾沉降量要求。

2. 盐水处理系统

为减少处理废水的运行成本及处理时间,系统设有自然蒸发+电加热的结合方式进行废水处理,保证废水在 2 天内蒸发干净。遇到下雨、下雪天气,可在蒸发水槽上设置聚乙烯薄膜进行遮挡,遮挡的面积大于水槽的面积,雨水从聚乙烯薄膜顶部(设有坡度)流入屋顶,通过排水管道排走。

3. 平移大门

大门保温材质选择 100mm 聚氨酯,两侧夹 0.8mm 的 316 耐腐蚀不锈钢板,预留地面凹槽,可用于结露排水。实验室大门密封胶条安装在铝合金型材内,后期方便维修。铝合金型材与边用拉钉固定或者螺丝固定,方便拆卸。大门内安装密封条(图 2-10),保证室内盐雾不易泄漏室外。

图 2-10　大门密封条意图

实验室大门四周用牢固的不锈钢包边整体焊接,同时在大门制造时采取预埋加强门板等强度措施,现采用 100mm 聚氨酯配合 0.8mm 的 316 耐腐蚀不锈钢板整体拼接而成,质量较轻,同时还保证 4.0m×4.0m 的平移大门不易变形。大门采用整体拼接而成,同时门框处预埋加强筋,保证大门整体结构稳定,可长期承受内外最大压差强度。

采用先进可靠的遥控按钮、拉绳开关均可控制,可提供开门到位、关门到位等接点信号实现与自动化设备的互锁和联动。实现大门启闭的自动化,比较节省人力。为避免电动平移门的电机及导轨直接裸露外部,把电机和导轨全部裹包,防止电机、轨道直接和盐雾接触,既保证设备的使用寿命又保证设备外观。

图 2-11 所示为大门安装示意图,图 2-12 所示为地基凹槽处理局部图,图 2-13 所示为单开平移门安装后示意图。

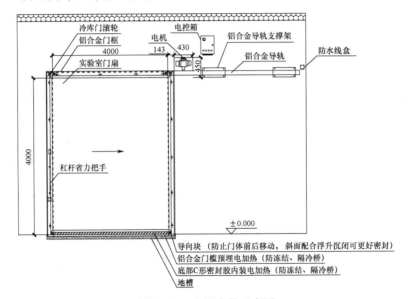

图 2-11 大门安装示意图

4. 加热系统

地面铺设采暖管道,在地面热水管路新增加三通电动阀调节热水温度,用于试验过程中维持地面恒温;实验室在空调箱中设置耐腐蚀不锈钢电加热器加热循环风,从而满足室内快速升温要求。电加热器如图 2-14 所示。

实验室快速升温时打开电加热及循环风机,通过风机强制对流循环,实现负载条件下,室内空气升温速率为 0.15℃/min。壁面换热器:在实验室长度方向两侧底部安装换热器,每侧安装 5 套,共 10 套,采用双管跨越式方式安装,保证各换热器表面温度一致,表面涂防腐涂层,因此可在保证换热性能的同时具有

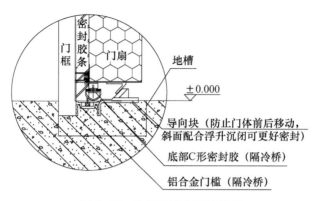

图 2-12　地基凹槽处理局部图

图 2-13　单开平移门安装后示意图

图 2-14　电加热器

优良的防盐雾腐蚀作用,管道采用PPR材质;当实验室快速升温至35℃时,此时关闭电加热及循环风系统。采用壁面换热器对室内空气加热,保证盐雾环境模拟试验过程中,室内温度一直维持恒定状态。铝制壁面换热器如图2-15所示。

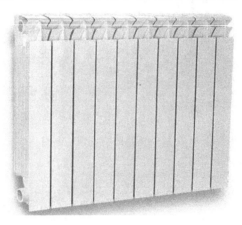

图2-15 铝制壁面换热器

快速升温时,同时开启电加热及热水锅炉。开启室内循环风机,快速对实验室内进行升温,待室内空气温度到达35℃后,关闭电加热器,可通过三通阀调节热水温度。此时换热器主要维持实验室内空气温度在35℃即可,地面换热管主要维持地面温度恒温状态。

5. 制冷系统

系统内置高温型风冷冷水制冷机组。制冷原理是制冷剂经过压缩机被压缩成高温高压的气体,高温高压的制冷剂气体经过冷凝器,由气体变为液体,释放出冷凝热。高温高压的液体经过膨胀阀,经过节流降压,变为低温低压的液体,再经过蒸发器,低温低压的液体吸收空气中的热量,制冷剂液体转换为低温低压的气体,制冷剂气化吸热,以降低冷冻水温度,降低的冷冻水通过泵送入试验设备间的组合式空调箱内,冷水和室内空气进行热交换,降低实验室内温度。

实验室内末端配置2套组合式空调箱,一侧安装1套机组,分别交叉错开。通过风机强制循环对流进行室内降温。组合式空调箱是由风机、换热器、电加热和加湿组成的空调系统末端装置。换热器管内流过冷冻水与空气换热,使空气被冷却,循环风通过除湿或加热来调节室内的空气温度。

设置组合式空调箱进行强制对流,可快速对实验室进行降温。待温度传感器检测到的温度达到设计值后,停止组合式空调箱运行,通过空气自然对流,可使空气温度达到均匀。

回风口和出风口设有电动风阀,室内进行盐雾环境模拟试验时,关闭进出风口风阀,防止盐雾进入组合式空调箱内。可减少盐雾环境对组合式空调箱产生腐蚀,延长设备使用寿命。回风口可直接接室外新风,为实验室送入新风,也可接实验室内,用于室内空气自循环;可根据实验室工况定制组合式空调箱各功能段的参数。

6. 排雾除湿系统

排雾除湿系统是由送风系统和排风系统组成的一套独立空气处理系统,新风机把室外空气导入室内,通过聚氯乙烯风管将室内空气排出。由风机、进风口、排风口及各种管道和接头组成。风机启动,室内盐雾空气经安装在室内的排风口通过风机排出室外,在室内形成几个有效的负压区,室内空气持续不断地向负压区流动并排出室外,室外新鲜空气由风管送入进风口不断地向室内补充新鲜空气。

风机材质选择玻璃钢,电机和箱体表面进行树脂环氧喷涂,可耐受盐雾腐蚀。在实验室外置换热器,接冷却水,通过冷却水将盐雾空气进行降温,降温后的盐雾发生冷凝,冷凝后的盐雾发生结晶,沉降至接水盘中(长时间需要人工进行清理接水盘)。空气经过冷却后,可直接排放室外。

2.7 大型盐雾环境模拟试验系统试验实施阶段

2.7.1 试前准备

1. 盐溶液制备

试验使用碘化钠含量不大于 0.1%、杂质总含量不大于 0.5%的氯化钠(干燥状态)。不应使用含有防结块剂的氯化钠,因为防结块剂会产生缓蚀剂的作用。除非另有规定,制备(5±1)%的盐溶液,该溶液用 5 份质量的盐溶于 95 份质量的水中。通过调节温度和浓度来调整和保持盐溶液的密度。若必要,盐溶液中可加入硼砂作为 pH 缓冲剂,在 75L 盐溶液中加入的硼砂量不超过 0.7g。应保持盐溶液的 pH 值,使在试验箱中收集到的沉降盐溶液的 pH 值在温度为 35℃±2℃时保持在 6.5~7.2 之间,只能使用稀释的化学纯的盐酸或氢氧化钠来调整 pH 值,采用电化学法或比色法测量 pH 值。

2. 试验持续时间

试验推荐使用交替进行的 24h 盐雾暴露和 24h 的干燥两种状态共 96h(2 个喷雾湿润阶段和 2 个干燥阶段的试验程序)。经验证明,这种交变方式和试验时间,比连续暴露于盐雾大气中,更接近真实的暴露且具有更高的破坏潜力。如果这种选择不能接受(如安全问题、LECP 信息或装备要求)允许采用 48h 的暴露和48h的干燥。为了对装备耐受腐蚀环境的能力给出更高置信度的评价，可以增加试验的循环次数。

3. 试验设备试机

试验设备试机主要是在试验前，按照盐雾环境模拟试验要求，对盐雾环境模拟试验系统设备进行检查，检查各设备工作状况，检验系统喷雾能力。

主要检查项目如下：

（1）系统主要设备的运行状况。包括配电设施、供气分系统、加温分系统、风机分系统、喷雾分系统、除湿分系统、测量控制系统等。

（2）试验系统试机。根据试验任务要求的试验条件，对试验系统进行开机，模拟试验工况运行。重点对供气分系统性能、加温分系统性能、喷雾分系统性能、排雾分系统性能、除湿分系统能力等方面进行检查，应保证各项功能处于良好状态。

若试验设备在试验前5d内没有使用过或喷嘴堵塞，则应在试验开始前，在空载条件下调整试验系统所有的试验参数，以达到本试验的要求。保持此试验条件至少24h，或保持试验条件直至正常的运行状况和盐雾沉降率被确认为止。为确保试验箱工作正常，24h后仍要监测盐雾的沉降率。应连续监测和记录实验室的温度。

4. 被试装备安装

被试装备安装时应考虑以下因素：

（1）对被试装备的处理应尽可能地少。临暴露前再准备试验用的被试装备，除非另有规定，应确保被试装备表面没有油、油脂或污垢等导致表面水膜破裂的污染物。任何清洗方法均不能使用腐蚀性溶剂，不应使用在被试装备表面形成腐蚀层或保护层的溶剂，不应使用除纯的氧化镁以外的磨料。

（2）检查被试装备有无电源，其线路有无短路可能及其他显见的不安全因素；被试装备按照技术文件要求等安装布置，根据被试装备的大小、材质考虑是否用试品架。

（3）被试装备的安装布置及试验过程中不能对试验参数构成影响；安装在实验室内外的被试装备及其附件应做好防护，防止出现故障隐患造成不利影响。

5. 被试装备初始检测

所有被试装备都需要在室内环境条件下进行试验前检测，以提供基线数据。检测步骤如下。

（1）记录实验室内大气条件。

（2）对被试装备进行全面的目视检查，同时注意以下内容：

① 高应力部位。
② 不同金属的接触区。
③ 电气和电子部件,特别是那些间距小、无涂层或裸露的电路。
④ 金属表面。
⑤ 已经出现或可能出现冷凝的密闭空间。
⑥ 具有涂层或经腐蚀防护表面处理的部件或表面。
⑦ 阴极保护系统;如果有盐沉积阻塞或覆盖就会造成机械系统故障。
⑧ 电绝缘体和隔热体。
⑨ 由于盐沉积物的阻塞或覆盖而发生的机械故障。
注:如果要求进行全面的目视检查,应考虑部分或全部拆开被试装备。要小心不能损坏任何防护层等。

(3) 记录检查结果(必要时,照相)。

(4) 按试验方案进行运行检测,然后按 GJB 150.1A—2009 中 3.10 的要求记录检测结果。

(5) 如果被试装备满足试验方案或其他适用文件的要求,进行下面的试验程序。如果不满足要求,解决所有问题并按上面最合理的步骤重新开始试验前标准环境检测。

2.7.2 试验实施过程

根据试验技术要求,选择"启用 24 小时循环盐雾环境模拟试验"或"启用 48 小时盐雾环境模拟试验"两种试验模式,设定盐雾环境模拟试验、干燥转换、干燥保持阶段时间。单击"试验启动",进入试验。

1. 升温阶段

试验升温阶段,地面加热系统和侧壁加热单元将先后投入运行,各单元温度的目标值按照判断策略不断进行整体或局部调整。

试验流程启动后,首先地面加热系统投入运行,其次侧壁加热单元投入运行。

2. 被试装备准备阶段

待被试装备准备完毕后,对被试装备进行不少于 2h 的预热。根据被试装备布局,放置盐雾收集器,至少应当放置 3 个。同时,在温度保持阶段,根据环境温度情况,启动盐水预热、饱和器水预热功能。

试验升温阶段结束后,如被试装备准备完毕可单击"下一步"按钮,进入被试装备准备阶段;锅炉保温中确保地面温度稳定在 35℃,侧壁加热温度设定为 40℃,确保空间温度波动稳定在 36℃。环境温度过低时,启动盐水预热。分别设定饱和器前减压阀数值。当试验温度稳定在36℃左右时,开始喷雾。

3. 一次盐雾暴露阶段

试验进入一次盐雾暴露阶段后,空压机负责压缩气体供给;盐水、纯水实现在线补给和在线温控;微正压系统保持工作;侧壁加热系统根据温场反馈数据实时调整各加热单元温度目标值;地面加热系统则保持目标值不变。

当一次盐雾暴露阶段结束时,手动关闭空压机供气总阀门,单击进入一次干燥转换阶段,并取出各盐雾收集器,记录数据。

4. 一次干燥转换阶段

试验进入一次干燥转换阶段后,微正压状态中止,新、排风阀开启,干燥排风系统进入排风状态,该阶段内,侧壁温度设定为25℃,锅炉回水温度设定值不变。

当干燥转换计时到,干燥转换阶段自动转换至干燥保持阶段。

5. 一次干燥保持阶段

试验进入一次干燥保持阶段后,新、排风阀关闭,循环阀开启,通过除湿机监测试验空间相对湿度,并以此决策对室内空气进行循环处理确保相对湿度小于50%。同时,侧壁加热单元和地面加热目标调整,开启除湿机使试验空间温场满足25℃±10℃的指标要求。

若试验流程为24h循环盐雾环境模拟试验,单击"下一步"按钮则试验结束;若试验流程为48h循环盐雾环境模拟试验,单击"下一步"按钮则试验进入二次升温阶段。

6. 二次升温阶段

试验进入二次升温阶段后,侧壁加热单元温度目标值采用一次升温设定值;锅炉回水温度设定保持不变。同时,干燥排风系统停止回风循环,大风机关闭。

同一次升温阶段。

7. 二次盐雾暴露阶段

二次盐雾暴露阶段各分系统设备状态以及控制流程基本同一次盐雾暴露阶段。

8. 二次干燥转换阶段

同一次干燥转换阶段。

9. 二次干燥保持阶段

基本同一次干燥保持阶段,唯一的不同是当该阶段结束时,系统关闭各分系统,并弹出"试验完成"窗口,告知操作人员本次盐雾+干燥的交变试验已完成。

2.7.3 试验中断处理

在 GJB 150.1A—2009 中特殊要求如下：

1. 欠试验中断

如果出现意外的试验中断，使试验条件向标准环境条件偏离并超过允许容差时，对被试装备进行全面的目视检查，并作出试验中断对试验结果影响的技术评价。在中断点重新开始试验，并在该试验条件下重新稳定被试装备。

2. 过试验中断

如果出现意外的试验中断，使试验条件远离标准环境条件并超过允许容差时，则应使试验条件稳定在容差范围内并保持该试验条件，直到对被试装备进行全面的目视检查，并作出能够确定试验中断对试验结果的影响的技术评价时为止。如果目视检查或技术评价结果得出的结论是该试验中断对最终试验结果没有不利影响，或者可以有把握认定中断的影响可以忽略不计，那么重新稳定中断前的试验条件并从超差的中断点开始继续试验。

2.8 被试装备检测及评价

对武器装备盐雾环境模拟试验的测试分析与评价方法因装备不同具体测试分析内容会有所不同，但测试分析与评价过程、步骤和基本方法大体相同。本节对武器装备盐雾环境模拟试验的测试分析与评价过程进行阐述。

盐雾环境模拟试验是一个复杂的试验过程，影响其试验结果的因素很多，破坏现象又十分复杂，所以要求试验人员在试验过程中，首先要严格按照国家标准方法操作，时刻注意观察试验现象，保证试验条件的稳定，尽量减少影响因素，降低影响程度。在试验结果记录时，同时应该拍摄腐蚀试验前后试样的照片，再结合各项指标，给出综合评价。只有这样才能使按腐蚀试验过程中出现的单项破坏等级评定得出的试验结果更接近真实与合理。

在被试装备盐雾环境模拟试验结束后，首先要拍照记录被试装备外观表面情况，重点关注各个螺钉、转动副、接缝处等部位。同时在条件具备的情况下，对被试装备中的电子设备进行通电测试，检查相关技术指标和功能。

在 GJB 150.11A—2009 中，对被试装备的结果检测分析指导建议如下：

（1）物理检查。盐雾环境模拟试验是为了确定武器设备防护层和表面涂层的防护效能。它也可用于确定盐沉积对装备物理特性和电气特性的影响。盐沉积能够引起机械部件或组件的阻塞或粘接。重点检查各活动构件处的盐沉积情况，评估盐沉积对构件活动功能的影响。

（2）电气检查。24h 的干燥阶段结束后，残留的潮气会导致电性能故障。应考虑将这种故障与实际使用中的故障联系起来。

（3）腐蚀检查。从短期和潜在的长期影响角度，分析腐蚀对被试装备正常功能和结构完整性的影响。

2.9　试后处理

盐雾环境模拟试验结束后，实验室地面、壁面、暖气片等有大量的结晶盐，如果不及时清理，就会对设备的正常使用和下次试验造成影响。此处主要以大型盐雾系统为例说明盐雾环境模拟试验系统的清理程序，其他中小型设备可以作为参考。

试验结束时，在控制画面，按"终止试验"按钮，设备停止运行；待喷雾压力降至 0 时，关闭控制电源、空压机电源，关闭总电源；按照国军标的相关规定或试验任务书的要求进行试后处理和试后检测等工作。试后处理时，被试装备移出实验室；清洗收集器，并对实验室进行地面、壁面、暖气片清理和维护；将实验室、压力桶及盐水箱剩余水排放干净，并用清水清洗。

2.10　维护保养要求

1. 防腐维护保温结构

视保温防腐表面清洁状况，考虑利用冲洗设备进行表面清洗。注意，清洗时，要防止水流直接喷射到各喷雾单元。塑料材质受温度变化影响较大，使用过程中屋顶或墙侧接缝处会出现变形、裂缝等现象，需在每次试验前后进行检查，尽可能对裂缝处进行黏合修复。在试验阶段，试验空间内均保持一定正压，一般不允许人员进入试验区域，如确有进入试验空间的需要，应缓慢开启和关闭检修门，严禁快速开启和关闭检修门。

2. 加热系统

加热系统主要由锅炉、侧壁加热单元、控制部件及供电线路组成，其中加热单元的内置加热电缆和 PT100 均采用高可靠性装备，锅炉控制柜各线路接线牢靠，循环泵部件完好，管道阀门启闭到位，锅炉启动前已充满水，控制柜各线路接线牢靠，控制柜长期不投入运行，应采用吹尘设备对控制柜内各电气部件进行清洁（不可用热风）。各加热单元控制盒内部件接线牢靠。可采用万用表对温度变送器进行检查，正常情况为 24V 电压信号，若无，则更换温度变送器。当监控界面上显示有数据，但数据明显偏离正常值（和周边其他数据相比差别较大)时,找到对应信号来源,从信号采集,到信号传输,最后经过接线端子接入到 PLC 模块,进行逐一检查。

3. 空压机控制系统

按照随机附带的使用说明书开展空压机设备的日常维护,主要内容为:空气过滤器清洁、储气罐排污、地面连接稳固以及供电控制接线牢靠等。在空载状态下,手动启动空压机进行状态检查,视情况清洁过滤器芯,清洁后要牢固、紧密地复位过滤器和外罩器皿。确保各饱和器控制盒内各部件接线牢靠;饱和器封盖与罐体装配牢固且密封良好;地脚连接稳固。饱和器封盖上各设备法兰、管路法兰连接严密。注意日常表面清洁以及供气管路各活结、三通、弯头等部件连接状态是否牢靠、严密,阀门启闭是否正常。

4. 喷雾系统

喷雾底座存有盐液,与大气相通,蚊虫易进入,污染水质,增大喷嘴堵塞概率,需在试验前对液位箱逐一检查。由于试验过程中喷洒液体为盐水,在喷雾阶段结束后,残留在喷嘴处的盐水易干燥结晶,堵塞喷嘴,因此应在喷雾阶段最后 1h 内喷洒纯水清洗,在整体试验结束后喷洒纯水清洗 5h 以上。

5. 盐水、纯水补给控制系统

应确保控制柜各线路接线牢靠。控制柜长期不投入运行,应采用吹尘设备对控制柜内各电气部件进行清洁(不可用热风)。

系统长期不投入运行,应打开地面盐水箱、高位盐水箱排污阀,排空其内残留盐水;确保各高位盐水箱控制盒内各接线牢靠;盐水补给管路各活结、三通、弯头等部件连接严密;按照盐水泵使用说明书进行日常维护;通过补水,确保高位盐水箱液位传感器显示控制正常。应打开各饱和器、地面纯水箱的排污阀,排空其内纯水残余;按照使用说明书对纯水泵进行日常维护;通过液位计,检查饱和器液位传感器显示控制是否正常,更换液位传感器时确保断电。

6. 干燥排风控制系统

应确保控制柜各线路接线牢靠;控制柜长期不投入运行,应采用吹尘设备对控制柜内各电气部件进行清洁(不可用热风)。风阀为气动结构,启动前检查供气管路是否通畅;确保风阀执行器无损坏。按照设备使用说明书进行日常维护。试验完毕后,应及时将室外传感器外罩装上,并注意清洁百叶窗表面。

7. 中央控制系统

应尽量减少在工控机上安装不必要的软件,特别是减少随系统启动而进入运行的程序,以避免系统资源被其大量占用,导致中央控制系统数据更新变慢,甚至在多程序并行运行时,其他程序的死机殃及中央控制系统运行。检查通信口 DP 接头是否松动,PLC 运行是否正常,保证控制线路物理连接正常。

8. 日常维护

开启盐雾环境模拟试验系统,检查各设备运转状态,查看喷头是否正常;检查供气和供水管路工作是否正常,无泄漏;对机房和设备进行卫生清理,提供清洁的试验环境;检查各压力表、阀门工作是否正常;检查锅炉和饱和器加热和接线是否正常;开机检查压缩机和排气风机工作是否正常,润滑是否充分;开启磁力泵向高位水箱上水,要求能实现正常供水。

第 3 章

湿热海洋大气环境盐雾腐蚀行为及作用机理

本章从沿海区域及其岛屿,特别是南部沿海的气候特点入手,介绍沿海大气环境因素特点,以及对沿海区域部署装备的影响,为盐雾环境模拟试验技术的设计、剪裁和环境效应评估提供参考。

3.1 湿热海洋大气环境沿海装备腐蚀效应分析

研究盐雾环境模拟试验技术需要从大气盐雾腐蚀环境入手展开研究,普遍认为大气盐雾腐蚀主要存在于湿热海洋大气环境,需要注意的是,在内地的盐渍地区也存在明显的盐雾腐蚀现象,例如在新疆的库尔勒、甘肃敦煌地区虽然降水稀少,相对湿度低,空气污染小,但是其土壤中含有大量盐类化合物。这些含盐尘土一旦沾污金属表面,会大大增加金属表面的吸湿性,即便在相对湿度低于 60% 的条件下,也可能在金属表面形成目视不可见的水膜,引起金属电化学腐蚀。调查发现,大多数结构钢、铝合金在敦煌地区存在腐蚀现象。

目前海洋已成为各国提高综合国力和争夺战略优势的制高点,中国走向海洋是今后实现可持续发展和现代化的必然选择。然而,沿海区域及其岛屿部署的武器装备长期服役于恶劣的海洋环境下,材料的腐蚀损伤、腐蚀失效和生物污损,严重制约装备的技术性能发挥,严重影响装备的可靠性和寿命,给我国带来巨大的军事损失。

3.1.1 湿热海洋大气环境特征分析

我国海岸线跨越了温带、亚热带、热带三个气候带,拥有渤海、黄海、东海、南海四大海域,其中东南沿海及南海岛礁是装备服役最为严酷的地区,具有高温、高湿、高盐雾、强太阳辐射的"三高一强"的湿热海洋环境特征,与其他海域相比,年均气温高 10%~50%,相对湿度超过 80% 的时间延长 10%~40%,氯离子(Cl^{-1})含量高一个数量级以上,年总辐射量高30%左右。以海南万宁试验站为例,全年日照时间长,年均气温24.6℃,且降雨充沛、蒸发旺盛,一年四季的绝对湿度很大,年均相对湿度86%,相对湿度超过80%的时数全年达6000h以上。2012年6月国务院批准设立的三沙市市政府所在地永兴岛,是西沙群岛中面积最大的岛屿,年均气温27.0℃,年均相对湿度82%,属热带海洋(季风)气候。

盐雾是海洋(岛礁)环境所独有的环境特征。盐雾的形成、扩散及沉降受海浪大小、风速风向、离海距离、海岸形貌和地形等多种因素的综合影响。空气中Cl^-浓度和Cl^-沉积速率是表征盐雾对装备腐蚀破坏作用的主要指标,其中Cl^-沉积速率反映了盐雾颗粒在装备表面的沉积速率和大小,对于腐蚀损伤分析评估更为重要。Cl^-沉积速率随离海距离(1000m范围内)呈指数下降规律。海南万宁试验站不同离海距离试验场连续6年的统计年均值表明,海面平台、濒海试验场(距海岸100m)、近海岸试验场(距海岸350m左右)的Cl^-沉积速率比值约为7∶5∶1。

湿热海洋大气环境是绝大部分金属材料面临的最严酷环境。由于相对湿度大,润湿时间长,金属表面容易形成一层连续的薄液膜,且停留时间较长,增加金属材料的电化学腐蚀时间。同时,大气中的Cl^-含量高,穿透力很强,易溶解于金属表面的液膜中,加速对金属氧化膜的腐蚀破坏作用,还可直接参与电化学腐蚀,产生不同类型的腐蚀损伤。例如,常用的30CrMnSiA、30CrMnSiNi2A合金钢表现为均匀腐蚀特征,平均腐蚀速率高达200~300μm/年。铝合金因成分组织的差异可能发生点蚀、晶间隔绝、剥蚀、应力腐蚀开裂等局部腐蚀,镁合金在湿热海洋大气环境中腐蚀严重,需采用特殊的防腐涂层隔绝或减缓含盐潮湿气氛的侵蚀作用。

湿热海洋大气环境对有机涂层、橡胶、工程塑料等非金属材料老化作用明显。由于日照时间长,太阳辐射强,平均湿度高,容易使高分子材料发生不可逆的物理反应和化学反应,导致物理力学性能下降。一方面,H_2O、Cl^-等环境介质会逐步渗透扩散到材料内部,引起高分子材料溶胀或溶解。另一方面,光、氧、热等环境因素会诱发高分子材料产生一系列复杂的化学反应,使分子链降解断裂或交联,老化使高分子材料变软发黏或变硬变脆,强度和模量降低,如涂层开裂脱落、橡胶硬化龟裂等。

我国南部沿海处于亚热带/热带地区,气候上属于海洋性季风气候,一年中无明显的四季区别,仅分为气候温和的干季和炎热多雨的雨季,典型的特点是全年日照时间长,太阳辐射强度大。雨季时,经常出现高温、高湿,外加充沛的雨水,使盐雾浓度增大。海南万宁地区的大气环境因素具有以下特点:年平均气温20~30℃,最冷月份平均气温在20℃以上,最热月份平均气温接近30℃,日气温最高可达 30℃ 以上。该地区有广阔的海洋及强劲的海风调节,因此虽然气温较高但并无酷热,终年气温变化不大,温差较小。南部沿海大部分地区年平均降雨量在 1000mm 左右,但是雨量的季节分配不均匀,具有集中于夏半年的特点。年平均相对湿度在 80% 左右,最高可达 100%。南海地区的空气含盐量是东海、北海地区的 5~10 倍,例如,万宁地区的年均盐雾沉降量达到 0.51mg/($100cm^2$ · d)。大气环境腐蚀性强,特别是当处于海洋线地区或海岛地区的海水飞沫范围时,弥漫到空气中形成的盐雾对金属构件的腐蚀影响将成倍增加。空气中盐含量与离海岸的距离有关,随着离海岸线的距离增加,空气中盐含量迅速降低。

夏秋两季受台风影响大,是全国平均风速最大的地区。台风的平均风速可达 20m/s,在台风最强的季节最大风速可达 50m/s 以上。另外,南部沿海地区为雷暴多发地,年雷暴天数为 50d 左右。每年冬季盛行东北季风;夏半年盛行西南季风;每年 4 月开始,南海诸岛逐渐受到热带与赤道海洋气团影响,进入西南季风转换时期。

3.1.2 湿热海洋大气环境因素影响机理

铝合金、钛合金等金属材料的大气腐蚀主要是薄液膜下的电化学腐蚀,它既有电化学腐蚀的一般规律,也有其本身的电极过程特征。大气腐蚀开始时受很薄、致密的氧化膜(金属暴露于干燥空气中表面形成的膜)性质的影响,一旦金属处于"湿态",即当金属表面形成连续的电解质液膜时,就开始氧去极化为主的电化学腐蚀过程。此时"湿态"氧腐蚀的电解机理催化了金属与氧之间本来(干燥时)就缓慢进行着的反应,而薄的腐蚀产物层下氧的去极化作用是大气腐蚀的主要影响因素。这是因为薄腐蚀产物层如同一个惰性多孔表面膜,它几乎不影响阳极金属的溶解,而仅仅通过增强扩散阻滞作用影响阴极氧还原过程。

大气腐蚀经平衡阳极反应和阴极反应而得以进行。阳极反应涉及金属的溶解,而阴极反应通常是氧的还原反应。

1. 阴极过程

当金属发生大气腐蚀时,由于表面液膜很薄,氧气易于扩散至金属表面,而氧的平衡电位又较氢正,因此大气腐蚀的阴极过程主要是氧的去极化。除非在工业大气环境下,由于凝结水膜严重酸化,pH 值很低,才会发生氢的去极化反应。

在中性或碱性溶液中:

$$O_2 + 2H_2O + 4e \longrightarrow 4OH^- \tag{3-1}$$

在酸性介质(如酸雨)中：
$$O_2+4H^++4e \longrightarrow 2H_2O \qquad (3-2)$$

在大气腐蚀条件下，氧通过薄液膜到达金属表面的速度很快，并得到不断补充。液膜越薄，氧扩散速度越快，则阴极上氧去极化过程越有效。但当金属表面未形成连续的薄液膜时，氧的阴极去极化过程会受到阻滞。

2. 阳极过程

大气腐蚀的阳极过程就是金属的氧化溶解过程，其简化的阳极反应方程为
$$M+XH_2O \longrightarrow M^{n+} \cdot XH_2O+ne^- \qquad (3-3)$$

式中：M 为金属；M^{n+} 为 n 价金属离子；$M^{n+} \cdot XH_2O$ 为金属离子水合物。

腐蚀产物(金属氧化物和氢氧化物)的形成，腐蚀产物在表面电解质液膜中的溶解性以及钝化膜的形成都会影响金属阳极溶解过程。易钝化金属的大气腐蚀通常表现为局部腐蚀特征，如铝合金、不锈钢等。随着金属表面水膜的减薄，水膜中氧离子发生水化作用困难，使得阳极过程受到阻滞。当相对湿度低于100%且腐蚀产物的吸水性又很小时，水分供应不足以维持阳极过程的需要，阳极过程阻滞行为特别明显。

影响金属材料大气腐蚀的因素极其复杂，从上述腐蚀机理考虑，包括外因(环境因素)和内因(材料化学成分、微观组织因素)。材料大气腐蚀的多样性和特殊性正是材料固有的内在因素在一定外界环境条件下的综合反映。

南部沿海地区的高温、高湿、高盐气候和较强的太阳辐射作用对沿海部署装备影响的途径和影响机理主要有以下几个方面：

1. 腐蚀作用

腐蚀作用是盐雾的主要效应，在沿海地区最为严酷，特别是南部沿海地区。腐蚀作用产生机理主要是加速电解和电化学反应，直接侵蚀装备的防护层和功能涂层，造成装备效能下降。腐蚀后，装备的机械结构强度降低，力学性能也发生劣化，活动部分卡死，电子装备部件表面电阻阻值增大，造成点接触不良。雷达装备的天线系统、波导管、收发车座架、发射装置、电缆以及这些部件的连接件和紧固件等暴露于大气环境中，这些部件的腐蚀必然会给装备的工作性能产生不良影响。

2. 霉变作用

霉变作用主要是装备表面或内部生长霉菌所引起的。霉菌作用的影响途径是直接侵蚀和间接侵蚀，直接侵蚀主要是作用于易长霉材料，天然有机材料最容易受到直接侵蚀；人工合成材料中的含聚乙烯的组分，某些聚氨酯类，作为压层材料有机填料的塑料，以及含有易长霉组分的油漆和清漆也易受到霉菌的直接侵蚀。间接侵蚀是通过抗霉材料受到霉菌间接作用而产生的环境效应影

响,生长在积有灰尘、油脂、汗渍和其他污染物的表面的霉菌,能够损坏底材直接侵蚀抗霉材料,霉菌分泌代谢的产物,例如有机酸能腐蚀金属、刻蚀玻璃,引起塑料或其他材料的着色或降解;在对直接侵蚀敏感的材料上生长的霉菌,其代谢产物和相邻的抗霉菌材料接触而产生侵蚀。霉菌孢子通过空气流动或其他载体的携带而易附着于各种电子元器件表面,在合适的温度和湿度条件下,霉菌孢子萌发、生长,其分泌物会使电子材料出现腐蚀、霉变和劣化,使潮气的浸透性增大,导致电子设备和备用元器件性能下降或失效,严重影响装备的环境适应性、寿命和可靠性。在不同的器件和不同的场合下,霉菌作用造成不同的损坏。霉菌对光学系统的影响主要是由于间接侵蚀,对光学系统中的光传播产生负面效应影响,阻塞精密活动部件,使干燥表面变潮湿而伴随性能下降。

3. 高湿作用

高湿作用主要通过水分子扩散和渗透影响装备,暴露潜在的问题。在沿海地区,特别是南部沿海地区,湿热环境终年可见。由于水分子扩散和渗透,绝缘材料吸收湿气后,装备的电性能和热性能受到损坏,使电气材料及元器件电参数发生变化,如天线收发车高压机柜绝缘板、高压连接导线、绝缘支架等,在水分子的渗透作用下,绝缘电阻值下降,泄漏电流增大,介电常数增大,耐压强度下降,在高压的条件下易出现飞弧,绝缘部件发生短路、漏电、击穿等现象,严重影响设备的电气性能,造成工作不稳定,直接影响武器系统的正常使用。

4. 高温作用

高温作用会改变装备材料的物理性能和尺寸,不同于太阳辐射引起的热效应,高温作用是指装备各部分温度分布均匀的被试装备的热效应。高温作用会暂时或永久性地损伤设备的性能。装备中不同材料之间热膨胀系数不同会使零部件之间相互咬死;使用的润滑剂黏度降低,造成润滑性能下降;垫片发生硬化,外罩或密封条损坏;变压器和电机部件局部过热,电阻的阻值发生变化,工作寿命缩短。

5. 太阳辐射作用

太阳辐射作用主要产生热效应和光老化效应,太阳辐射热效应不同于高温作用的热效应,主要产生直接加热或不均匀受热,还会产生温度梯度。在太阳辐射试验中,吸收或反射的热量主要取决于被照射表面吸收或反射特性(如粗糙度和颜色等),除了不同材料之间的不同膨胀,太阳辐射试验还可以导致各部件以不同的速率收缩或膨胀,从而造成严重的应力破坏结构完整性。除了加热效应,太阳辐射作用造成的某些损坏可归于光谱的其他部分,尤其是紫外线。由于这些反应的速率通常随温度升高而加快,因此必须要用完整的光谱才能充分模拟太阳辐射的光老化效应。

3.1.3 湿热海洋大气环境效应特征分析

装备在自然环境中总是受到综合环境的作用,目前的单一环境模拟已经不能满足装备实战条件下环境适应性和可靠性考核的需要。环境模拟试验裁剪一般都会考虑复合环境条件,多种环境因素之间先后的关联性并非完全一致。下面讨论密切相关的多种环境因素对装备产生的环境效应的特点。

1. 高温、高湿产生的环境效应

现代武器装备结构复杂、线路密集、集成度高,一些元器件对温度敏感,在高湿环境下,散热系统工作效率变低,元器件参数发生漂移或元器件损坏,低熔点焊锡断裂,使装备的稳定性和可靠性变低;同时在高温环境下会大大加速元器(机)件的老化和损坏,如馈源罩、电缆、橡胶圈(垫)等制品,在短时间内就会出现表面硬化、龟裂等问题,并使绝缘材料的绝缘性能降低;电机、变压器、电容等绝缘材料易击穿;天线阵面相移器密集、发热量大,在高温天气工作时易发生故障;大功率电子管会因为散热不良缩短寿命或损坏;在高温条件下金属膨胀、材料软化、润滑脂黏度下降,影响机械的润滑,导致机械部分卡滞、松动等。

2. 高湿、高盐产生的环境效应

高湿、高盐是造成器件腐蚀老化的主要原因。在常温下金属会产生一层保护的氧化膜,当湿度大于70%时,氧化膜基本失去作用,器件处于强腐蚀状态,如不进行干燥、防潮等处理,电子元件的腐蚀老化现象就会加速,发生断路、短路等,造成设备故障。以雷达装备作为分析对象,如带盐雾的潮湿空气进入波导内部,将导致波导内壁发生腐蚀,出现生锈、发霉等现象,被腐蚀的波导内壁也容易产生尖端放电,使波导内部打火烧坏元器件等,导致装备故障率上升;高温、高盐的条件下,电子设备内各绝缘物质、导线、接线柱、接触点等易产生锈蚀、发霉和变质,久而久之会造成接触不良,影响信号传输,使用可靠性下降。

3. 高温、太阳辐射产生的环境效应

高温、太阳辐射相互伴随产生,是装备热失效和光老化失效的主要原因。在自然环境中,暴露于太阳辐射条件下的装备温度一般都会升高,高于环境温度,特别是对于容器内的设备,热效应会更加明显,光老化效应随温度的升高迅速加快。机械部件在高温和太阳辐射热效应条件下活动部件卡死或松动,焊接和胶接部件强度减低;非金属部件的强度和弹性发生变化,联动装置精确度下降或失灵。封装材料密封完整性减低,压力下降。高温和太阳辐射作用下,电气和电子部件性能发生变化。电触点过早动作,灌封材料软化。光老化作用和温度密切相关,高温会显著增强光老化作用,引起装备表面材料涂层龟裂、粉化和褪色,橡胶和聚合物受短波长辐射激发的光反应而破坏,织物和塑料褪色。

4. 高湿、霉菌产生的环境效应

以霉菌为代表的微生物破坏作用需要在一定的湿度和温度条件下才能进行,霉菌孢子的萌发离不开一定的温度和较高的湿度条件。在潮湿的热带和温带地区,在装备的表面和内部都有可能产生霉菌引起的环境效应,又以沿海地区更为严重。对于武器装备的电子电气设备,如计算机、印制电路板、发电机的线圈、电容器、电气绝缘材料,由于霉菌的繁殖,霉菌促使湿气凝聚,霉菌繁殖产生的菌丝体具有一定的导电性,在设备表面能够形成泄漏通道,使电子电路失去平衡并加速电偶腐蚀,吸收湿气影响这些设备的绝缘及耐压特性。对于雷达装备的电子元器件,如电容元件、集成电路、电感器件、导线与电缆,在封装方面使用了多种非金属材料,在潮湿条件下,由于霉菌的繁殖,使材料变质,封装破损漏气,对元件产生腐蚀,使其发生断路或短路。

5. 雷电、降雨产生的环境效应

沿海地区夏、秋两季台风较为频繁,台风不仅直接作用于装备,并且一般伴随雷电和降雨过程,雷电有时长达十几天,闪电电流可达几万到几十万安培。当雷电直接击中装备时,大量的雷电电流将产生巨大热量使金属熔化,造成装备损坏、人员伤亡。电缆、架空线路等受雷击时(直接或感应)所产生的高压通过这些线路进入装备内,引起相连的各种电气设备打火而烧毁,如频繁的雷电易导致制导雷达长线发射模块损坏,造成故障。因长时间降雨,雨水能从连接接缝处渗透到各设备舱内,台风过后,在装备舱内、装备上都能发现或多或少的雨水,有些地方因防水气密性不够完善,设备舱内进水,甚至被积水浸泡,造成设备绝缘值下降、漏电,工作时打火,烧坏装备内部元器件。

3.2 大气暴露试验

材料在大气环境中的腐蚀速率是试验材料、地点、气候条件、环境中的污染物和一些其他因素的函数。为了理解大气环境特性和将不同试验的结果进行比较,应监测相关环境参量并对不同地方的相对腐蚀性进行评价。

不仅室外大气可以引起材料的腐蚀,某些环境中的室内大气也可造成材料的腐蚀。

室外大气暴露试验具有多种用途,例如,评价新的合金在不同大气条件下的性能、检验金属和非金属涂层的性能、确定某些部件在大气环境中的性能和使用寿命。在某些情况下,大气暴露试验还被用于评价大气的腐蚀性,这类信息对选择用于特定地点的涂层或其他腐蚀防护体系是十分有帮助的。

大气暴露试验有静态试验、动态试验两类。静态试验是最常用的大气暴露试验方法,它是将暴晒架和试样支撑装置安装在固定位置,试样在固定地点暴露预定的周期。动态试验是将试样安放在汽车上,暴露于从路面溅起的泥水环境当中,用以模拟汽车的服役条件。对于船舶和飞机也可根据实际工况设计动态试验。

大气暴露试验所需获取数据或信息是由试验目的决定的。例如,试验的目的可能是评价材料的耐全面腐蚀、孔蚀、电偶腐蚀性能,评价涂层抗阳光辐射和变色性能;也可能是评价强度损失或其他物理性能的变化。暴露试验所需获取的信息必须在试验的规划阶段确定。

▶ 3.2.1 试验场点选择

大气暴露试验(静态)的试验站应建立在有代表性的地区,如农村、城市、工业区、湿热地区、滨海或内陆地区等,以适应大气腐蚀规律的复杂性。应当测量和记录试验站所在地的气象和环境因素,如温度、降水天数、降水量、风向、风速、日照时数及大气中的污染成分(如 SO_2、H_2S、NO_x、煤屑、盐粒、灰尘等)。为了对材料的耐腐蚀性作出可靠的判断,应在尽可能多的、环境条件各异的试验站同时进行试验评定。

▶ 3.2.2 控制材料

为了确定环境对所评价材料的降级影响,大气暴露试验通常要进行数月甚至数年。因此,选择标准的或参考的材料(控制试样或材料)是很重要的,它们将与感兴趣的材料、合金或涂层一起进行暴露试验。控制材料在暴露环境中的先验行为已被记录在案,它们对于相互比较和监测试验地点腐蚀性的变化是很有帮助的。例如,国际标准化组织推荐低碳低铜钢、工业纯铝、工业纯锌和工业纯铜作为控制材料。

平行试样的数目取决于暴露周期和计划取样的数目。对于目检,通常每种环境有两个试样就足够了。

▶ 3.2.3 大气暴露试验的试样

美国材料与试验协会(ASTM)和国际标准化组织(ISO)提供了有关标准试样设计的准则。暴露试验前试样的清理以及试验后试样的清洗和评价方法可参照 ASTM、NACE 和 ISO 给出的指南,为设计试验时提供参考。

需要有适当的方法来区分试样,对于较耐蚀的材料,可以在样品上打上编号;对于不太耐蚀的材料,可根据样板在试样的一定部位上钻孔或在边棱上开缺口；也可以使用塑料标签,用非金属丝将其拴在试样或支架上,根据实际情况绘图表示试样在暴晒架上的具体位置也是一种办法,在编号或标签失落的情况下可根据试样所在位置区分试样。

3.2.4 暴晒架与暴露试验

1. 室外暴露试验

试样通常置于暴晒架上。暴晒架由角钢或木材制成,并涂漆加以保护,如图 3-1 所示,架子距地面高度一般为 0.8~1.0m。在北半球,架的正面朝南；在南半球,架的正面朝北。ASTM 标准 G50 建议,架面与水平面的夹角为 30°(欧洲规定为 45°)。如果需要最大限度地暴露在阳光下,那么架面与水平面的夹角应相当于试验站所在地的地球纬度。暴晒架应设在完全敞开的地方,以便试样能充分受到大气条件的侵袭；暴晒架应与周围的建筑物、树木相隔一定的距离,以避免阴影投射的影响。

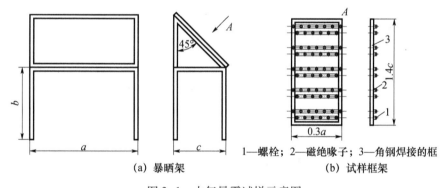

1—螺栓；2—磁绝喙子；3—角钢焊接的框

(a) 暴晒架　　(b) 试样框架

图 3-1　大气暴露试样示意图

暴晒架上配置由陶瓷(或塑料)绝缘子分隔的框架,其上安置试样。绝缘子的作用是保证试样与暴晒架以及试样与试样之间的电绝缘。

2. 百叶箱试验

在百叶箱试验中,试样不受日晒雨淋,但百叶箱内部空气与外部大气相通。标准百叶箱体积约为 $1m^3$,呈双层百叶式,并有防水檐。百叶箱内壁安有孔径为 0.3mm 的耐蚀网帘,箱内基座上设有水槽,其大小为 68.5mm×830mm×1300mm。水池上方设有试验架,其位置应使试样下端距水面 100mm。试样架间相距 100mm。板状试样倾斜放置,与垂线夹角 15°,箱体应位于室外暴晒场附近,正面向南放置。

3. 库内试验

试样置于试验库内进行储存试验。试验库内的空气与外部空气不流通,不受阳光照射和雨、雪、风的侵袭。库内不设加温调湿通风装置,一般为水泥地面。由于温度、湿度与室外有差别,因此须备有自动记录温度和湿度的仪器。试验可用实物被试装备,也可用专门制备的试样,放置方式无特殊要求,板状试样可垂直悬挂,外形复杂的零件可按序摆在木制试样架上。

▶ 3.2.5 试验结果的评价

在大气暴露试验之后,有许多技术可以用于评价和解释试验结果,表3-1列出了常见的评价技术。大气腐蚀试验中最重要的步骤是记录试验结果和观察结果,并将其编制成文本,以便将来参考和使用。报告应说明试验目的、暴露试验的详细情况及最终的结论。

随着工业的发展,越来越多的新技术应用于环境模拟试验环境效应评价中,例如电化学评价、无损检测技术、机器视觉评价等。

表3-1 大气腐蚀试样的评价技术

技术	价值
摄影	试样清洗前后的照片可以给出在特定大气环境中材料性能的永久记录
腐蚀产物分析和表面沉积物	在取样时,大气腐蚀试样的表面上通常有腐蚀产物和空气中的沉积物。这增加了许多有关材料行为的信息
质量损失	对于均匀腐蚀,这种方法简单易行,而且可以转换给出腐蚀速度
孔蚀和局部腐蚀	可以得到材料对局部腐蚀敏感性的信息。孔蚀程度常以平均孔蚀深度或最大孔蚀深度表示,它们通常是用深度千分尺或微调显微镜测定的。在可能的情况下,孔蚀数据应进行统计处理。当局部腐蚀是主要腐蚀形态时,不应用质量损失数据计算腐蚀速度
锈或锈蚀	数据揭示材料生锈倾向和锈蚀程度。如果原始外观保持不变,通过清洗方法可将其确定
拉伸试验和其他物理试验	经常可以得到有关大气对材料强度、开裂行为等影响的信息
外观	环境对外观、色泽保持等的影响

3.3 金属材料湿热海洋大气腐蚀规律分析

装备制造采用的材料目前以金属材料为主,其中钢铁材料占比最大,其次是铝合金材料、铜合金材料等,随着轻量化研究进展,铝合金和钛合金材料应用越来越多,装备的腐蚀效应较为普遍。从装备材料应用现状和技术发展趋势来看,以金属材料为主体的装备结构制造具备较长时间的应用前景。因此,装备中金属腐蚀防护的重要性显而易见,相关的研究工作主要聚焦于涂装防腐和材料防腐两个方面,针对典型材料腐蚀效应的研究不够系统,本章围绕沿海部署雷达装备腐蚀效应展开,为了突出重点,以金属材料为主,包括常用金属材料、铝合金材料、金属镀层、阳极氧化涂层,另外还包括受腐蚀影响的涂装防护工艺。

金属材料作为构成装备的主体材料,受腐蚀影响较为明显。本节以 20 钢、H62 和 H68 等铜及铜合金以及 2A12 铝合金为研究对象,试验投试地点与环境为海南万宁试验站海洋气候环境,试验场地均为滨海户外暴露场,探讨金属材料在沿海大气环境中的腐蚀规律。首先对试样进行大气暴露试验,定期取出试样,定性研究采用相机和扫描电子显微镜观测腐蚀形貌,定量研究采用重量法,参照 GB/T 16545—2015 执行,采用化学法去除腐蚀产物。

▶ 3.3.1 钢腐蚀特征及规律分析

装备结构常用的黑色金属包括碳素结构钢、合金结构钢、轴承钢、工具钢和不锈钢,此外还有铸铁和铸钢。根据材料特点、使用范围,本章通过对装备所用的材料、工艺分析,开展系统的大气腐蚀效应试验,研究对象以碳素结构钢、合金结构钢为主。

普通碳素结构钢杂质含量较大,产量高,成本低,具有一定的力学性能,通常在热轧状态下使用,在工程上主要用于制造各种静载荷的金属结构。在雷达结构中,常用于受力较小的辅助结构和临时测试设备的结构中,很少用于加工机械零件。其中用量较多的是 Q235A 的有关品种,如钢板、角钢、槽钢等。优质碳素结构钢在雷达结构中的应用比较广泛,经常用到的优质碳素钢的牌号有 10、20、45、70、15Mn、65Mn 等。其中,10 钢主要制作不受载荷的罩壳及雷达机箱的侧板、背板和各种受力不大的支架;20 钢是雷达结构的主用钢材,用于制造雷达天线骨架、运输支架、天线座的底座、转盘等焊接结构件,还可以加工各种机械零件;45 钢主要用于制造雷达各种高强度的零件,如蜗杆、齿轮、滑轴、接头等;70 钢可制造各种形状的小型弹簧、钢丝等;15Mn 主要用于制造低温条件下工作的雷达结构件;65Mn 用于制造各类弹簧。

合金结构钢比碳素结构钢的综合性能要好,广泛地用于制造各种重要的机械零件和各类工程结构。低合金结构钢是一类可焊接的低碳低合金工程结构用钢,这类钢有较高的强度和屈强比,并有较好的韧性和焊接性,而且其低温性能和耐蚀性也比碳素结构钢好。以 16Mn 低合金结构钢为例,由于其低温性能、冷冲压性能好,且焊接性能也很好,再加上它的力学性能也比 20 钢好,因此在承受低温和冲击的雷达结构件中获得广泛应用,一般在雷达结构中常用来制造天线座、天线等大型结构受力件和运输设备。合金结构钢通常需要热处理,以获得良好的综合力学性能。

以 20 钢为代表开展研究，20 钢强度低，塑形和韧性比较高，焊接性能高，切削性能稍差。表 3-2 给出了 20 钢的化学成分。

表 3-2　20 钢的化学成分

C	Si	Mn	P	S	Ni	Cr	Cu	Fe
0.17%~0.23%	0.17%~0.37%	0.35%~0.65%	≤0.035%	≤0.035%	≤0.30%	≤0.25%	≤0.25%	余量

图 3-2 是 20 钢暴露于海南万宁试验站近海岸户外、海洋平台户外和海洋平台海水飞溅区的外观腐蚀形貌。由图得知，近海岸户外、海洋平台户外和海洋平台海水飞溅区 3 种环境下暴露，20 钢均出现严重腐蚀现象。从腐蚀产物颜色观察得知，20 钢暴露初期，腐蚀产物为红褐色，随着暴露时间延长，颜色逐渐加深；尤其是暴露于海洋平台和海洋平台海水飞溅区，腐蚀产物颜色转为深褐色，甚至发黑。如图 3-2(d) 所示，20 钢在海南万宁试验站近海岸户外、海洋平台户外和平台海水飞溅区暴露 3 个月，近海岸户外暴露的 20 钢表面腐蚀均匀，未见明显腐蚀产物脱落现象；平台户外暴露的 20 钢表面出现腐蚀产物脱落现象；平台海水飞溅区暴露的 20 钢表面出现最为严重的腐蚀产物脱落现象，表面腐蚀产物由红、黑、黄、白多种颜色组成。

上述结果表明，离海距离越近，20 钢腐蚀越严重，尤其是暴露于海水飞溅区的 20 钢，不仅遭受海洋大气环境中的 Cl^- 离子和干湿交替等作用，而且还经常遭受海水飞溅的直接影响，腐蚀尤为严重。

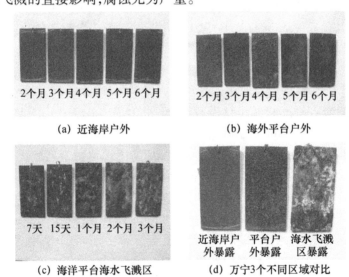

图 3-2　20 钢暴露于海南万宁近海岸户外、海洋平台户外和海洋平台海水飞溅区腐蚀形貌（见书末彩图）

采用腐蚀失重法计算 20 钢的腐蚀深度,图 3-3 是 20 钢暴露于海南万宁试验站近海岸户外和海洋平台海水飞溅区腐蚀深度变化曲线。由图 3-3(a)得知,随着暴露时间延长,20 钢腐蚀深度逐渐加深,近海岸户外暴露 1 年,20 钢腐蚀深度为 0.0453mm,暴露 2 年,20 钢腐蚀深度增至 0.0711mm,暴露 4 年腐蚀深度达到 1.009mm。由图 3-3(b)得知,随着暴露时间延长,20 钢腐蚀深度也逐渐加深,海洋平台海水飞溅区暴露 1 年腐蚀深度为 0.155mm,暴露 2 年腐蚀深度为 0.2846mm。

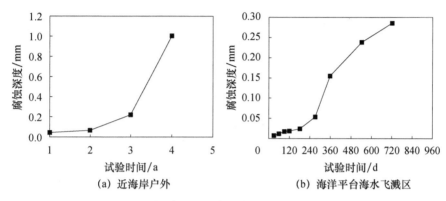

图 3-3　20 钢暴露于海南万宁试验站近海岸户外和
海洋平台海水飞溅区腐蚀深度变化曲线

20 钢在海洋大气环境暴露中腐蚀失重随暴露时间的变化关系可用幂函数拟合得到:

$$D = At^n \tag{3-4}$$

式中:D 为腐蚀失重;t 为暴露时间(a);A 和 n 为常数,A 相当于试样第一年的腐蚀失重,n 为腐蚀产物膜对基体的保护能力的量度。

通常情况下,$n<1$,腐蚀速率是一个减缓过程,说明腐蚀产物具有保护作用;$n>1$,腐蚀是不断加速过程;$n=1$,说明腐蚀速率与时间呈线性关系。

采用上述幂函数对 20 钢海洋大气环境暴露试验的腐蚀失重进行预测,20 钢的腐蚀预测模型见下式:

$$\begin{cases} Y = 0.0085 X^{0.935} & \text{(近海岸户外暴露)} \\ Y = 0.030 X^{1.3161} & \text{(海洋平台户外暴露)} \\ Y = 0.1079 X^{0.5199} & \text{(海洋平台海水飞溅区暴露)} \end{cases} \tag{3-5}$$

分析拟合公式的 n 值大小可知,20 钢海洋大气环境暴露试验的腐蚀失重规律为:万宁地区近海岸户外暴露近似线性关系,海洋平台户外暴露腐蚀是不断加速过程,海洋平台海水飞溅区腐蚀速率是一个减缓过程。

3.3.2 铜及其合金腐蚀规律分析

铜具有优良的导电性和导热性、优良的冷热加工性能和良好的耐腐蚀性能,所以铜及其合金的应用范围在金属材料中仅次于钢铁和铝。虽然铜的导电性和导热性比银差,但是由于银为贵金属,工业上导电、导热体多选择铜。铜及其合金习惯上分为紫铜、黄铜(铜锌合金)、青铜(铜锡合金)和白铜(铜合金),为铸造和压力加工装备(管、棒、线、型、板、带、箔)使用。

铜及其合金在雷达工业中的应用也很广泛。除雷达天线系统中的许多结构件如波导、电桥、法兰、内导体、外导体、功分器、环流器等大量使用铜及其合金外,也是不少雷达传动结构中的耐磨零件和弹性零件的首选材料。还有,如机柜中的汇流条、散热器中的散热管、变压器绕组、散热片、焊片、簧片、垫片、螺钉、接线柱等也广泛采用铜合金。

以 H68 黄铜为代表对铜合金大气腐蚀效应开展研究。H68 黄铜有较为良好的塑形性和较高的强度,可切削加工性能好,易焊接,对一般腐蚀非常安定,但易产生腐蚀开裂。广泛应用于制造雷达波导、散热器管和片、冷凝器、导管等。表 3-3 给出了 H68 黄铜的化学成分。

表 3-3 H68 黄铜的化学成分

Pb	Sb	Bi	P	Fe	Cu	Zn
0.03%	0.005%	0.002%	0.01%	0.10%	68.5~71.5%	余量

图 3-4 是 H68 黄铜暴露于万宁平台户外和棚下的宏观腐蚀形貌。由图得知,万宁平台户外暴露 1 个月,表面出现轻微变色现象,试样表面生成了氧化铜(CuO)和氧化亚铜(Cu_2O);万宁平台户外暴露 3 个月,H68 黄铜表面腐蚀较为严重,生成 $CuCl_2 \cdot 3Cu(OH)_2$ 等腐蚀产物,试样表面颜色发生较大的变化,主要为蓝绿色,锈层较疏松并有剥落现象。

黄铜大气环境暴露中,锈层颜色的发展过程一般为光亮→橙红色→暗棕色→黑色→蓝绿色,在某些情况下仅发展到黑色为止。锈层颜色的变化实际上反映出不同环境介质作用下形成腐蚀产物的成分不同,经氧化生成的 CuO、Cu_2O(棕红色)在有硫化物污染的大气中生成了 CuS(黑色)或 $CuSO_4 \cdot 3Cu(OH)_2$(蓝绿色),而在海洋大气中受 Cl^- 的作用生成了 $CuCl_2 \cdot 3Cu(OH)_2$。

大气环境中 SO_2(含酸雨)和 NH_3 对铜及铜合金腐蚀影响最为显著。铜及铜合金暴露于大气环境中,主要发生均匀腐蚀,个别铜合金也会产生缝隙腐蚀、应力腐蚀和选择性腐蚀等局部腐蚀。

铜及铜合金大气腐蚀深度(μm)与时间的关系仍符合幂函数规律。海洋大

(a) 1个月户外　　　(b) 1个月棚下　　　(c) 3个月户外　　　(d) 3个月棚下

图 3-4　H68 黄铜暴露于万宁平台户外和棚下宏观腐蚀形貌（见书末彩图）

气环境中的铜及铜合金腐蚀情况比较复杂，青铜 QSn6.5-0.1 腐蚀普遍比较严重，其余铜及铜合金在青岛和城市大气中腐蚀率为 $0.8\sim1.3\mu m/a$，在万宁和琼海为 $0.5\sim0.9\mu m/a$。表 3-4 列出了铜及铜合金在我国部分海洋环境中回归分析的 A、n 数据。

表 3-4　铜及铜合金在我国部分海洋环境中回归分析的 A、n 数据

材料	青岛		琼海		万宁（近海岸户外）	
	A	n	A	n	A	n
T2	26	0.4	26	0.3	18	0.6
TUP	25	0.4	27	0.3	15	0.7
H62	9.4	1.0	17	0.3	3.7	1.0
H62-1	14	0.8	19	0.3	4.6	0.9
HPb59-1	10	1.0	18	0.3	3.0	0.9
BZn15-20	11	0.9	21	0.2	1.9	1.3
QSn4-4	32	0.5	22	0.4	16	0.7
QSn6.5-0.1	25	0.9	26	0.4	27	0.7
QAl7	13	1.0	17	0.3	4.3	1.1
QBe2	17	0.7	19	0.3	5.5	1.0

3.3.3　铝合金腐蚀规律分析

铝及其合金密度小，可强化，通过添加普通元素和热处理而获得不同程度的强化，其最佳者的比强度可与优质合金钢媲美；易加工，可铸造、压力加工、机

械加工成各种形状；导电、导热性能好，仅次于金、银和铜；表面形成致密的 Al_2O_3 保护膜而耐腐蚀；无低温脆性；无磁性；对光和热的反射能力强和耐辐射。铝及其合金在雷达行业中的应用也十分普遍。例如，无论是铸造铝合金，还是变形铝合金，不仅在雷达机箱、机柜、插箱等结构中得到广泛应用，而且在雷达的天线、天线座结构中也大量应用。由于铝合金有优良的导电性能，因此也作为雷达馈电结构，如波导、功分器、电桥等的结构材料。

以1060、2A12为例，对铝及其合金在沿海大气环境腐蚀效应开展研究。

1060属于纯度较高的铝合金，密度小，塑性高，导电、导热性高，具有较高的化学稳定性，压力加工性好，耐腐蚀性好，易焊接，可切削性能差。用于制造雷达结构中刻字铭牌、垫片等。表3-5列出了1060铝合金的化学成分。

表3-5　1060铝合金的化学成分

Si	Cu	Mg	Zn	Mn	Ti	V	Fe	Al
0.25%	0.05%	0.03%	0.05%	0.03%	0.03%	0.05%	0.35%	余量

2A12铝合金是铝-铜-镁系中的典型硬铝合金，具有较高的强度和较高的耐热性，通常在淬火-自然时效下应用，抗腐蚀性不好。可用于制作雷达的主要受力结构零部件，如骨架、梁及各种板状零件。表3-6列出了2A12铝合金的化学成分。

表3-6　2A12铝合金的化学成分

Si	Cu	Mg	Zn	Mn	Ti	Ni	Fe	Al
≤0.50%	3.8%~4.9%	1.2%~1.8%	≤0.30%	0.30%~0.90%	≤0.15%	≤0.10%	≤0.50%	余量

图3-5是2A12铝合金万宁近海岸户外暴露1年宏观腐蚀形貌。由图得知，2A12铝合金原始表面光洁，无肉眼可视缺陷；海洋大气环境暴露1个月，2A12铝合金试样表面出现较多的点蚀；随着暴露时间延长，铝合金表面腐蚀越来越严重，暴露1年，铝合金表面出现白色腐蚀产物。

图3-6是2A12铝合金近海岸户外暴露金相显微组织及截面形貌。由图3-6(a)得知，2A12铝合金原始金相组织为铝合金基体+合金强化相质点，颗粒较大的是未溶合金相质点，析出的较细小合金相质点弥散分布，晶粒细小均匀。由图3-6(b)、(c)的截面形貌得知，海洋大气环境暴露过程中，2A12铝合金主要发生晶间腐蚀，暴露3个月，最大腐蚀深度为57μm，暴露6个月，最大腐蚀深度为71μm。可以看出，2A12铝合金的腐蚀深度均随着暴露时间延长逐渐增大。

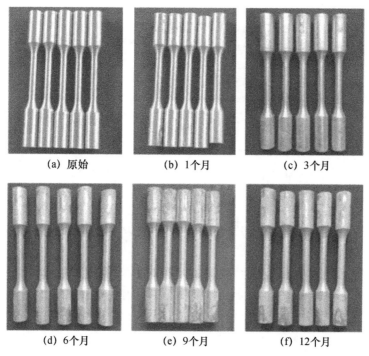

图 3-5 2A12 铝合金近海岸户外暴露宏观腐蚀形貌

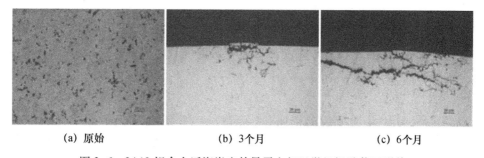

图 3-6 2A12 铝合金近海岸户外暴露金相显微组织及截面形貌

力学性能参照 GB/T 228.1—2010《金属材料 拉伸试验 第 1 部分:室温试验方法》执行,图 3-7 是 2A12 铝合金海洋大气环境静态试验力学性能变化曲线。由图得知,海洋大气环境静态暴露过程中,2A12 铝合金的抗拉强度、屈服强度和断后伸长率的变化率均有一定的波动性;随着暴露时间延长,3 种性能整体呈现下降的趋势,暴露 1 年,抗拉强度下降 2.5%,屈服强度下降 2%,断后伸长率下降 11%。

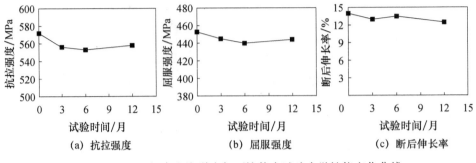

图 3-7 2A12 铝合金海洋大气环境静态试验力学性能变化曲线

3.4 无机覆盖层湿热海洋大气环境腐蚀规律分析

无机覆盖层具有耐腐蚀性好、强度高、耐磨性好等优异性能,因此被广泛应用于装备关键零部件的表面,研究其腐蚀行为具有重要意义。以最常见的阳极氧化层、镀镍层和镀锌为代表展开研究,试验投试地点与环境为海南万宁试验站海洋气候环境,试验场地均为滨海户外暴露场,探讨无机覆盖层材料在沿海大气环境中的腐蚀规律。首先对试样进行大气暴露试验,定期取出试样,定性研究采用相机和扫描电子显微镜观测腐蚀形貌。

▶ 3.4.1 阳极氧化层腐蚀规律分析

阳极氧化是指金属或合金的电化学氧化,例如,铝及其合金在相应的电解液和特定的工艺条件下,由于外加电流的作用,在铝制品上形成一层氧化膜的过程。

阳极氧化如果没有特别指明,通常是指硫酸阳极氧化。为了克服铝合金表面硬度、耐磨损性等方面的缺陷,扩大应用范围,延长使用寿命,表面处理技术成为铝合金使用中不可缺少的一环,而阳极氧化技术是应用最广且最成功的。本节以铝合金硫酸阳极氧化层为对象开展沿海大气腐蚀效应分析。

图 3-8 是 6061 铝合金硫酸阳极氧化海洋大气环境暴露试验的宏观腐蚀形貌,表 3-7 是 6061 铝合金硫酸阳极氧化的保护/外观评级情况。可以看出,铝合金的硫酸阳极氧化膜抵御海洋大气环境腐蚀的能力均较差,暴露 20d 左右,膜层穿孔出现少量细小点蚀。海洋大气环境暴露 2 年,表面出现中度点蚀,无腐蚀产物堆积。

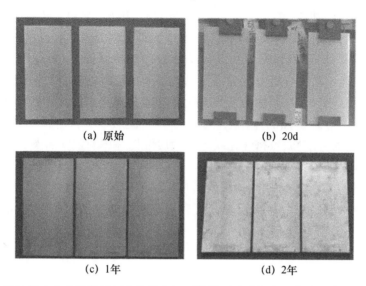

图 3-8 6061铝合金硫酸阳极氧化海洋大气环境暴露试验的宏观腐蚀形貌(见书末彩图)

表 3-7 6061铝合金硫酸阳极氧化的保护/外观评级

试验时间/月	万宁站
1	少量细小白点
2	少量细小白点
3	较多细小点蚀
6	较多细小点蚀
12	较多细小点蚀
15	表面中度点蚀,无腐蚀产物堆积
24	表面中度点蚀,无腐蚀产物堆积

3.4.2 镀镍覆盖层腐蚀规律分析

用于延长金属基体使用寿命的耐腐蚀性镀层可以是纯金属镀层、合金镀层,也可以是金属基复合镀层,每一种镀层都以其特有的方式保护基体金属免遭腐蚀。依据镀层金属在腐蚀性环境中与基体金属之间的电化学关系,可以将其简单地分为阴极性镀层和阳极性镀层。

对于钢铁基体金属而言,常见的阴极性镀层(如铜、锡、镍镀层等)是以形成机械保护膜的方式将腐蚀性环境与基体金属隔开,从而保护钢铁基体免遭腐蚀;如果阴极性镀层本身存在缺陷(如孔隙、裂纹、磨损等),其保护作用就会显著降低,甚至还有加速基体金属腐蚀的可能性。因此,镀层的完整性及其在腐蚀性介质中的稳定性是决定其耐腐蚀性高低的关键因素。常见的阳极性镀层(如锌、镉镀层等)是以机械保护或以牺牲自己保护基体(自身优先腐蚀)的双重保护方式防止基体金属发生腐蚀。当镀层无缺陷时,镀层对基体起机械保护作用;当镀层有破损时,阳极性镀层则代替基体金属优先发生阳极溶解、从而阻止或减缓基体金属腐蚀的速率。因此,阳极性镀层在腐蚀介质中的电化学特性、腐蚀产物的稳定性、致密性是决定其耐腐蚀性好坏的重要因素。

与阴极性镀层不同,阳极性镀层具有双重保护基体金属免遭腐蚀的能力。对于钢铁材料而言,最常用的阳极性镀层是锌镀层和镉镀层。

本节以镀镍、镀锌、镀镉层为代表开展耐腐蚀防护镀层的沿海大气腐蚀效应研究。

镀镍层本身是阴极性镀层,镀镍层具有很强的钝化能力,能和氧反应在镀层表面迅速生成一层极薄的钝化膜,能抵抗大气、碱和某些酸的腐蚀。

选择 2A12 铝合金为基体材料,机械去除表面氧化层,再镀 30μm 双层镍,制备出大气腐蚀镀层试样。试样在海南万宁滨海户外暴露 2 年的宏观腐蚀形貌如图 3-9 所示。由图可知,镀镍层在户外暴露 1 个月,镀层表面发生轻微点蚀,随着暴露时间延长,镀层点蚀程度加重,暴露 18 个月,金属基材发生腐蚀,镀层与基材出现分离现象。表 3-8 为 2A12 铝合金镀镍层万宁滨海户外暴露性能评级。

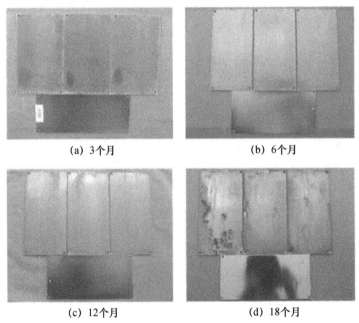

(a) 3个月　　　　　　　　　(b) 6个月

(c) 12个月　　　　　　　　　(d) 18个月

图 3-9　2A12 铝合金镀镍层海南万宁滨海户外腐蚀形貌(见书末彩图)

表 3-8 2A12 铝合金镀镍层万宁滨海户外暴露性能评级

试验时间/月	外观描述
1	非常轻微点蚀(发生在覆盖层)
3	白霜,非常轻微点蚀
6	轻微点蚀
9	点蚀较 6 月大,数量未增加
12	点蚀较大,数量未增加
18	覆盖层点蚀 4.5%,底金属腐蚀 0.1%。镀层与底材分离
24	覆盖层点蚀 4.5%,底金属腐蚀 0.1%。镀层与底材分离

通常情况下,环境不同,镀层破坏速度有明显差别。相同大气环境下,耐腐蚀性主要取决于镀层的组合方式,即体系中底层、中间层和面层的类型和厚度。总的来说,镀层在各种环境的耐腐蚀性主要取决于镍层厚度,镍层小于 $10\mu m$ 的任何体系,不能用于户外大气环境;双镍或三镍体系的防护性比单镍层好。

3.4.3 镀锌覆盖层腐蚀规律分析

镀锌层本身是阳极性镀层,经过钝化处理的镀锌层具有更好的耐腐蚀性,镀锌生产成本低廉,直到如今,钢铁镀锌仍然是最常用的防止黑色金属发生腐蚀的最常见方法之一。

表 3-9 是 20 钢镀锌层及基体金属在海洋大气暴露试验中发生腐蚀的时间。由表得知,海洋大气户外环境暴露 1 个月,$(3\sim25)\mu m$ 的镀锌层均发生了腐蚀现象,同时,$3\mu m$ 镀锌层的 20 钢基体发生腐蚀的时间为 1.5 年,随着镀锌层厚度增加,20 钢基体金属发生腐蚀的时间逐渐延长;海洋大气棚下环境暴露 4 个月,$(3\sim25)\mu m$ 的镀锌层均发生了腐蚀现象,同时,$3\mu m$ 镀锌层的 20 钢基体发生腐蚀的时间为 3 年,随着镀锌层厚度增加,20 钢基体金属发生腐蚀的时间逐渐增长。该结果说明:①镀锌层可有效提高基体金属的耐腐蚀性;②镀锌层厚度对基体金属耐腐蚀性影响非常重要。

表 3-9 20 钢镀锌层与基体金属在海洋大气暴露试验中发生腐蚀的时间

试验环境		镀锌层厚度/μm	镀锌层出现腐蚀的时间/月	20 钢镀锌基体金属出现腐蚀的时间/年
海南万宁	近海岸户外	3	1	1.5
		5	1	4
		10	1	8

续表

试验环境		镀锌层厚度/μm	镀锌层出现腐蚀的时间/月	20钢镀锌基体金属出现腐蚀的时间/年
海南万宁	近海岸户外	15	1	8
		25	1	9
	近海岸棚下	3	4	3
		5	4	大于9
		10	4	大于9
		15	4	大于9
		25	4	大于9

金属材料采用镀锌层处理时,综合考虑镀层表面形貌和腐蚀深度等腐蚀效应,结论如下。

(1) 大气环境中对镀锌层腐蚀的主要有害介质是 SO_2 和 Cl^- ,其中 Cl^- 对钝化膜的影响最大,海洋大气中钝化膜的保护寿命比较短;有机挥发物和工艺缺陷能促进镀锌层的腐蚀。

(2) 不进行表面处理的镀锌层表面容易产生"长白霜"现象。白霜影响装备的外观并可对装备性能造成危害,因此必须采取防护措施。铬酸盐或高铬酸盐钝化的化学处理方法,能有效提高镀锌层抗"白霜"腐蚀的能力。另外,五酸钝化、三酸钝化、丹宁酸钝化等工艺,对提高抗腐蚀能力也有一定的效果。

(3) 金属采用镀锌层并喷涂有机涂层保护时,要特别重视镀锌层与有机涂层之间的附着力。

(4) 镀锌层在大气环境中的腐蚀速度是相对稳定的,对基体的保护寿命通常与镀层厚度成正比。

(5) 低于 $5\mu m$ 的镀锌层不宜在户外使用。要求保护寿命达到10年以上时,一般大气环境中镀锌层厚度应在 $12\mu m$ 以上,腐蚀性较严酷的大气环境中镀锌层厚度应在 $25\mu m$ 以上。

(6) 为防止镀锌层过早失效而起到长效防护的作用,镀锌层应当具备一定的最低厚度。根据我国典型环境中的数据结果,表3-10为不同环境中使用的镀锌层最低厚度建议。

表3-10 不同环境中使用的镀锌层最低厚度建议　　单位:μm

试样类型	海水	淡水	城市大气	工业大气	海洋大气	室内清洁大气
不经封孔或涂装直接应用	—	200	100	—	150	50
经封孔或涂装处理	100	100	50	100	100	50

3.5 防护涂层腐蚀老化行为及规律分析

防护涂层是在金属表面形成一层屏蔽涂层,使之与周围介质隔离,阻止水和氧与金属表面接触,以控制装备腐蚀的一种覆盖层。防护涂层要求应具有良好的电绝缘性和隔水性,与管道表面有较强的附着力,能抗化学破坏和有一定的机械强度。防护涂层一般由底漆和面漆组成:底漆是涂在金属表面的,用以增强金属与主要涂层的黏结力;面漆是主要涂层,常用的材料有聚乙烯、聚氨酯、环氧树脂、聚烯烃等。

本节以聚氨酯磁漆、丙烯酸漆为研究对象,试验投试地点与环境为海南万宁试验站海洋气候环境,试验场地均为滨海户外暴露场,探讨防护涂层在沿海大气环境中的腐蚀规律。首先对试样进行大气暴露试验,定期取出试样测试评价,首先观测涂层表面形貌,判断变色、气泡等缺陷,并定量测试涂层的光泽度和色差,光泽度测试试验参照 GB/T 9754—2007《色漆和清漆 不含金属颜料的色漆漆膜的 20°、60°和 85°镜面光泽的测定》执行,色差测试试验参照 GB/T 11186.2—1989《漆膜颜色的测量方法 第二部分:颜色测量》执行;附着力试验参照 GB/T 9286—1998《色漆和清漆漆膜的划格试验》执行。Elcometer 型附着力测试仪,该测试仪划格间距:1mm±0.05mm,2mm±0.1mm,3mm±0.1mm,刃口宽度:≤0.1mm;红外光谱采用 Nexus 470 傅里叶红外光谱分析仪,该设备分辨率优于 $0.5cm^{-1}$,覆盖近红外和半红外区。

聚氨酯磁漆是以含氟树脂为基料,加入耐候性颜料、溶剂、助剂配制成组分 A,以脂肪族多异氰酸酯为组分 B 而制成的。聚氨酯磁漆涂层具有优良的力学性能及耐候性,适用于飞机、雷达、车辆装备表面的迷彩伪装及防护。本节防护涂层采用的有单层磁漆和配套磁漆(配套磁漆先喷涂锌黄聚氨酯底漆)。

丙烯酸漆主要由丙烯酸树脂、有机硅树脂、颜料、助剂、溶剂等配制而成。丙烯酸漆漆膜干燥快,耐候性能好,保光保色性能优良,附着力高,力学性能好,适合户外装备使用。

镁合金是以镁为基础加入其他元素组成的合金。镁合金密度小,强度高,弹性模量大,散热好,消震性好,承受冲击载荷能力比铝合金大,耐有机物和碱的腐蚀性能好。主要合金元素有铝、锌、锰、铈、钍以及少量锆或镉等。目前使用最广的是镁铝合金,其次是镁锰合金和镁锌锆合金,随着装备轻量化需求越来越强烈,镁合金在装备中的应用越来越多。

ZK61M 镁合金是变形镁合金,ZK61M 镁合金是常用镁合金中强度及比强度最高的,但也存在铸造热裂倾向严重、塑性差等缺点,以雷达装备为例,镁合金已经出现在支架、箱体、壳罩等结构中。表 3-11 给出了 ZK61M 镁合金的化学成分。

表 3-11 ZK61M 镁合金的化学成分

Zn	Zr	Al	Mn	Cu	Ni	Si	Fe	杂质	Mg
5.0%~6.0%	0.3%~0.9%	0.05%	0.1%	0.06%	0.005%	0.05%	0.05%	0.30%	余量

下面分别以 ZK61M 镁合金和 2A12 铝合金为基材,经 $30\mu m$ 微弧氧化,再涂以锌黄底漆+聚氨酯磁漆面漆,制备镁合金涂层体系和铝合金涂层体系两种涂层体系进行万宁地区户外暴露试验,分析其老化规律。

▶ 3.5.1 涂层老化现象分析

表 3-12 是铝合金涂层体系和镁合金涂层体系在海洋大气环境暴露过程中外观老化评级,外观形貌如图 3-10 和图 3-11 所示。可以看出,两种涂层体系暴露于我国东南沿海大气环境中,受紫外线辐射、高温、高湿和高盐雾等多种环境因素的综合影响,铝合金涂层体系暴露 2 个月出现 1 级变色,暴露 12 个月出现 2 级变色;镁合金涂层体系暴露 3 个月出现 1 级变色,暴露 9 个月出现 2 级变色,暴露 12 个月出现 1 级起泡。

表 3-12 铝合金体系和镁合金体在海洋大气环境暴露过程中外观变化评级

试样	试验时间/月	单项等级							综合等级
		变色	粉化	开裂	起泡	长霉	生锈	剥落	
铝合金涂层体系	1	0	0	0	0	0	0	0	0
	2	1	0	0	0	0	0	0	0
	3	1	0	0	0	0	0	0	0
	6	1	0	0	0	0	0	0	0
	9	2	0	0	0	0	0	0	0
	12	2	0	0	0	0	0	0	0
镁合金涂层体系	1	0	0	0	0	0	0	0	0
	2	0	0	0	0	0	0	0	0
	3	1	0	0	0	0	0	0	0
	6	1	0	0	0	0	0	0	0
	9	2	0	0	0	0	0	0	0
	12	2	0	0	1	0	0	0	1

(a) 原始

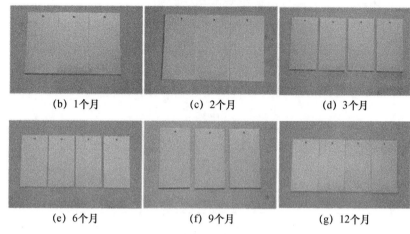

图 3-10　铝合金涂层体系外观形貌（见书末彩图）

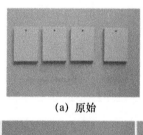
(a) 原始

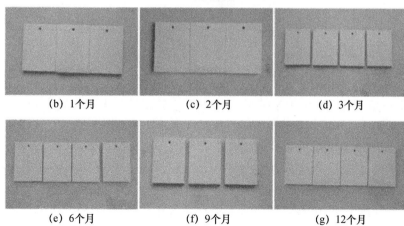

图 3-11　镁合金涂层体系外观形貌（见书末彩图）

照射到地面的太阳光主要由紫外线(280~400nm)、可见光(400~780nm)和红外线(780~3000nm)组成,表3-13是各组分占比,其中紫外线约占3%,可见光约占53%,红外线约占44%。虽然紫外线在太阳光中所占比例很少,但其光量子能量足以切断聚合物中许多类型的单键,如表3-14所列,通常聚合物的光降解主要由这部分紫外线光作用引起。聚氨酯涂层暴露于海洋大气环境中,紫外线的光降解导致聚氨酯涂层树脂高分子链断裂,形成易挥发的小分子产物与亲水性基团;同时,在含Cl^-海洋大气环境中,局部Cl^-逐渐积累并与潮湿气氛共同作用,一方面亲水性基团溶于水并离开涂层表面,另一方面Cl^-通过涂层中的宏观和微观缺陷渗透和扩散到涂层/金属基体表面,导致涂层表面变得粗糙,造成涂层性能的劣化,涂层物理屏蔽性能迅速下降,出现变色等缺陷。

表3-13 太阳光谱能量分布

特性	光谱范围			
	紫外线		可见光	红外线
波长范围/nm	280~320	320~400	400~780	780~3000
辐照度/(W/m^2)	5	63	560	492

表3-14 紫外光能量与聚合物键能的对应关系

化学键	键能/(kJ/mol)	能量相应波长/nm
C—F	441.29	272
C—H	413.66	290
N—H	391.05	306
C—O	351.69	340
C—C	347.98	342
C—N	290.98	400

3.5.2 涂层老化规律分析

图3-12是两种涂层体系在海洋大气环境暴露试验1年失光率和色差变化曲线。由图3-12(a)可知,两种涂层体系在海洋大气环境暴露过程中均出现增光现象,但镁合金涂层体系的增光程度大于铝合金涂层体系;其中,海洋大气环境暴露1年,镁合金涂层体系失光率为-64%,铝合金涂层体系失光率为-9%。由图3-12(b)可以看出,两种涂层的色差随着试验时间的延长逐渐增加,海洋大气环境暴露1年,色差变化均为4.9,变色等级为2级,为轻微变色。

涂层的附着力是考核涂层性能的重要指标之一,只有涂层具有一定的附着

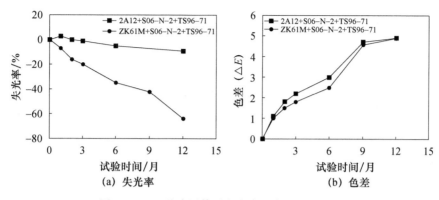

图 3-12　两种涂层体系失光率和色差变化曲线

力,才会发挥涂层具有的装饰性和保护性作用,在很大程度上决定涂层应用的可能性和可靠性,是影响涂层使用寿命的重要因素。涂层的附着力指涂层与被附着物体表面之间,通过物理和化学作用相互黏结的能力。涂层的附着机制分为机械附着和化学附着两种。机械附着力取决于被涂基材的粗糙度、多孔性以及所形成的涂层强度。化学附着力指涂层和基材之间的界面处涂层分子和板材分子的相互吸引力,取决于涂层和基材的物理化学性质。

表 3-15 所示为两种涂层体系海洋大气环境暴露 1 年附着力数据。

表 3-15　两种涂层体系海洋大气环境暴露 1 年附着力数据

试验时间/年	镁合金涂层体系	铝合金涂层体系
0	2	1
0.5	2	1
1	2	1

由表 3-15 得知,两种涂层体系试验前后附着力等级均未发生变化,但镁合金涂层体系原始附着力比铝合金涂层体系差。

3.5.3　涂层红外谱图分析

图 3-13 是铝合金涂层体系和镁合金涂层体系海洋大气环境暴露 1 年的红外谱图。由图得知,尽管铝合金涂层体系和镁合金涂层体系两种涂层面漆种类一致,但其红外谱图存在较大区别。

由图 3-13(a)的铝合金涂层体系红外光谱可以看出,1763.76cm^{-1}、1685.91cm^{-1}、1460.40cm^{-1}、1213.42cm^{-1} 附近为特征吸收峰,对比有机特征峰和无机峰(1071cm^{-1})比值变化发现,试验前,1763.76cm^{-1} 峰与无机峰比值为

0.35、1685.91cm^{-1}与无机峰比值为0.45;暴露试验1年,1763.76cm^{-1}峰与无机峰比值为0.22,1685.91cm^{-1}与无机峰比值为0.27,试验后特征峰与无机峰比值出现下降现象。

由图3-13(b)的镁合金涂层体系红外光谱可以看出,1731.85cm^{-1}、1453.47cm^{-1}、1525.37cm^{-1}、1384.05cm^{-1}附近为特征吸收峰,对比有机特征峰和无机峰(1082cm^{-1})比值变化发现,试验前,1731.85cm^{-1}峰与无机峰比值为0.73;暴露试验1年,1731.85cm^{-1}峰与无机峰比值为0.23,试验后特征峰与无机峰比值出现下降现象。

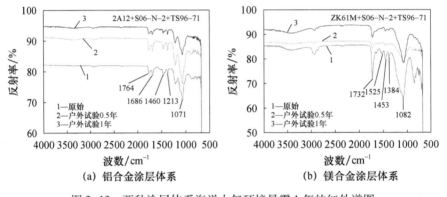

图3-13 两种涂层体系海洋大气环境暴露1年的红外谱图

根据上述分析得知,海洋大气环境暴露过程中,两种涂层体系特征峰强度均出现下降现象,但是镁合金涂层体系特征峰强度下降更为显著。

第 4 章

盐雾环境模拟试验腐蚀行为及作用机理

本章从盐雾环境模拟试验腐蚀机理分析出发,首先分析盐雾环境模拟试验的参数的腐蚀效应,参数选择的依据和最佳参数范围,然后通过铝合金金属、金属钝化层分析盐雾环境模拟试验的加速性、模拟性和相关性为盐雾环境模拟试验技术的实施提供理论基础和数据支撑。

4.1 盐雾环境模拟试验腐蚀机理

4.1.1 盐雾环境模拟试验的分类

盐雾环境模拟试验一般包括中性盐雾试验、醋酸盐雾腐蚀试验和铜加速的醋酸盐雾试验。

1. 中性盐雾环境模拟试验

装备环境模拟试验一般采用 GJB 150.11 和 GJB 150.11A 中的盐雾环境模拟试验,试验条件为中性盐雾环境模拟试验。GJB 150.11 的盐雾环境模拟试验方法为连续盐雾环境模拟试验,其试验条件为 48h 连续喷雾。GJB 150.11A 盐雾环境模拟试验方法为交变盐雾环境模拟试验,其试验条件为:24h 喷雾加 24h 干燥为一个周期,一般选取 2 个周期。

其他试验条件为:$5\% \pm 1\%$(质量比)NaCl 盐溶液,盐溶液 pH 值为 6.5~7.2,喷雾压力为 70~170kPa,温度为 35℃,盐雾沉降量为 $1 \sim 3 mL/(80 cm^2 \cdot h)$。

2. 醋酸盐雾环境模拟试验

为了加速被试装备试验效果,盐溶液中加入醋酸即醋酸盐雾环境模拟试验法。它适用于无机及有机镀层和涂层(黑色及有色金属)。醋酸盐雾环境模拟试验条件为:$5 \pm 1\%$(质量比)NaCl 盐溶液,在盐溶液中加入一定量的冰醋酸(CH_3COOH)使盐溶液变成酸性,最后形成的盐雾由中性盐雾变成酸性盐雾。

3. 铜加速的醋酸盐雾环境模拟试验

适用于工作条件相当苛刻的钢铁表面的装饰镀层铜/镍/铬或镍/铬即锌压铸件等快速检验,也适用于阳极氧化的铝。方法的可靠性、重现性和准确性依赖于下列因素的严格控制:试样的清洗、试验箱内试样的放置位置、凝聚速度等。试验条件为:5±1%(质量比)NaCl 盐溶液,温度为 50℃,在盐溶液中加入少量的铜盐(氯化铜)。

中性盐雾环境模拟试验是最常用的加速腐蚀试验方法,本章研究不做特殊说明采用中性盐雾环境模拟试验。

▶ 4.1.2 盐雾的腐蚀机理

盐雾的腐蚀效应一般是通过电化学反应呈现出的,如图 4-1 所示,NaCl 是强电解质,电导率很大,能加速电极反应使阳极活化。金属材料一般不是严格意义的均质材料,一般包含合金元素、杂质和偏析等组织,导电的盐溶液渗入金属内部发生电化学反应,形成"低电位金属—电解质溶液—高电位杂质"的微电池系统,发生电子转移,作为阳极的金属出现溶解,形成新的化合物,即腐蚀物。金属保护层和有机材料保护层也一样,当作为电解质的盐溶液渗入内部后,便会形成以金属为电极、金属保护层或有机材料为另一电极的微电池。

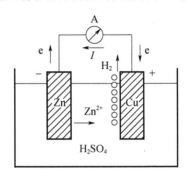

图 4-1 原电池原理图

▶ 4.1.3 盐雾环境模拟试验的环境效应

严酷的盐雾环境都易对各类造成腐蚀破坏和电气、物理损伤,通过盐雾环境模拟试验,可模拟在沿海地区制造、运输、储存和作战使用的武器系统寿命期历程中承受的自然环境盐雾腐蚀效应。

1. 腐蚀效应

盐雾对常规兵器的腐蚀破坏作用主要表现在金属内外表面生锈或腐蚀;各

种防腐保护层,如油漆、涂油等失效和金属镀层出现孔隙;在相互接触的两种或两种以上的基体金属中,其中一种基体金属腐蚀;密封垫和封焊失效等。

2. 电气效应

武器系统中的电子设备通常最容易受到盐雾的损伤。在水中溶解盐会增加水的电导率,降低绝缘电阻,容易出现漏电现象;对接触点和连接件的腐蚀,会导致接触不良,引起飞弧或击穿,甚至引起电气元件短路,致使整个电子设备损坏;熔断保险装置被腐蚀后,失去保险作用,影响被试装备的使用安全;电源或电器的插头与插座腐蚀,使电子设备无法工作。

3. 物理效应

处于盐雾环境中的武器系统易在其暴露的表面凝结成一层沉积盐壳,致使机械部件和组件的活动阻塞或粘结;盐雾的沉积物会使标记或观察窗变得模糊不清。

4.2 盐雾环境模拟试验结果的评定

由于盐雾环境模拟试验考核试品的耐盐雾性,定性判定方法有评级判定法、称重判定法、腐蚀物出现判定法、腐蚀数据统计分析法。

(1) 评级判定法:把腐蚀面积与总面积之比划分成几个级别,以某一个级别作为合格判定依据,适合评价平板样品。

(2) 称重判定法:通过对腐蚀试验前后样品进行称重,计算腐蚀损失质量进行评判,适用于考核金属材料。

(3) 腐蚀物出现判定法:一种定性判定法,以盐雾腐蚀试验后装备是否产生腐蚀现象来进行判定,一般装备标准中大多采用此方法。

(4) 腐蚀数据统计分析法:提供了设计腐蚀试验、分析腐蚀数据、确定腐蚀数据置信度的方法,主要用于分析、统计腐蚀情况,而不是用于某一具体装备的质量判定。

金属受盐雾腐蚀的速度可以定量分析该金属受腐蚀的程度。金属受到均匀腐蚀时的腐蚀速度表示方法一般有两种:一种是用在单位时间内、单位面积上金属损失(或增加)的质量来表示,通常采用的单位是 $g/(m^2 \cdot h)$;另一种是用单位时间内金属腐蚀的深度来表示,通常采用的单位是 mm/a。

目前测定腐蚀速度的方法有很多,如质量法、容量法、极化曲线法、线性极化法(极化电阻法)等。质量法是一种经典的方法,适用于实验室和现场挂片,是测定金属腐蚀速度最可靠的方法之一,可用于检测材料的耐腐蚀性能、评选腐蚀剂、改变工艺条件时检查防腐效果等。下面重点介绍质量法计算腐蚀速度。

质量法是根据腐蚀前后被试装备质量的变化来测定金属腐蚀速度的,分为质量损失法和质量增加法两种。金属受到盐雾腐蚀后,其表面发生氧化,质量一般会增加。质量损失法是将金属腐蚀产物取掉后所失去的质量,质量增加法则是比较金属腐蚀前后的质量增加情况。当金属表面上的腐蚀产物容易除净且不至于损坏金属本体时常用质量损失法;当腐蚀产物完全牢靠地附着在被试装备表面时,则采用质量增加法。

4.2.1 整体腐蚀指标

整体腐蚀指标一般用腐蚀速度来衡量。

(1) 对于质量损失法可由下式计算腐蚀速度。

$$v_{失} = \frac{m_0 - m_1}{St} \quad (4-1)$$

式中:$v_{失}$ 为金属的腐蚀速度($g \cdot m^{-2} \cdot h^{-1}$);$m_0$ 为被试装备腐蚀前的质量(g);m_1 为被试装备腐蚀后的质量(g);S 为被试装备的面积(m^2);t 为被试装备腐蚀时间(h)。

(2) 对于质量增加法,即当金属表面的腐蚀产物全部附着在上面,或者腐蚀产物脱落下来可以全部收集起来时,可用下式计算腐蚀速度。

$$v_{增} = \frac{m_2 - m_0}{St} \quad (4-2)$$

式中:$v_{增}$ 为金属的腐蚀速度($g \cdot m^{-2} \cdot h^{-1}$);$m_2$ 为带有腐蚀产物的被试装备质量(g);其余符号与式(4-1)相同。

4.2.2 局部腐蚀指标

局部腐蚀指标包括下述几项内容:

(1) 平均点蚀深度。每块试样的每个主试验面各选 5 个最深蚀坑测量深度,以所有平行试样上所测点取平均值作为孔蚀深度。

(2) 最大孔蚀深度。以所有平行试样所测孔中最大深度值作为最大点蚀深度。

(3) 点蚀密度。对于铝、不锈钢等以点蚀为主要腐蚀特征的材料,还应测量点蚀密度和最大蚀坑直径,作为反映孔蚀分布和轻重程度的辅助指标。

(4) 最大缝隙腐蚀深度。测量试样两固定孔处的缝隙腐蚀深度,选择平行试样中缝隙腐蚀最深的值作为最大缝隙腐蚀指标。

4.3 试验准备与试验方法

4.3.1 试验设备

本节试验采用 16m³ 盐雾环境模拟试验箱,如图 4-2 所示。主要技术指标如下:

(1)试验箱温度范围:35~50℃。
(2)温度均匀度:≤±2℃。
(3)盐雾沉降率:1~3mL/(80cm² · h)。
(4)喷雾方式:连续、交变可选。

图 4-2　16m³ 盐雾环境模拟试验箱

4.3.2 被试装备的准备

(1)试样编号,用记号笔分别在试样写上号码,以示区别。
(2)测量试样尺寸:用游标卡尺准确测量试样尺寸,计算出试样面积,并记录数据。
(3)由于被试装备表面难免粘有油污和其他可能引起试验误差的杂质,因此在试验之前有必要对被试装备进行处理。表面处理方法:①分别用毛刷、软布在流水中清除试样表面粘附的残屑;②用去污剂或肥皂水擦洗被试装备表面污物;③用自来水冲洗后再用纯净水擦洗;④将被试装备用吹风机吹干。
(4)将干燥后的试样放在分析天平上称重,本试验采用纪铭 JM 电子计数天平,如图 4-3 所示,其精度为 0.001g,测量量程为 300g,并将称量结果记录在表中。

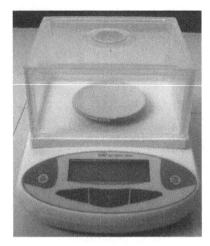

图 4-3 电子天平

（5）照相记录初始状态，经除油后的试样避免再用手摸，用干净纸包好。

4.3.3 试验流程

试验流程如图 4-4 所示。

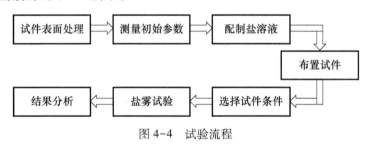

图 4-4 试验流程

4.4 盐雾环境模拟试验腐蚀效应及机理分析

盐雾环境模拟试验是一种实验室加速腐蚀试验。因此，其试验条件的选择一方面是起加速作用，另一方面又要保证试验结果的重现性，重现性是指用同一方法，对相同的试验样品而在不同的条件下（不同的操作者，不同的设备，不同的实验室）得到的结果的一致性。只有这样，才能对各种装备试验进行比较和评价，保证重现性的主要条件除了提供规定的试验设备参数，测试条件选择正确与否也是至关重要的。

绝大多数非金属材料是非电导体，少数导电的非金属（如碳、石墨）在溶液中也不会离子化，所以非金属的腐蚀一般不是电化学腐蚀，而是化学或物理作用，这是与金属腐蚀的主要区别。由于非金属没有电化学溶解作用，因此对离子的抵抗力强，能耐非氧化性稀酸、碱、盐溶液等的侵蚀，非金属材料对盐雾侵蚀具有很强的抵御能力。因此，重点分析典型金属材料盐雾环境模拟试验腐蚀效应及机制。

影响盐雾环境模拟试验结果的主要因素包括试验温度、盐溶液的浓度、样品放置角度、溶液的 pH 值、盐雾沉降率、喷雾时间和盐雾环境模拟试验方式等。本节以金属材料为试验对象，分析以上盐雾环境模拟试验对腐蚀效应的影响。

▶ 4.4.1 温度对试验结果的影响

试验温度分别采用 25℃、35℃ 和 50℃，盐溶液浓度为 5% 的 NaCl 溶液，盐雾沉降率控制在 $1\sim3\mathrm{mL}/(80\mathrm{cm}^2\cdot\mathrm{h})$，连续 48h 喷雾，将试验试片分别挂于试验箱内。

根据以上试验数据绘制 2A12 铝合金盐雾腐蚀速率与温度的曲线图，如图 4-5 所示，从图中可以看出，随着温度的升高，铝合金盐雾腐蚀速率逐渐增加。因此，试验温度的高低也会影响腐蚀速度，电化学腐蚀速度像温度与分子扩散速度一样随着温度的升高而加快。根据阿累尼乌斯公式，有

$$v = A\mathrm{e}^{-\frac{Q}{RT}} \tag{4-3}$$

式中：v 为反应速度；e 为自然常数；R 为气体常数；T 为热力学温度；A 为试验常数。

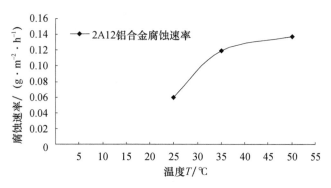

图 4-5 温度对试验结果的影响

从式(4-3)可知，温度每升高 10℃，化学反应速度提高 2~3 倍，电解质的导电率增加 10%~20%。这是因为温度升高，元器件表面液膜中的离子运动加剧，化学反应速度加快。当盐雾环境模拟试验箱温度波动较大时，因其湿度较高，

会使盐雾在沉降过程中凝结在元器件表面,使腐蚀速度加快。这看似可以用提高温度的办法来加快试验速度,但随着温度的升高,氧气在溶液中溶解度降低。如图4-6所示,使氧在阴极上的去极化过程强度降低,同时盐溶液容易产生盐析,单纯用升温方法来加快腐蚀速度具有一定的局限性。

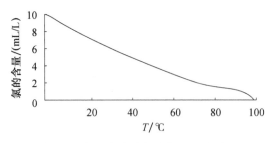

图4-6 氧在水中溶解度与温度的关系

GJB 150.11A 盐雾环境模拟试验要求温度为35℃±2℃。一般认为,试验温度选在35℃较为恰当。这个温度模拟了大多数国家夏季最高平均温度。如果一味地以提高试验温度来加快腐蚀速度,将会使盐雾腐蚀机理与实际情况差别较大。

▶ **4.4.2 盐溶液浓度对试验结果的影响**

盐溶液浓度分别采用3%、4%、5%、6%和7%的NaCl溶液,试验温度为35℃,连续48h喷雾,盐雾沉降率控制在$1\sim3\mathrm{mL}/(80\mathrm{cm}^2\cdot\mathrm{h})$,将试验试片分别挂于试验箱内。

对于铸铝和铝合金在不同盐溶液浓度的盐雾环境模拟试验中,均不同程度地出现了腐蚀产物,其中铸铝地铝合金腐蚀较为严重,出现了大量的黑色腐蚀物。

一般认为,盐溶液浓度越高,腐蚀效果就越明显。但试验证明,通过对各种浓度NaCl溶液的对比试验(图4-7),结果表明:浓度在5%以下时,铝合金和铸铝的腐蚀速度随浓度的增加而增加;当浓度大于5%时,这些金属的腐蚀速度随着浓度的增加而下降。这是因为盐溶液里的氧含量与盐的浓度有关,在低浓度范围内,氧含量随盐浓度的增加而增加。但是当盐浓度增加到5%时,氧含量达到相对的饱和,若盐浓度继续增加,氧含量则相应下降。氧含量下降,氧的去极化能力也下降,即腐蚀作用减弱,因此腐蚀降低。另一方面,浓度高的盐溶液易堵塞盐雾喷嘴。

根据以上分析结果,GJB 150.11A 盐雾环境模拟试验方法规定盐溶液浓度为5%为相对合理的浓度。NaCl溶液浓度反映了溶液中NaCl的含量。盐雾环境模拟试验中的盐雾采用什么溶液有一个发展过程,最早人们基于海水组成与

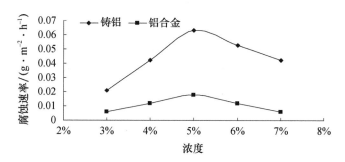

图 4-7 金属腐蚀速率与盐溶液浓度的关系

海洋大气组成相似的特征,在许多标准中规定采用人造海水作为盐雾发生源,很显然,即使是人造海水也不可能完全模拟不同地区的海洋大气中盐雾的作用,而且人造海水成分复杂,配制烦琐,考虑到主要是模拟 NaCl 的腐蚀作用,因此中性盐雾环境模拟试验所用的盐溶液一般采用 NaCl 溶液,此种溶液比"人造海水"或"天然海水"配制方法简单。

4.4.3 放置角度对试验结果的影响

在盐雾环境模拟试验中,试验箱内温度、盐溶液浓度是恒定的,腐蚀作用是根据盐雾的沉降而不是盐雾的凝聚,因此被试装备在盐雾箱中的放置角度对试验结果的影响较为明显。盐雾是以垂直方向沉降的,在初始阶段,腐蚀几乎全部在金属向上的一面发生,这与自然环境下的腐蚀情况不同。在自然环境下,金属样品两面都会受到腐蚀,而且有时背面还会严重些,说明盐雾环境模拟试验与自然环境试验有所不同。

金属样品放置角度(样品与水平面的夹角)的变化会严重影响水平面上的投影面积,影响到样品表面的盐雾沉降量。GJB 548B—2005 方法 1009.2 规定试验样品与垂直方向成 15°~45°角。

对于被试装备放置角度的考虑,主要是在装备研制初期材料的选择上。而对于武器装备盐雾环境模拟试验主要是定型试验,应当模拟正常使用状态,因为盐雾是垂直降落的,腐蚀面几乎绝大部分发生在迎雾面上。因此,不必过多考虑被试装备的放置角度。

4.4.4 盐溶液的 pH 值对试验结果的影响

盐溶液的 pH 值反映了溶液的酸碱度,是影响盐雾环境模拟试验结果的主要因素之一。pH 值越低,溶液中氢离子的浓度越高;酸性越强,腐蚀性越强。

以 Fe/Zn、Fe/Cd、Fe/Cu/Ni/Cr 等电镀件的盐雾环境模拟试验表明,盐溶液的 pH 值为 3.0 的醋酸盐雾环境模拟试验(ASS)的腐蚀性比 pH 值为 6.5~7.2 的中性盐雾环境模拟试验严酷 1.5~2.0 倍。为了使腐蚀速度在稳定的范围内,应尽量避免 NaCl 溶液在空气中受其他因素影响而使盐溶液呈酸性或碱性。

根据相关资料,不同金属的腐蚀速度与 pH 值关系如图 4-8 所示。

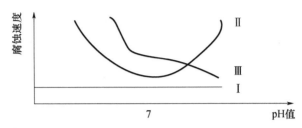

图 4-8　不同金属腐蚀速度与 pH 值的关系

由图 4-8 可以看出,溶液酸碱度对金属腐蚀速度的影响有 3 种情况。

(1) 腐蚀速度不受酸碱度影响,见图 4-8 中曲线Ⅰ,如金、铂。

(2) 随着酸碱度增高,腐蚀速度也增高,见图 4-8 中曲线Ⅱ,如铝、铅。

(3) 随着溶液酸碱度降低,其腐蚀速度也降低,见图 4-8 曲线Ⅲ,如锡、铁。

通过以上分析不难看出,虽然随 pH 值变化,腐蚀速度有不同的变化,但是都存在一个稳定区域,即中性附近。为了控制试验参数,增强试验的重现性,一般标准都选用中性盐雾环境模拟试验,pH 值为 6.5~7.2,pH 值范围越窄,试验重现性越好,为了试验结果的准确性,应严格控制 pH 值范围。在实际操作中,可使用化学纯氢氧化钠或盐酸在配制溶液时进行调整,使其 pH 值符合试验要求。

影响盐溶液 pH 值变化的原因和结果:

(1) 引起盐雾环境模拟试验过程中盐溶液 pH 值变化的根源主要来自空气中的可溶性物质,这些物质的性质可能不同,有些溶于水后呈酸性,有些溶于水后呈碱性。

(2) 盐雾环境模拟试验过程中,空气中的可溶性物质溶入盐溶液或从盐溶液里逸出的过程是一个可逆过程。溶入物质会使盐溶液的 pH 值降低,而逸出物质会使盐溶液的 pH 值升高,降低率和升高率相等的同时溶入速度大于逸出速度,将使盐溶液的 pH 值降低。反之,盐溶液的 pH 值升高。溶入和逸出速度相等,则 pH 值不变。

(3) 影响盐溶液 pH 值变化的因素很多。例如空气中可溶性物质的性质和含量、压力、空气与盐溶液的接触面积和接触时间等。

① 空气中可溶性物质。空气中含有 CO_2、SO_2、NO_2、H_2S 等,这些气体溶于

水则生成酸性物质,使水的pH值降低。空气中也可能存在碱性的尘埃颗粒,这些物质溶于水会使水的pH值升高。

② 大气压力。气体在水中的溶解度与大气压力成正比。0℃时,1atm大气压力下100mL的水中能溶解$0.355gCO_2$,而在2atm大气压力下100mL的水能溶解$0.670gCO_2$。当利用压缩空气喷雾时,由于大气压力增加,空气中CO_2等酸性物质的溶解量增加,盐溶液的pH值降低。这个过程与喷雾后受温度下降而使CO_2从盐溶液里逸出的过程恰恰相反。

③ 空气与盐溶液的接触面积和接触时间。喷雾使盐溶液变成直径为1~5μm微细颗粒的盐雾。接触面积增加使得气体溶入液体或气体从液体中逸出的量都大大增加。当影响气体溶入液体和气体从液体中逸出的条件(如压力、温度等)不变时,溶入和逸出速度最终将达到平衡状态。在达到平衡状态以前,随着时间的增加,溶入(或逸出)的量也将增加。

4.4.5 试验方式对试验结果的影响

条件1:按照GJB 150.11A盐雾环境模拟试验方法进行48h连续喷雾试验,试验温度为35℃,沉降率为$1\sim3mL/(80cm^2\cdot h)$;

条件2:按照GB/T 2423.17—2008《电工电子产品环境试验 第2部分:试验方法 试验Ka:盐雾》进行96h连续喷雾试验,试验温度为35℃,沉降率为$1\sim3mL/(80cm^2\cdot h)$。

条件3:按照GJB 150.11A盐雾环境模拟试验方法进行96h交变喷雾试验,试验温度为35℃,沉降率为$1\sim3mL/(80cm^2\cdot h)$。

在此次试验中,分别选取2A12铝合金和铸铝进行3种不同条件的盐雾环境模拟试验,并将试验前后的数据记录在表4-1中。

表4-1 金属在不同试验方式下的试验数据

试片材料	编号	外形尺寸/(mm×mm×mm)	表面积/mm²	试验前质量/g	试验后质量/g	质量损失/g	试验方式
铸铝	1号	50×30×1.5	3000	4.456	4.450615	0.005	48h喷雾
	2号	50×30×1.5	3000	4.457	4.45013	0.007	96h喷雾
	3号	50×30×1.5	3000	4.454	4.4461	0.008	交变
铝合金	4号	58×47×2	5452	14.410	14.40659	0.003	48h喷雾
	5号	58×47×2	5452	14.408	14.40403	0.004	96h喷雾
	6号	58×47×2	5452	14.410	14.40359	0.006	交变

根据3种试验方式所测得的试验数据绘制曲线,如图4-9所示,就铸铝和

铝合金的腐蚀情况,96h 的连续试验比 48h 的连续试验腐蚀程度要深,而交变盐雾环境模拟试验比连续盐雾环境模拟试验腐蚀程度更深。

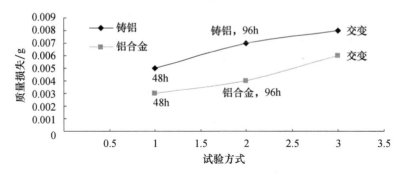

图 4-9　不同盐雾环境模拟试验方式对试验结果的影响

盐雾作为中性含氧电解液的性质决定了盐雾环境中金属腐蚀的电化学特性。金属在盐雾环境中的腐蚀符合一般电解质水环境中的电化学腐蚀的基本规律,但也有盐雾本身的特点。金属在交变盐雾环境中的电化学腐蚀分为 3 个过程:

(1) 阳极过程,即金属溶解:$M^{+n} \cdot ne \longrightarrow M^{n+} + ne$。

(2) 阴极过程,即发生氧的还原反应:$\frac{1}{2}O_2 + H_2O + 2e \longrightarrow 2OH^-$。

(3) 干燥过程中,由于空气的氧化,金属腐蚀层继续被氧化:$M^{n+} \longrightarrow M^{(n+)+} + e$,即加速腐蚀。

连续盐雾环境模拟试验中,金属的腐蚀只有前两个过程,氧的溶解过程是交变盐雾环境模拟试验和传统盐雾环境模拟试验最本质的区别。交变盐雾环境模拟试验之所以有强腐蚀作用,主要有两个方面的原因导致金属的加速腐蚀。

(1) 溶解氧对盐雾腐蚀速率的影响。金属腐蚀速度主要由阴极反应速度来决定,而溶液中氧的浓度越高其反应速度越快。在盐雾中,金属的阴极反应是溶解氧的还原反应,而在干湿交替过程中的金属由于锈层自身氧化剂的作用而阴极电流变大。也就是说,干湿交替过程中的金属在经过干燥过程后,表面锈层在湿润过程中作为一种强氧化剂在起作用,而在干燥过程中,由于空气氧化,腐蚀物又被氧化,上述过程的反复进行,加速了金属的腐蚀。

(2) 盐浓度对盐雾腐蚀速率的影响。在干燥/湿热循环过程中,金属的迅速腐蚀大都发生在干燥后再湿润的交换区间,而不是发生在整个潮湿阶段。原因是由于水分蒸发、盐沉积,在干燥表面盐溶液浓度过高,导致金属表面腐蚀速率增加。在连续喷雾的盐雾环境模拟试验中,这种现象不会发生。虽然盐溶液连续降落在样品表面,但是盐溶液浓度没有变化。

根据以上分析,交变盐雾环境模拟试验方法不仅具有较高的加速性。更重要的是盐雾的交变更能模拟真实的海洋环境,而且盐雾环境模拟试验主要模拟的是一种海洋环境条件,海洋腐蚀环境可以分为海洋大气层、海洋飞溅区、海水潮差区、海水全浸区和海底泥土区。而海洋飞溅区是一种典型的干湿交替过程,对许多金属材料,特别是对钢铁来说,飞溅区是所有海洋环境中腐蚀最为严重的部位。

因此,从盐雾环境模拟试验的加速性、模拟性和相似性考虑,应按照 GJB 150.11A 盐雾环境模拟试验方法进行,而不能再沿用 GJB 150.11 盐雾环境模拟试验方法,除非有特殊要求。

4.5 铝合金盐雾环境模拟试验腐蚀规律分析

以 7A04 高强铝合金为研究对象,执行 GJB 150.11A 盐雾环境模拟试验 24h 喷雾和 24h 干燥为一个周期,交变喷雾试验,试验温度为 35℃,沉降率为 $1\sim 3mL/(80cm^2 \cdot h)$,进行 10 个周期,分析与大气环境腐蚀试验的相关性。

▶ 4.5.1 表面形貌及腐蚀产物分析

图 4-10 所示为 7A04 高强铝合金未腐蚀、腐蚀 2 个周期和 7 个周期后的腐蚀形貌 SEM 图片,从图中可以看出,未腐蚀前,铝合金表面相对平整,光洁,略微可见加工纹理;2 个周期腐蚀后可见龟裂状腐蚀产物紧贴在基体上,局部形成絮状腐蚀产物;7 个周期腐蚀后龟裂状腐蚀产物部分脱落,少量附着在基体上。

图 4-11 所示为 7A04 高强铝合金腐蚀 2 个周期和 7 个周期后的腐蚀产物的能谱图,从图中可以看出,2 个周期和 7 个周期腐蚀后主要的元素有 O、Na、Al、C 和其他微量的 Zn、Ca 和 Mg 等元素;微量的合金元素是铝合金中的合金元素形成的腐蚀产物,但数量极少,C 元素可能来源于测试中的污染物,Na 元素来源于 NaCl 腐蚀液,腐蚀产物中主要含 Al 元素和 O 元素,组成以 Al_2O_3 为主的腐蚀产物。

铝合金的耐腐蚀性能主要来源于其表面形成的致密的 Al_2O_3 氧化膜,而在盐雾环境模拟试验中,自然形成的 Al_2O_3 氧化膜不够致密,Cl^- 很容易穿通并与基体形成 $AlCl_3$ 腐蚀产物,表面形成拉应力造成龟裂状腐蚀表面。由于 $AlCl_3$ 腐蚀产物易于溶解,因此腐蚀不断进行;同时,Cl 元素能自发替换 Al_2O_3 中的氧元素,形成 $AlCl_3$,破坏表面氧化膜。

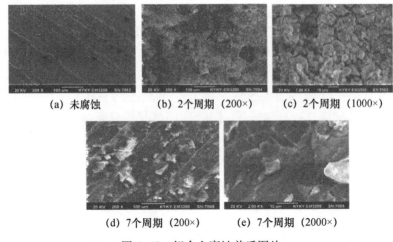

(a) 未腐蚀　　(b) 2个周期（200×）　　(c) 2个周期（1000×）

(d) 7个周期（200×）　　(e) 7个周期（2000×）

图4-10　铝合金腐蚀前后图片

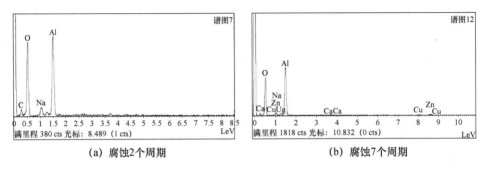

(a) 腐蚀2个周期　　　　　　　　(b) 腐蚀7个周期

图4-11　铝合金腐蚀后能谱图

自然暴露铝合金大气环境腐蚀主要是材料受到大气中所含水分、氧气和腐蚀性介质的联合作用而引起的电化学破坏,是电化学腐蚀的一种特殊形式。在海洋大气环境中,铝合金对湿热大气最为敏感,其他腐蚀介质如 Cl^-、SO_2 等对其腐蚀速率影响也较大。大气暴露试验中铝合金的腐蚀一般从局部点蚀开始并发展,形貌呈浅灰色,局部有点蚀,SEM微观形貌呈龟裂状,腐蚀产物存在大量无定形态的水合硫酸铝。GJB 150.11A 盐雾环境模拟试验腐蚀表面形貌和自然大气腐蚀基本相似的过程,都是从局部点蚀开始并发展,并形成龟裂状腐蚀形貌,但腐蚀机制不完全一致,大气环境有较为复杂的腐蚀介质,因此产生的腐蚀过程也较为复杂,腐蚀产物也较为复杂。但总的来说,GJB 150.11A 盐雾环境模拟试验与大气环境腐蚀有一定的相似性。

图4-12 所示为万宁、青岛和江津3个自然环境试验站与盐雾环境模拟试验铝合金试样腐蚀深度与腐蚀周期的关系图。由图可知,自然环境大气腐蚀和实验室盐雾环境模拟试验的腐蚀数据呈现出相似的趋势,但变化规律有所不

同。从图4-12(a)中可以看出,3个试验站大气腐蚀环境中腐蚀深度随着试验时间的增加都在增加,但在6~10年过程中增加的趋势突然增大,3个试验站对比,前三年青岛试验站腐蚀深度最大,江津试验站腐蚀深度最小,第三年以后青岛试验站的腐蚀深度最大,万宁试验站的腐蚀深度最小。分析三地腐蚀作用机理,万宁是海洋性大气,Cl^-的腐蚀作用起到主导作用;而江津远距海洋,处于人口密集区域,工业较为发达,工业大气为主要腐蚀介质起作用;青岛兼有海洋性大气和工业污染区域,因此腐蚀速率一直较高,前期Cl^-和高温的腐蚀作用起到主导作用,后期工业腐蚀性介质的作用明显增强,因此万宁和青岛试验站在不同时间段的腐蚀深度对比有所不同。从图4-12(a)中可以看出,盐雾环境模拟试验10个周期内,腐蚀深度一直在增加,但增加的速率有所下降,特别是在第6个周期以后较为明显,这和自然环境大气暴露试验明显不同。这与试验设置有关,在腐蚀过程中产生的腐蚀产物附着在金属表面能隔绝腐蚀介质与金属基体,对腐蚀起到一定的抑制作用。自然环境是开放式的,时间较长,受到的外来因素较多,长期过程中,腐蚀产物易脱落;而相对于自然环境,实验室腐蚀环境较为封闭,基本不受干扰,因此腐蚀产物不易脱落,表现出更强的抑制作用,因此在多周期的腐蚀后期腐蚀速率略有不同。

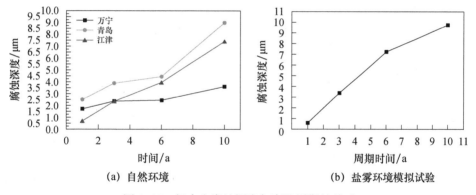

(a) 自然环境　　　　　　　　(b) 盐雾环境模拟试验

图4-12　铝合金腐蚀深度与腐蚀周期的关系

4.5.2　加速性分析

采用加速转换因子(ASF)分析法,根据大气金属材料室内外大气暴露试验和室内加速试验的结果,开展金属材料大气腐蚀动力学研究,建立了大多数金属腐蚀深度h与腐蚀时间t之间关系模型,一般符合指数函数规律:

$$h = At^B \tag{4-4}$$

式中:A、B为常数;t为腐蚀时间或周期;h为腐蚀深度。

对比图 4-12 所示腐蚀深度和腐蚀时间的趋势曲线,高强铝合金的自然大气暴露试验和盐雾环境模拟试验都符合指数函数规律。为腐蚀深度和腐蚀时间(周期)分别取常用对数,拟合方程可以写为

$$\lg h = a + b\lg t \qquad (4-5)$$

对自然环境试验和盐雾腐蚀试验做线性回归拟合,腐蚀深度和腐蚀时间的拟合关系如图 4-13 所示。

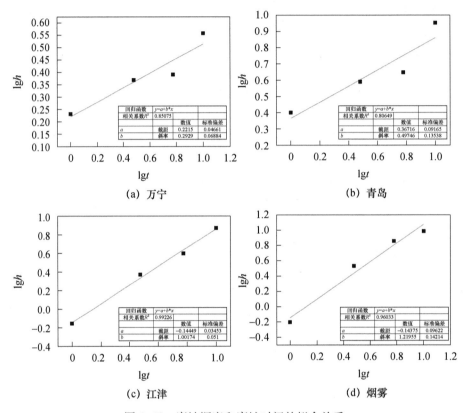

图 4-13 腐蚀深度和腐蚀时间的拟合关系

分别把图 4-12 中三地和盐雾环境模拟试验的拟合关系写成拟合方程:

万宁:$\lg h_{万} = 0.2215 + 0.2929\lg t_{万}$

青岛:$\lg h_{青} = 0.2215 + 0.2929\lg t_{青}$

江津:$\lg h_{江} = 0.2215 + 0.2929\lg t_{江}$

盐雾环境模拟试验:$\lg h_{盐} = 0.2215 + 0.2929\lg t_{盐}$

以万宁大气暴露试验和盐雾环境模拟试验为例,假设两种试验后,腐蚀量相等,即两种方程中的腐蚀深度 h 相等,则可得到 $t_{万}$ 与 $t_{盐}$ 的换算关系:

$$0.2215+0.2929\lg t_{\text{万}} = 0.2215+0.2929\lg t_{\text{盐}}$$

即

$$\lg t_{\text{万}} = -1.247+4.1637\lg t_{\text{盐}} \tag{4-6}$$

同理可以得到

$$\lg t_{\text{青}} = -1.027+2.45155\lg t_{\text{盐}} \tag{4-7}$$

$$\lg t_{\text{江}} = 0.00074+1.2174\lg t_{\text{盐}} \tag{4-8}$$

利用式(4-5)、式(4-6)和式(4-7)相关函数关系式,可以得到如图4-14(a)所示的关系图,横坐标是腐蚀周期,纵坐标是腐蚀年数,从图中可以看出,盐雾环境模拟试验与三地的大气曝露试验的关系相差较大;只与江津地区具有接近线性关系,腐蚀预测过程较为简单,而万宁和江津的关系相对较为复杂。结合图4-14(b)可知盐雾腐蚀试验1个周期(24h 喷雾,24h 干燥)相当于万宁大气曝露0.4年,相当于青岛0.25年,相当于江津的0.9年。

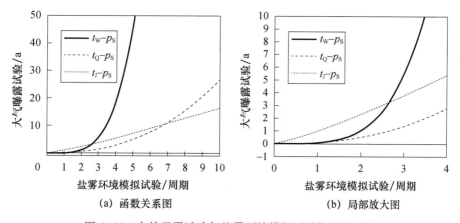

图4-14 自然曝露试验与盐雾环境模拟试验加速关系图

利用 GJB 150.11A—2009 中规定的试验条件进行盐雾环境模拟试验的腐蚀效应与万宁和青岛为代表的海洋地区的大气曝露腐蚀效应的加速性并不好,前期加速倍数太低,后期加速倍数太高,不具备线性关系,即盐雾环境模拟试验1个循环相当于部署于万宁和青岛的腐蚀作用相对程度较低,不足以完全曝露腐蚀致失效效应,如果要想得到相当于室外曝露一年的腐蚀程度,依据 GJB 150.11A 盐雾环境模拟试验规定的参数,万宁地区需要约2个循环周期,青岛地区需要约2.6个循环周期,江津地区1个周期即可。

4.6 镀镉钝化层盐雾模拟试验腐蚀规律分析

在中性的大气腐蚀环境中,虽然镀锌层对钢铁基体有较好的防腐蚀性能,但是在更为苛刻的腐蚀性环境中(如海洋性大气环境等)服役的装备,倾向于选用具有更好耐腐蚀性的镉镀层作为钢铁基体的防腐蚀镀层。由于电镀镉常采用有毒化学物,并且成本较高,因此镀镉层只能用在镀锌层不能满足耐蚀要求且不能用于与人体或食物相接触的场合。

本节研究以钝化体系为试验对象,考核盐雾环境模拟试验腐蚀规律,并与自然环境模拟试验对比分析。执行 GJB 150.11A 盐雾环境模拟试验 24h 喷雾和 24h 干燥为一个周期,交变喷雾试验,试验温度为 35℃,沉降率为 $1\sim3\text{mL}/(80\text{cm}^2\cdot\text{h})$,自然试验环境为热带海洋环境的海南万宁试验站近海岸户外环境。

▶ 4.6.1 1Cr17Ni2 钢镀镉钝化层

钝化是指金属经强氧化剂或电化学方法氧化处理,使表面变为不活泼态(钝态)的过程,是使金属表面转化为不易被氧化的状态,而延缓金属的腐蚀速度的方法。另外,一种活性金属或合金,其化学活性大大降低,而成为贵金属状态的现象,也称为钝化。

以 1Cr17Ni2 钢镀镉钝化层为对象,分析盐雾环境模拟试验的腐蚀效应,并与自然环境曝晒试验对比分析,以讨论盐雾环境模拟试验加速性、模拟性和相关性。

图 4-15 给出了不同试验周期下钝化后的 1Cr17Ni2 螺栓在盐雾环境模拟试验和外场自然环境试验下的宏观腐蚀照片对比。图中可以看出,在实验室环境试验 144h 后,试样表面发生明显腐蚀,红褐色腐蚀产物覆盖面积达到约 80%,尤其螺纹区几乎完全被腐蚀产物覆盖,对应自然环境 12 个月试样表面也出现类似的严重腐蚀形貌特征;216h 和 288h 后,试样表面腐蚀程度进一步明显加重,到达 288h 时试样表面腐蚀产物覆盖度几乎达到 100%,对应自然环境 18 个月和 24 个月试样表面也出现类似的腐蚀形貌特征。

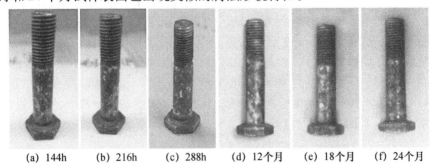

(a) 144h (b) 216h (c) 288h (d) 12个月 (e) 18个月 (f) 24个月

图 4-15　钝化后的螺栓在盐雾环境模拟试验和外场自然
环境试验下的宏观腐蚀照片对比(见书末彩图)

图 4-16 给出了不同试验周期下钝化后的 1Cr17Ni2 螺栓在实验室加速环境试验和外场自然环境试验下的表面腐蚀微观形貌对比。从图中可以看出,在实验室加速环境试验中,试验 144h 后,试样表面腐蚀产物呈花瓣状微观形貌,对应外场自然环境暴露 12 个月试验件表面也表现出类似腐蚀产物特征;试验 288h 后,试样表面布满了球状腐蚀产物,且球状结构周围分布有大量针状(须状)腐蚀产物,对应外场 24 个月试验件表面也出现类似的球状腐蚀产物。

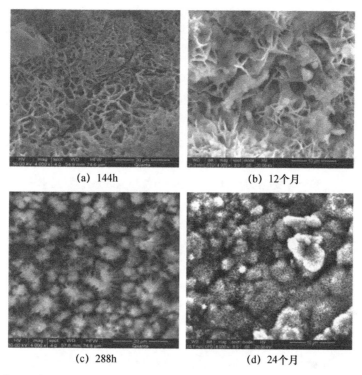

(a) 144h (b) 12个月

(c) 288h (d) 24个月

图 4-16 钝化后的螺栓在盐雾环境模拟试验和外场自然环境试验下的表面腐蚀微观形貌对比

▶ 4.6.2 30CrMnSiA 钢镀镉钝化层

图 4-17 给出了不同试验周期下 30CrMnSiA 螺栓镀镉钝化在实验室加速环境试验和外场自然环境试验下的宏观腐蚀照片对比。从图中可以看出,在实验室环境试验 144h 后,试样表面彩虹纹消失,光亮度明显下降,对应自然环境 12 个月试样表面泛白,光亮度同样明显下降;试验 216h 和 288h 后,试样表面光亮度进一步下降,同时出现部分灰白色腐蚀产物覆盖,对应自然环境 18 个月和 24 个月试样表面出现类似形貌特征。

图 4-18 给出了不同试验周期下 30CrMnSiA 螺栓镀镉钝化在实验室加速环

境试验和外场自然环境试验下的表面腐蚀微观形貌对比。从图中可以看出,在实验室加速环境试验中,试验 144h 后,原有镀镉层的块状晶粒结构部分破损,破损处出现了颗粒状的腐蚀产物,对应外场自然环境暴露 12 个月试验件表面也表现出类似腐蚀产物特征;试验 288h 后,试样表面布满了颗粒状的腐蚀产物,但仍可观察到未破损的镀镉层晶粒结构,对应外场自然环境暴露 24 个月试验件表面也出现大量颗粒状腐蚀产物,部分镀镉层晶粒结构保持完整。

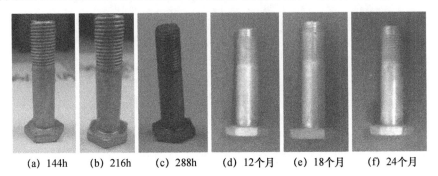

(a) 144h (b) 216h (c) 288h (d) 12个月 (e) 18个月 (f) 24个月

图 4-17 镀镉螺栓盐雾环境模拟试验和自然环境试验外观(见书末彩图)

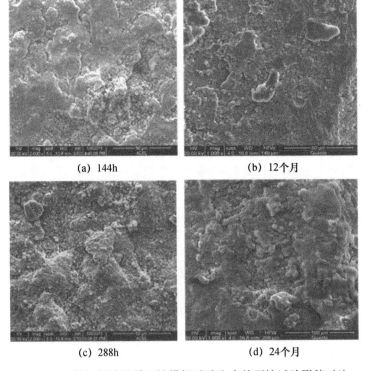

(a) 144h (b) 12个月

(c) 288h (d) 24个月

图 4-18 镀镉螺栓盐雾环境模拟试验和自然环境试验形貌对比

对比上述实验室试验和自然环境试验结果可以看出，在不同试验周期下镀镉螺栓实验室加速环境试验和自然环境试验得到的腐蚀产物形貌基本保持一致，这说明实验室加速环境试验对外场自然环境腐蚀行为的模拟具有一致性。

第 5 章

盐雾环境腐蚀效应测试与分析评价

本章从盐雾环境模拟试验腐蚀效应的测试与分析方法出发,首先讨论分析常见的腐蚀效应测试分析方法的原理、特点和典型使用环境,然后结合具体的研究实例分析环境模拟试验参数、试验周期对金属材料、涂层材料腐蚀效应的影响规律,为盐雾环境模拟试验的设计和腐蚀效应的评价方法的选择提供理论基础和数据支撑。

5.1 腐蚀效应测试与分析方法

开展盐雾环境模拟试验,除了要根据研究目的选择和确定试验方法及试验条件,还必须确定腐蚀效应的评定和表示方法,根据试验前后装备表面和装备材料本身某些物理化学性质的变化或装备的功能、性能的变化,可以对腐蚀效应进行评定。现介绍一些常见的腐蚀评定方法。

▶ 5.1.1 表观检查

表观检查通常是一种定性的检查评定方法,有时也可以给出一些定量数据,也可以作为其他评定方法的重要补充。

1. 宏观检查

宏观检查就是用肉眼或低倍放大镜对装备表面和腐蚀介质在腐蚀过程中和腐蚀前后的形态进行仔细的观测,也包括对装备表面去除腐蚀产物前后的形态观测。宏观检查虽然比较粗略,甚至带有一定的主观性,但是该方法方便简捷,是一种有价值的定性方法。它不依靠任何精密仪器,就能初步确定装备表面的腐蚀形貌、类型、程度和受腐蚀部位。

在试验前必须仔细地观察试样的初始状态,标明表面缺陷。试验过程中如有可能应对腐蚀状况进行实时原位观测,观察的时间间隔可根据腐蚀速度确定。选择观察时间间隔还须考虑到:①能够观察、记录到可见的腐蚀产物开始出现的时间;②两次观察之间的变化足够明显。一般在试验初期观察频繁,而后间隔时间逐渐延长。

宏观检查时应注意观察和记录:①装备表面的颜色与状态。②装备表面腐蚀产物的颜色、形态、附着情况及分布。③腐蚀介质的变化,如溶液的颜色、腐蚀产物的颜色、形态和数量。④判别腐蚀类型。局部腐蚀应确定部位、类型并检测其腐蚀破坏程度。⑤观察重点部位,如装备关键部件加工变形及应力集中部位、焊缝及热影区、气-液交界部位、温度与浓度变化部位、流速或压力变化部位等。当发现典型或特殊变化时,还可拍摄影像资料,以便保存和事后分析之用。为了更仔细地进行观察,也可使用低倍(2~20倍)放大镜进行检查。

2. 微观检查

宏观检查所获取的信息反映了腐蚀行为的统计平均结果,其代表性和直观性都比较强,但不一定能揭示腐蚀的本质或过程的真实情况。微观检查方法用来获取微观(局域的或表面的)信息,用以揭示过程的细节和本质,是宏观检查的进一步发展和必要的补充。

光学显微镜曾是微观检查的主要工具,除用于检查材料腐蚀前后的金相组织外,还可用于:①判断腐蚀类型;②确定腐蚀程度;③分析金相组织与腐蚀的关系;④调查腐蚀事故的起因;⑤跟踪腐蚀发生和发展的情况。

随着近代科学的发展和学科之间的互相渗透,许多现代物理研究方法和表面分析方法被用于微观检查,大大丰富和深化了其内容。这些方法按功用可分为:①用于获取化学信息的方法,如用于元素的鉴别和定量分析、元素的分布状况、价态和吸附分子的结构等;②用于形貌观察的方法,如观察断口、组织、析出物、夹杂的形态、晶体缺陷的形态(包括点、线、面和体等的缺陷)、晶格象和原子象等;③用于物理参量的测定和晶体结构的分析,如膜厚、膜的光学常数、点阵常数、位错密度、织构、物相鉴定、电子组态和磁织构等。经常用于腐蚀微观检查的工具和方法包括电子显微镜(特别是扫描电子显微镜,SEM)、电子探针(EPMA)、俄歇电子能谱法(AES)、X射线光电子能谱法(XPS)、二次离子质谱法(SIMS)和原子力显微镜/扫描隧道显微镜(AFM/STM)等。

3. 评定方法

对于定性的表观评价来说,腐蚀形态和程度的表述明显受到人为因素的影响,具有主观随意性。为了建立统一的标准评定方法,一些组织和个人做了多方努力,其中比较有代表性的工作包括 Chartlpion 提出的标准样图(图5-1)。样图共有 A、B、C、D 四幅,其中样图 A 和 B 表征试样受腐蚀表面的平面特征,分别表示单位面积上腐蚀破坏的位置数目和腐蚀位置的面积;样图 C 和 D 是腐蚀深度特征,其中样图 C 表征全面腐蚀破坏深度等级,而样图 D 则表示孔蚀和裂纹的深度等级。4 幅样图均分别划分为 7 个等级。

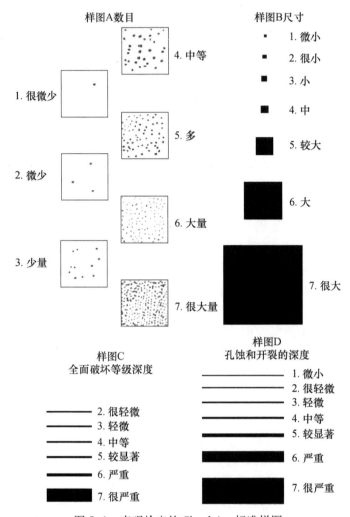

图 5-1　表观检查的 Chartlpion 标准样图

5.1.2　质量变化

材料的质量会因腐蚀作用发生系统的变化,这就是质量法评定材料腐蚀速度和耐蚀性的理论基础。质量法是以单位时间内、单位面积上由腐蚀而引起的材料质量变化来评价腐蚀的。质量法简单而直观,既适用于实验室,又适用于现场试验,是最基本的腐蚀定量评定方法。质量法又可分为质量增加法和质量损失法两种。

1. 质量增加法

当腐蚀产物牢固地附着在试样上,在试验条件下不挥发或几乎不溶于溶液介质,也不为外部物质所污染,这时用质量增加法评定腐蚀破坏程度是合理的。钛、锆等耐蚀金属的腐蚀、金属的高温氧化就是应用这种方法的典型例子,质量增加法适用于评定全面腐蚀和晶间腐蚀,但不能用于评定其他类型的局部腐蚀。

质量增加法的试验过程为:将预先按照规范制备(已经做好标记、除油、酸洗、打磨和清洗)的试样量好尺寸、称量质量后置于腐蚀介质中,试验结束后取出,连同腐蚀产物一起再次称量质量。尺寸测量建议保留 3 位有效数字,而质量测量建议保留 5 位有效数字。试验后试样的质量增加表征着材料的腐蚀程度。对于溶液介质中的腐蚀试验,试验后试样的干燥程度会影响试验结果的精度,故试样应放在干燥器中储存 3 天后再称量质量。

对于质量增加法,一个试样通常只在腐蚀-时间曲线上提供一个数据点。当腐蚀产物确实是牢固地附着于试样表面,且具有恒定的组成时,就能在同一试样上连续地或周期性地测量质量增加,获得完整的腐蚀-时间曲线,因而适用于研究腐蚀随时间的变化规律。

质量增加法获得的数据具有间接性,即数据中包括腐蚀产物的质量,要知道被腐蚀金属的量,还需根据腐蚀产物的化学组成进行换算。有时腐蚀产物的相组成相当复杂,精确分析往往有困难。多价金属还可能生成不同价态的腐蚀产物,也增加了换算的难度。这些都限制了质量增加法的应用范围。

2. 质量损失法

质量损失法是一种简单且直接的腐蚀测量方法,它要求在腐蚀试验后全部清除腐蚀产物后再称量试样的终态质量,因此根据试验前后样品质量计算得出的质量损失直接表示了由于腐蚀而损失的金属量,不需要按腐蚀产物的化学组成进行换算。质量损失法并不要求腐蚀产物牢固地附着在材料表面上,也无须考虑腐蚀产物的可溶性。这些优点使质量损失法得到广泛的应用。

消除腐蚀产物的方法大体可分为机械方法、化学方法和电解方法三类。一种理想的去除腐蚀产物的方法应该是只消除腐蚀产物而不损伤基体金属。所有去除腐蚀产物的方法往往会破坏腐蚀产物,使腐蚀产物所蕴含的信息丢失,因此在去除腐蚀产物前最好能提取腐蚀产物样品。这些样品可以用于各种分析,如用 X 射线衍射确定晶体结构,或用于化学分析,寻找某些腐蚀性组分(如氯)等。

消除腐蚀产物的化学方法是将腐蚀试验后的样品浸泡在指定的溶液中,该溶液被设计用于去除腐蚀产物,而能最大限度地降低基体金属的溶解。对于特定的金属和腐蚀产物类型,清除腐蚀产物最有效的方法往往是反复试验摸索的结果。用于去除腐蚀产物的清洗溶液均应用试剂水和试剂级的化学药品配制。为了确定去除腐蚀产物时基体金属的质量损失,可采用未经腐蚀的同样的试样作为控制试样,应用与试验样品同样的清洗方法对其进行清洗。清洗前后称量控制样品的质量,由于清洗造成的基体金属损失量可被用于校正腐蚀质量损失。清洗严重腐蚀的样品时,使用控制试样的方法可能并不可靠,此时需对腐蚀后的表面重复进行清洗,即使表面已没有腐蚀产物,还会不断地有质量损失。这是因为腐蚀后的表面常常比新加工或打磨的表面对清洗方法造成的腐蚀更敏感,特别是对于多相合金。下面的确定清洗步骤造成的质量损失的方法更为可取。

（1）对试样进行多次重复清洗,每次清洗后称量试样,确定质量损失。

（2）将质量损失对清洗的周期数作图,其中每次清洗的周期相同。如图 5-2 所示,将得到 AB 和 BC 两段曲线。其中 BC 段对应于去除腐蚀产物后的金属腐蚀,而由实际腐蚀所造成的质量损失则大体对应于 B 点。

（3）为了尽可能减小由清洗方法所引起的不确定性,应选择清洗方法,使 BC 线的斜率最低(近于水平)。

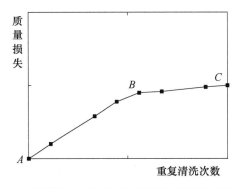

图 5-2　多周期重复清洗引起的腐蚀样品的质量损失

在用化学方法去除腐蚀产物前、过程中或之后可用非金属毛刷轻轻刷洗试样或用超声波清洗试样,这不仅可以清除试样表面松散的腐蚀产物,也有助于去除紧密的腐蚀产物。

常常可以用低倍显微镜(如 7~10 倍)检查腐蚀产物的去除情况,这种方法对于发生孔蚀的表面特别有用,因为腐蚀产物可能会在孔中留存。

去除腐蚀产物的操作完成后,应彻底清洗试样并立即进行干燥,干燥的试样通常还要在干燥器中存放 24h 后再称量质量。

电解(电化学)方法也可用于去除腐蚀产物。电解方法需选用适当的电解质溶液和阳极,并以试样为阴极,外加直流电电解。电解时阴极表面产生的氢气泡有助于腐蚀产物的剥离。电解清洗后应对试样进行刷洗或超声波清洗,去除试样表面的残渣或沉积物,以最大限度地减少由于可还原腐蚀产物的还原而引起的金属再沉积,否则会减少表观质量损失。

去除腐蚀产物的机械方法包括刮削、擦洗、刷洗、超声波清洗、机械冲击和撞击吹刷(如喷砂、射流等)。这些方法常被用于去除严重结壳的腐蚀产物。强烈的机械清洗可能造成一部分基体金属损失,因此应小心操作,而且一般是用其他方法不能充分去除腐蚀产物时才使用这些方法。如同去除腐蚀产物的其他方法一样,需对由清洗方法造成的质量损失进行校正。在采用清除腐蚀产物的化学或电化学方法前,通常可用机械法去除试样表面疏松的腐蚀产物,例如可先用自来水冲洗,并用橡皮或硬毛刷擦洗,或用木制刮刀、塑料刮刀刮擦,用这种方法往往可将试样表面绝大部分的疏松腐蚀产物去除干净。

3. 质量法测量结果的评定

质量法通常是用试样在单位时间内、单位面积上的质量变化来表征平均腐蚀速度的。通过测定试样的初始总面积和试验过程中的质量变化即可计算得到腐蚀速度。对于质量增加法,其计算公式为

$$v_+ = \frac{m_1 - m_0}{AT} \quad (5-1)$$

式中:A 为试样面积;T 为试验周期;m_0 为试样初始质量;m_1 为腐蚀试验后带有腐蚀产物的试样质量。

对于质量损失法:

$$v_- = \frac{K \times \Delta m}{ATD} \quad (5-2)$$

式中:K 为常数(数值见下文);T 为试验周期(h);A 为试样初始面积(cm^2);Δm 为腐蚀试验中试样的质量损失(g);D 为试验材料的密度(g/cm^3)。

当 T、A、Δm 和 D 使用上述规定的单位时,可利用下列相应 K 值计算出以不同单位表示的腐蚀速度。

所需要的腐蚀速度的单位	式(5-2)中的常数 K
毫米/年(mm/y)	8.76×10^4
微米/年(μm/y)	8.76×10^7
皮米/秒(pm/s)	2.78×10^6
克/米^2·时(g/m$^2 \cdot$h)	$1.00 \times 10^4 \times D$
毫克/分米^2·天(mg/dm$^2 \cdot$d)	$2.40 \times 10^6 \times D$
微克/米^2·秒(μg/m$^2 \cdot$s)	$2.78 \times 10^6 \times D$

由质量损失法计算得出的腐蚀速度通常只表示在试验周期内全面腐蚀的平均腐蚀速度。基于质量损失估计腐蚀侵入深度可能会严重低估由于局部腐蚀(如孔蚀、开裂、缝隙腐蚀等)所造成的实际穿透深度。

在质量损失测量中应注意选择合适的天平,对其校准和标准化,避免可能导致的测量误差。一般来说,用现代分析天平测量质量很容易达到±0.2mg的精度,也有能达到±0.02mg的天平。因此质量测量通常不是引起误差的决定性因素。但是,在去除腐蚀产物操作中,如果腐蚀产物去除不充分或过度清洗都会影响精度。利用图5-2所示的重复清洗步骤可最大限度地降低这两方面的误差。

测定腐蚀速度时,试样面积的测量一般是对精度影响最小的步骤。卡尺和其他长度测量的精度变化范围很宽,但是为确定腐蚀速度所进行的面积测量,一般说其精度无须好于±1%。

在大多数实验室试验中,暴露时间通常可控制的好于±1%。但是对于现场试验,腐蚀条件可能随时间明显变化,对现存腐蚀条件能持续多久的判断有很大的可能产生误差。此外,腐蚀过程随时间的变化未必是线性的,因此所得到的腐蚀速度可能并不能预示未来的情况。

5.1.3 尺寸测量

对于设备和大型试样等不便于使用质量法的情况,或为了解局部腐蚀情况,可以测量腐蚀失厚或孔蚀深度。

1. 失厚测量

测量腐蚀前后或腐蚀过程某两时刻的被试装备厚度,可直接得到腐蚀所造成的厚度损失,单位时间内的腐蚀失厚即侵蚀率,常以mm/a表示。但是对于不均匀腐蚀来说,这种方法是很不准确的。可以用一些计量工具和仪器装置直接测量被试装备的厚度,如测量内外径的卡钳,测量平面厚度的卡尺、螺旋千分尺、带标度的双筒显微镜、测量被试装备截面的金相显微镜等。由于腐蚀引起的厚度变化常常导致许多其他性质的变化,根据这些性质变化发展出许多无损测厚的方法,如涡流法、超声波法、射线照相法和电阻法等。

2. 孔蚀深度测量

孔蚀的危害很大,但孔蚀的测量和表征却比较困难。为了表征孔蚀的严重程度,通常应综合评定孔蚀密度、孔蚀直径和孔蚀深度。其中前两项指标表征孔蚀范围,而后一项指标则表征孔蚀强度。相比之下,后者具有更重要的实际意义。为此,经常测量面积为$1dm^2$的被试装备10个最深的蚀孔深度,并取其最大蚀孔深度和平均蚀孔深度来表征孔蚀严重程度。也可以用孔蚀系数表征孔蚀。孔蚀系数是最大孔蚀深度 P 与按全面腐蚀计算的平均侵蚀深度 d 的比率,见图 5-3。孔蚀系数数值越大,表示孔蚀的程度越严重,而在全面腐蚀的情况下,孔蚀系数为 1。

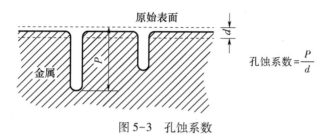

图 5-3　孔蚀系数

测量孔蚀深度的方法有:用配有刚性细长探针的微米规探测孔深;在全相显微镜下观测横切蚀孔的试样截面;以试样的某个未腐蚀面为基准面,通过机械切削达到蚀孔底部,根据进刀量确定孔深;用显微镜分别在未受腐蚀的蚀孔边缘和蚀孔底部聚焦,根据标尺确定孔蚀深度,以及其他方法等。

▶ 5.1.4　力学性能测试

腐蚀评定有时无法使用质量法或测厚法,但腐蚀作用的结果可能会使材料的力学性能发生明显的变化,从而可通过测定力学性能的变化来评定腐蚀作用,特别是对于孔蚀、晶间腐蚀和应力腐蚀开裂等局部腐蚀形态,腐蚀后材料的外观、质量都可能没有明显的变化,但材料的力学性能却会急剧下降,所以力学性能的测定成为评定某些局部腐蚀的一项重要手段。

1. 用力学性能变化评定全面腐蚀

通常是用试样在腐蚀前后的力学性能的变化来评定腐蚀。为了提高试验结果的重现性,所有试样的加工条件、热处理条件、取样方向、试样尺寸等都要尽可能相同。试验时应有相同状态但未经腐蚀的空白试样作为参照物。

为了评价全面腐蚀作用,一般用腐蚀前后材料力学性能变化的相对百分率表示,如

$$K_S = \frac{\sigma_{b0} - \sigma_{b1}}{\sigma_{b0}} \times 100\% \tag{5-3}$$

$$K_L = \frac{\delta_0 - \delta_1}{\delta_0} \times 100\% \tag{5-4}$$

式中:K_S 为强度损失百分率;σ_{b0} 和 σ_{b1} 分别为腐蚀前后试样的抗拉强度;K_L 为延伸率损失百分率;δ_0 和 δ_1 分别为腐蚀前后试样的延伸率。也可用剩余抗拉强度比率和剩余延伸率的比率表示:

$$K'_S = \frac{\sigma_{b1}}{\sigma_{b0}} \times 100\% \qquad (5-5)$$

$$K'_L = \frac{\delta_1}{\delta_0} \times 100\% \qquad (5-6)$$

2. 局部腐蚀对力学性能的影响

局部腐蚀的类型很多,利用力学性能对其进行评定也有不同的方法。对于孔蚀、缝隙腐蚀、晶间腐蚀、电偶腐蚀等局部腐蚀,在某些情况下也可参照全面腐蚀的评定方法,利用式(5-3)~式(5-6)予以评定。

为评定材料的应力腐蚀敏感性,目前有多种测定方法,例如:①将加载应力的试样在腐蚀介质中暴露指定周期后测定剩余力学性能;②把加载应力的试样在腐蚀介质中暴露直至试样断裂,记录总暴露时间(寿命)。通过测量试样在不同加载应力下的寿命,可作出应力-寿命曲线,并据此确定材料在该体系中的应力腐蚀临界应力 σ_{th}。

为了对应力-腐蚀联合作用与单纯腐蚀作用进行比较,需将不加应力的控制试样在相同腐蚀条件下暴露同样周期,测定其剩余抗拉强度 σ_{b1}。在应力-腐蚀联合作用引起的总强度损失中,附加应力作用所占的百分份额可表示为

$$\sigma = \frac{\sigma_{b1} - \sigma_{b2}}{\sigma_{b0} - \sigma_{b2}} \times 100\% \qquad (5-7)$$

式中:σ_{b0} 和 σ_{b1} 分别为试样的原始抗拉强度和应力腐蚀试验后的抗拉强度。

对于腐蚀疲劳,主要的测量参数是试样直至断裂的应力循环周次(寿命)。在 σ-N 腐蚀疲劳曲线上,通常取对应于某一指定腐蚀疲劳寿命(如疲劳循环周次 $N=10^7$)的应力幅值为腐蚀疲劳临界应力 σ_{th},也称腐蚀疲劳强度。

腐蚀试验后对试样进行反复弯曲试验也是评定某些类型局部腐蚀的方法。可以测定腐蚀后的试样所能承受往复弯曲而不致断裂的次数;对延展性较差的金属也可以采用能够弯曲的角度来评价腐蚀;还可以将腐蚀后试样弯成 U 形(弯曲半径等于其厚度的 2 倍),然后检查所产生的裂纹。

利用断裂力学研究应力腐蚀和腐蚀疲劳,可以确定应力腐蚀和腐蚀疲劳的临界应力场强度因子 K_{ISCC} 和 ΔK_{ICF},还可以确定应力腐蚀裂纹扩展速率 $d\alpha/dt$ 和腐蚀疲劳裂纹扩展速率 $d\alpha/dN$。

▶ 5.1.5 电化学技术

基于大多数腐蚀的电化学本质,电化学测试技术在腐蚀机制研究、腐蚀试验及工业腐蚀监控中均得到广泛应用。电化学测试技术是一种"原位"测量技术,并可以进行实时测量,给出瞬时腐蚀信息和连续跟踪金属电极表面状况的

变化。电化学测试技术通常是一类快速测量方法,测试的灵敏度也较高。但是,由于实际腐蚀体系是经常变化的和十分复杂的,因此在实际使用电化学测试技术时应对所研究的腐蚀体系、所采用的测试技术的原理和适用范围等有比较清晰的认识。此外,当要把实验室的电化学测试结果外推到实际应用中时,必须格外小心谨慎,往往还需要借助其他的定性或定量的试验研究方法予以综合分析评定。

1. 极化曲线

极化曲线是研究金属电化学腐蚀的重要方法,通过极化曲线的测定,可以了解金属腐蚀过程中的重要信息,如金属腐蚀电位、腐蚀电流等。通过测量塔菲尔极化曲线,可以研究材料的耐腐蚀情况。腐蚀电位表示材料发生腐蚀的倾向性,腐蚀电位越大,则发生腐蚀的倾向性越小。腐蚀电流密度则表示材料表面实际发生的腐蚀速率,腐蚀电流密度越大,则材料的腐蚀速率越快。

测定极化曲线时,先由系统确定开路电位,之后在围绕开路电位一定范围内以固定的扫描速率进行动态扫描,得到电化学腐蚀数据和极化曲线图。极化分强极化和弱极化,一般认为当极化值的绝对值超过 100mV 时,即进入了强极化区。强极化测量有个显著优点,就是可以认为腐蚀金属电极上只有一个电极反应在进行,极化曲线仅反映这一个电极反应在测量的电位区间内的动力学特征,即强阳极极化时,阴极反应电流密度可以忽略不计,极化值与外侧阳极电流密度的关系为

$$\Delta E = b_a \lg I_+ - b_a \lg I_{corr} \tag{5-8}$$

式中:ΔE 为极化值;b_a 为阳极塔菲尔斜率;I_+ 为阳极极化电流;I_{corr} 为自腐蚀电流。

同理,腐蚀金属电极进入强阴极极化后,阳极溶解反应的电流密度可以忽略不计,极化值与外侧阴极电流密度绝对值的关系是

$$\Delta E = b_c \lg I_- - b_c \lg I_{corr} \tag{5-9}$$

式中:b_c 为阴极塔菲尔斜率;I_- 为阴极极化电流。

如果腐蚀介质中传质过程足够快,即浓差极化影响很小,极化值与外侧电流密度值的绝对值的对数 $\lg|I|$ 之间是线性关系。由式(5-8)和式(5-9)可以看出,两条塔菲尔直线延长至极化电位等于零处($\Delta E = 0$)或电极电位等于自腐蚀电位($E = E_{corr}$)处,可以得到 $\lg I_{corr}$ 的数值。因此通过强极化区两条塔菲尔直线的拟合,可以求出 E_{corr}、$\lg I_{corr}$、b_a 和 b_c 等参数,此为塔菲尔直线外延法。需要说明的是,对于强极化,一般试验所得强极化区的曲线并非理论意义上的塔菲尔直线,这是因为极化电流密度比较大时,传质过程的影响被放大,在参比电极至被测的腐蚀金属电极之间的溶液中欧姆电位降(也称溶液电阻 R_{sol})也比较

大,得到的试验结果包含较大的系统误差,故需要对其进行线性拟合后求出各参数。

2. 交流阻抗

交流阻抗法是指控制通过电化学系统的电极电位(或电流)在小幅度的条件下,按正弦波规律变化,同时测量相应系统的电位(或电流)随时间的变化,或直接测量不同频率下系统的交流阻抗,进而分析电化学系统的反应机制,计算系统相关参数的一种电化学测量方法。分析交流阻抗谱,可以得到阻抗幅值等信息。阻抗幅值可以直接表征试样抗腐蚀性能,一般来讲,阻抗幅值越大,试样的抗腐蚀性能越好。

测定一个电极的电化学阻抗谱时,电极表面一直在进行双电层周期性充、放电过程和电极反应速度周期性的变化过程,分别是非法拉第过程和法拉第过程。此时电极表面的阻抗等于非法拉第阻抗 Z_{NF},其与法拉第阻抗 Z_F 互相并联形成电路总阻抗。通常用一个电容器 C_{dl} 表示非法拉第阻抗 Z_{NF},因为一般认为电极表面的双电层在受到极化电位或极化电流扰动时所发生的非法拉第过程就像一个平板电容器充放电过程所受到的扰动一样,所以用等效元件电容 C_{dl} 来表示,但此 C_{dl} 为单位电极表面积上的数值,其量纲与普通电容器的电容量纲相比,多了面积因素。研究中单位电极表面积为 $1cm^2$,等效电容 C_{dl} 的单位用 F/cm^2 表示。法拉第阻抗 Z_F 相当于电极表面为单位面积时法拉第电流在电极系统的两相之间流过时的阻抗。图 5-4(a)中溶液电阻 R_{sol} 为参比电极与溶液之间引起的电阻,相当于单位面积被测电极的数值,单位为 $\Omega \cdot cm^2$。

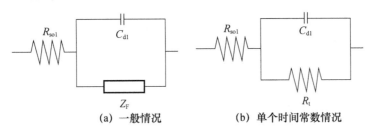

(a) 一般情况　　　　(b) 单个时间常数情况

图 5-4 电极反应过程线性化模型

对于单个时间常数的瞬态过程,法拉第阻抗 Z_F 只是电极电位 E 的函数,在一定的电极电位情况下,它是一个常数,相当于单位电极面积上的电阻,单个时间常数的瞬态过程线性模型如图 5-4(b)所示。图 5-4(b)中 R_t 为电荷转移电阻或传递电阻,是带电荷粒子穿越双电层的电阻,相当于单位面积电极表面的电阻。

如果对一个线性电极体系施加一个周期性的正弦波信号时,所得到的响应也为正弦波信号。利用正弦波信号测量得到的电位与电流密度的比值即阻抗。

如加到一个线性电极体系的电压为

$$\Delta E = |\Delta E| \exp(\mathrm{j}\omega t) \tag{5-10}$$

则流过体系的电流可以写成

$$I = |I| \exp[\mathrm{j}(\omega t+\phi)] \tag{5-11}$$

式中：$|\Delta E|$ 为幅值；ωt 为辐角；ϕ 为体系中的电流与加到体系上的电压之间的相位差。

则这个系统的阻抗为

$$Z = \frac{\Delta E}{I} = \frac{|\Delta E|}{|I|}\exp(-\mathrm{j}\phi) = |Z|\exp(-\mathrm{j}\phi) \tag{5-12}$$

将式(5-10)按欧拉公式展开

$$Z = |Z|(\cos\phi - \mathrm{j}\sin\phi) = Z_{\mathrm{Re}} - \mathrm{j}Z_{\mathrm{Im}} \tag{5-13}$$

式中：Z_{Re} 为阻抗的实部，$Z_{\mathrm{Re}} = |Z|\cos\phi$；$Z_{\mathrm{Im}}$ 为阻抗的虚部，$Z_{\mathrm{Im}} = |Z|\sin\phi$。

在线性化模型的等效电路中，常涉及的等效元件有等效电阻 R、等效电容 C 和等效电感 L。等效电阻 R 的阻抗为 $Z_R = \frac{\Delta E}{I_R} = R$，其只有实部，没有虚部；等效电容 C 的阻抗为 $Z_C = \frac{\Delta E}{I_C} = \frac{1}{\mathrm{j}\omega C} = -\mathrm{j}\frac{1}{\omega C}$，其只有虚部，没有实部，根据式(5-13)其为正值；等效电感 L 的阻抗为 $Z_L = \frac{\Delta E}{I_L} = \mathrm{j}\omega L$，其只有虚部，没有实部，根据式(5-13)其为负值。

以 Z_{Re} 为横轴，Z_{Im} 为纵轴绘制的图形即阻抗谱图，常称 Nyquist 图。

若电极过程可以用图 5-4(b) 作为等效电路来表示，则电极过程的阻抗为

$$Z = 1 \Big/ \left(\frac{1}{R_t} + \mathrm{j}\omega C_{\mathrm{dl}}\right) = \frac{R_t}{1+\mathrm{j}\omega R_t C_{\mathrm{dl}}} = \frac{R_t}{1+(\omega R_t C_{\mathrm{dl}})^2} - \mathrm{j}\frac{\omega R_t^2 C_{\mathrm{dl}}}{1+(\omega R_t C_{\mathrm{dl}})^2} \tag{5-14}$$

$$|Z| = \sqrt{Z_{\mathrm{Re}}^2 + Z_{\mathrm{Im}}^2} = \frac{R_t}{\sqrt{1+(\omega R_t C_{\mathrm{dl}})^2}} \tag{5-15}$$

$$\tan\phi = \frac{Z_{\mathrm{Im}}}{Z_{\mathrm{Re}}} = \omega R_t C_{\mathrm{dl}} \tag{5-16}$$

对应于 $\phi = \pi/4$ 即 $\tan\phi = 1$ 时的 ω 称为体系的特征频率，用 ω^* 表示，不难发现，$\omega^* = 1/(R_t C_{\mathrm{dl}})$。

可以证明，式(5-14)的实部 Z_{Re} 和虚部 Z_{Im} 之间的关系符合下面的方程式。

$$\left(Z_{\mathrm{Re}} - \frac{R_t}{2}\right)^2 + Z_{\mathrm{Im}}^2 = \left(\frac{R_t}{2}\right)^2 \tag{5-17}$$

这是一个以$(R_t/2,0)$为圆心、以$R_t/2$为半径的圆的方程式,根据式(5-13)和式(5-14),Z_{Re}和Z_{Im}都不应出现负值,所以阻抗谱的数据应该都在阻抗谱图的第一象限。此外,实际阻抗的实部还应有等效电阻R_{sol},所以相应于等效电路图5-4(b)的阻抗谱图如图5-5所示。

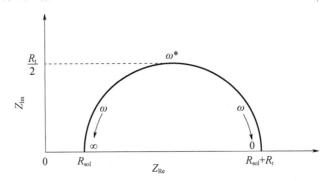

图 5-5　相应于等效电路图 5-4(b)的阻抗谱图

该半圆具有如下特点:在$\omega\to 0$时和$\omega\to\infty$时,Z_{Im}都为0,但在$\omega\to\infty$时,式(5-13)的实部也为0,此时总阻抗为R_{sol}的数值,而在$\omega\to 0$时,总阻抗实部为$R_{sol}+R_t$,由此可以分别得到R_{sol}和R_t的数值。

5.1.6　图像信息处理技术

图像信息处理技术作为计算机视觉的一种实用工具,已广泛应用于科学研究的各个领域,现代数学理论的发展成熟也使图像信息处理技术日益完善,分形理论和小波分解是近些年来得到迅速发展并在图像处理领域得到广泛应用的数学理论。

5.2　基于质量损失腐蚀效应测试与分析

5.2.1　试验设计

结合试验装备能力,为提高试验效率,减少试验时间,试验采用连续式喷雾设置,喷雾时长4h,试样选择2A12铝合金,分别设计3种试验形式:①盐雾中NaCl溶液的浓度为5%,盐雾沉降量为$1\sim 3\mathrm{mL}/(80\mathrm{cm}^2\cdot\mathrm{h})$,喷雾过程中盐雾箱温度设置分别为25℃、30℃、35℃、40℃、45℃;②温度35℃,盐雾中NaCl浓度分别为3.5%、4.0%、4.5%、5.0%和5.5%,盐雾沉降量为$1\sim 3\mathrm{mL}/(80\mathrm{cm}^2\cdot\mathrm{h})$;③喷雾时长24h,温度35℃,盐雾中NaCl浓度为5%±1%,盐雾沉降量为1~

3mL/(80cm² · h)，挂片试验的取样周期为 4h、8h、16h、24h。

5.2.2 盐雾环境模拟试验程序变量腐蚀规律

如图 5-6 所示为腐蚀挂片经过不同温度下连续喷雾 4h 腐蚀后的表面宏观形貌。从挂片的宏观腐蚀形貌上不能看出明显的变化规律，这可能与腐蚀时间较短、腐蚀量较小有关，腐蚀量不足以引起样品表面宏观形貌发生规律性变化。

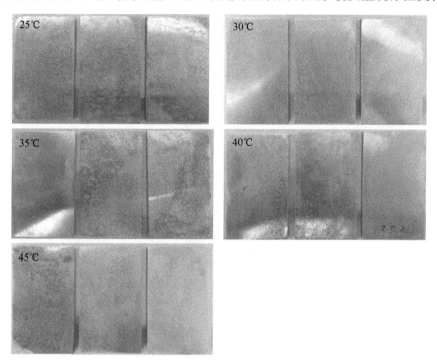

图 5-6 挂片宏观腐蚀形貌（见书末彩图）

表 5-1 和图 5-7 是腐蚀质量损失随着试验温度升高的变化规律，从试验结果可知，腐蚀挂片腐蚀质量损失表现出随着环境温度的升高呈上升趋势，近似线性关系。

表 5-1 不同环境温度下挂片腐蚀质量损失结果

环境温度/℃	25	30	35	40	45
挂片腐蚀质量损失/(mg/cm²)	0.259	0.303	0.327	0.355	0.377

图 5-8 为腐蚀挂片经过不同盐溶液下连续喷雾腐蚀后的表面宏观形貌。从挂片的宏观腐蚀形貌上不能看出明显的规律性变化，这可能与腐蚀时间较短、腐蚀量较小有关，腐蚀量不足以引起样品表面宏观形貌发生规律性变化。

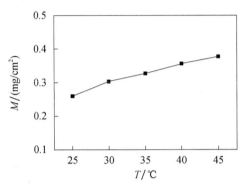

图 5-7 环境温度对挂片腐蚀质量损失影响规律分析

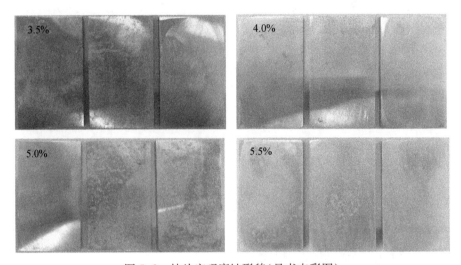

图 5-8 挂片宏观腐蚀形貌(见书末彩图)

表 5-2 和图 5-9 是腐蚀质量损失随着盐雾浓度升高的变化规律,从试验结果可知,腐蚀挂片腐蚀质量损失表现出随着盐雾浓度的升高呈上升趋势,但增加的速率不断减低。近似反向抛物线关系。

表 5-2 不同盐雾浓度下挂片腐蚀质量损失结果

盐雾浓度/%	3.5	4.0	4.5	5.0	5.5
挂片腐蚀质量损失/(mg/cm^2)	0.115	0.226	0.289	0.327	0.335

表 5-3 和图 5-10 是腐蚀质量损失随着试验时间的延长的变化规律,从试验结果可知,挂片腐蚀质量损失表现出随着试验时间的延长并呈上升趋势,近似线性关系。

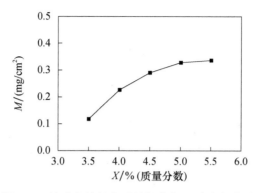

图 5-9 挂片腐蚀损失质量损失与盐雾浓度关系

表 5-3 不同试验时间下挂片检测结果

试验时间/h	4	8	16	24	
挂片腐蚀质量损失/(mg/cm^2)	0.28	1.02	2.78	5.84	

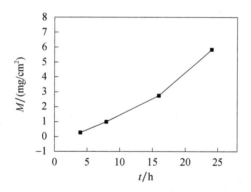

图 5-10 腐蚀质量损失随着试验时间的延长的变化规律

5.3 基于电化学腐蚀效应测试分析

5.3.1 试验设计

制作三相电极反应体系,参比电极为饱和甘汞电极(SCE),20℃下其相对标准氢电极电位为+0.249 V,对电极为 Pt 片,工作电极为铝合金试块,其简图如图 5-11 所示。试验测量各试样的塔菲尔极化曲线和交流阻抗谱。

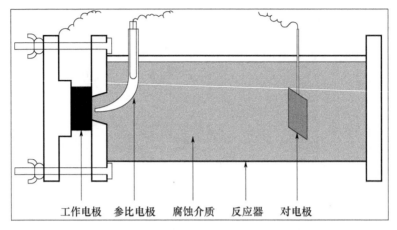

图 5-11　金属材质腐蚀试验三相电极反应器简图

试验采用的电化学工作站为上海辰华 CHI660C 系列电化学工作站,如图 5-12 所示。电化学工作站是完整的、数字化的、电化学体系的检测分析设备,是现代电子技术与电化学基础理论相结合的产物,它将恒电位仪、恒电流仪和电化学交流阻抗仪等有机地结合在一起,能完成多种电化学测试方法,在电化学基础研究、电沉积、腐蚀与老化、电池等多个方面具有广泛的应用。

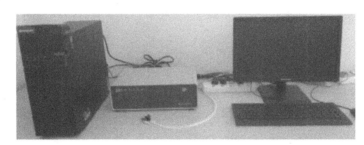

图 5-12　CHI660C 系列电化学工作站

试验用溶液为 5.0% 的 NaCl 溶液,采用三相电极体系,参比电极采用饱和甘汞电极,辅助电极采用铂电极,如图 5-13 所示。连接好电极后首先测量开路电位,开路电位稳定的判断标准为在 10min 测量时间内开路电位变化速率小于 10mV/min,待稳定后开始进行试样的极化曲线和交流阻抗谱的测量。

试验材料选择 2A12 和 6061 两种典型铝合金为研究对象,执行 GJB 150.11A 盐雾环境模拟试验 24h 喷雾和 24h 干燥为一个周期,交变喷雾试验,试验温度为 35℃,沉降量为 $1\sim3\text{mL}/(80\text{cm}^2 \cdot \text{h})$,试验 5 个周期,每个周期取出试样测试,加工至所需尺寸后,用丙酮液去除表面污迹,试样工作面积取 1cm^2,非

(a) 电化学工作站　　　(b) 工作电极　　(c) 对电极　　(d) 参比电极

图 5-13　电化学工作站及试验所用的三相电极

工作面积用环氧树脂涂封。测量前,先将已经制备好的电极小样置于介质中浸泡约 30min。测量采用经典的标准三相电极体系,极化曲线测量采用动电位扫描法进行,电位扫描区间为 -0.4~-1.0V,扫描速率为 1mV/s,交流阻抗测量时将电极电势的振幅限制在 10mV 以内。

5.3.2　极化曲线法

图 5-14 是 2A12 铝合金试样盐雾环境模拟试验不同周期后的塔菲尔极化曲线,表 5-4 是由极化曲线拟合得出的腐蚀电位和腐蚀电流密度。由图 5-14 和表 5-4 可知,随着盐雾环境模拟试验周期的延长,试样的腐蚀电位呈现下降趋势,由 -0.632V 逐渐降至 -0.691V;腐蚀电流密度呈现增大趋势,由 $0.70\mu A/cm^2$ 增大至 $2.60\mu A/cm^2$。这说明,随着在盐雾环境模拟试验环境中暴露时间的延长,2A12 铝合金发生电化学腐蚀的倾向越来越大,实际发生于铝合金试样表面的电化学腐蚀速率也呈增大趋势。

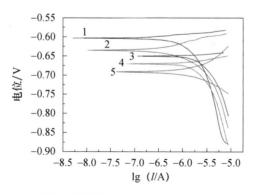

图 5-14　盐雾环境模拟试验后 2A12 铝合金的极化曲线

表 5-4　盐雾环境模拟试验后的 2A12 铝合金的腐蚀电位和腐蚀电流密度

盐雾环境模拟试验周期	1	2	3	4	5
腐蚀电位/V	-0.632	-0.635	-0.646	-0.670	-0.691
腐蚀电流密度/($\mu A/cm^2$)	0.70	0.58	1.23	1.75	2.60

图 5-15 是 6061 铝合金试样塔菲尔曲线,表 5-5 是腐蚀电位和腐蚀电流密度。由图 5-15 可知,随着盐雾环境模拟试验周期的延长,试样的腐蚀电位在 -0.74~-0.67V 区间,总体呈现略下降趋势;腐蚀电流密度由 1 个周期的 0.68$\mu A/cm^2$ 增大到 5 个周期的 1.13$\mu A/cm^2$,呈现缓慢增大趋势。这说明,随着在盐雾环境模拟试验环境中暴露时间的延长,6061 铝合金发生电化学腐蚀的倾向略增,实际发生于铝合金试样表面的电化学腐蚀速率也呈缓慢增大趋势。

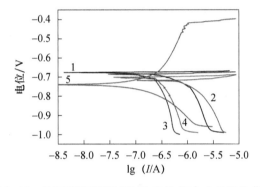

图 5-15　盐雾环境模拟试验后 6061 铝合金的极化曲线

表 5-5　盐雾环境模拟试验后的 6061 铝合金的腐蚀电位和腐蚀电流密度

盐雾环境模拟试验周期	1	2	3	4	5
腐蚀电位/V	-0.678	-0.720	-0.687	-0.703	-0.736
腐蚀电流密度/($\mu A/cm^2$)	0.68	0.70	0.96	0.87	1.13

5.3.3　交流阻抗法

图 5-16 是不同盐雾环境模拟试验周期后的 2A12 铝合金的电化学阻抗谱,由图可知,2A12 铝合金的电化学阻抗谱半径并不大,说明其自身的耐蚀性较差。这是由于该铝合金中含有较多的异质元素,较易形成原电池,加快腐蚀速率。随着盐雾环境模拟试验周期的延长,阻抗半径呈减小趋势,即样品表面电阻在减小。结合表 5-4 可知,随着试验周期延长,该型铝合金腐蚀速率增大。

图 5-17 是不同盐雾环境模拟试验周期后的 6061 铝合金的电化学阻抗谱,

由图可知,与 2A12 铝合金相比,6061 铝合金的电化学阻抗谱半径较大,说明其自身的耐腐蚀性较好。这是由于该铝合金中含有相对较少的异质元素。随着盐雾环境模拟试验周期的延长,阻抗半径呈减小趋势,即样品表面电阻在减小。结合表 5-5 可知,随着试验周期延长,该型铝合金腐蚀速率增大。

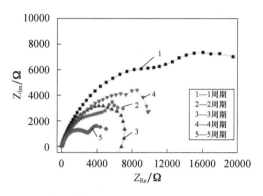

图 5-16　盐雾环境模拟试验后 2A12 铝合金的交流阻抗谱

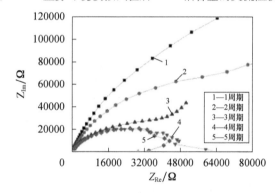

图 5-17　盐雾环境模拟试验后 6061 铝合金的交流阻抗谱

测量了 2A12 和 6061 两种铝合金经过盐雾环境模拟试验不同周期后的极化曲线和交流阻抗谱。以实测结果为基础,定性和定量分析了各条件下材料的耐腐蚀性和腐蚀速率。采用该方法,还可为材料盐雾环境模拟试验数据库提供基础数据,为分析和预测腐蚀速率,构建加速环境试验谱提供依据。

5.4　基于表面特征表征的腐蚀效应评价

5.4.1　试验设计

盐雾环境模拟试验对装备的影响总是从表面影响开始,因此基于表面特征的腐蚀效应评价就显得尤为重要,本章基于表面形貌、色差、光泽度等表面特征分析装备表面腐蚀效应。选择铝合金、黑色磁漆和银漆为研究对象,执行 GJB 150.11A 盐雾环境模拟试验 24h 喷雾和 24h 干燥为一个周期,交变喷雾试验,试验温度为 35℃,沉降量为 $1\sim3\text{mL}/(80\text{cm}^2\cdot\text{h})$,试验 5 个周期,每个周期取出试样测试。

表面形貌的测试包括腐蚀前后的表面形貌,表面形貌包含的信息丰富,是表征腐蚀效应的一项重要手段,随着计算机视觉技术的发展,表面形貌的测试越来越重要。本试验测试腐蚀形貌采用的设备有数码相机、体视显微镜、激光共聚焦显微镜。

激光共聚焦显微镜通过非接触的方式进行样品表面三维形貌观察和测量,最高分辨率达 10nm,可以方便快捷地获取影像,利用计算机、激光和图像处理技术获得样品三维数据,具有分辨率高、扫描速度快、图像处理功能强大等优点,广泛应用于观察材料、金相、腐蚀、摩擦磨损等表面的结构和形貌,形成质量卓越的三维图像。本节试验使用的激光共聚焦显微镜有奥林巴斯 OLS4000 型(图 5-18)和蔡氏 SmartProof-5 型。

图 5-18　OLS4000 型激光共聚焦显微镜

色差值 ΔE^* 是利用 CS-200 精密色差仪测出的涂层被测表面红绿偏差 Δa、黄蓝偏差 Δb、表面亮度偏差 ΔL 计算出的,$\Delta E^* = \sqrt{(\Delta L)^2 + (\Delta a)^2 + (\Delta b)^2}$,$\Delta E^*$ 的值可以定量反映出被测涂层的色泽变化,ΔE^* 的值越大,可定性地说明涂层腐蚀越明显。

色差试验参照 GB 11186.2—1989《涂膜颜色的测量方法 第二部分:颜色测量》执行,采用 Spectro-guide(BYK)色差计,该设备光谱范围:400~700nm;试样储存容量:999 个试样;测量光路:以 45°圆弧方式照明,检测角度为 0°。

光泽是物体的一种外观光学特性。材料表面所获得的镜向反射的能力称为镜向光泽,其反射能力的大小称为镜向光泽度。涂层光泽度变化用失光率来表示,反映出涂层表面随时间变化产生的腐蚀损伤程度,失光率越大,腐蚀越严重。

光泽试验参照 GB/T 9754—2007《色漆和清漆 不含金属颜料的色漆漆膜的 20°、60°和 85°镜面光泽的测定》执行;采用 PG-1M(BYK)光泽计,该型号设备测量范围:0~199 光泽单位;测量精度:不大于 1 光泽单位;仪器重复率:不大于 0.5 光泽单位;仪器稳定性:不大于 0.5 光泽单位/小时。

利用光泽度仪(CS-300)对试验件表面涂层的光泽度进行了测量,试验前后两种涂层的光泽度值如表 5-6 所列,光泽度都在 60Gs 以上,说明该涂层体系具有很好的光泽。进行不同周期试验以后,用下式计算失光率。

$$失光率 = \frac{A_0 - A_1}{A_0} \times 100\% \qquad (5-18)$$

式中:A_0 为试验前光泽度值;A_1 为试验后光泽度值。

表 5-6 样品的光泽度值

光泽度(60°:X)	试验前	腐蚀2周期	腐蚀3周期	腐蚀4周期
聚氨酯	79.7	72.4	68.2	64.6
银漆	67.1	62.5	59.7	57.8

▶ 5.4.2 表面形貌

图 5-19 是黑色磁漆腐蚀效应宏观形貌,图 5-20 是银漆腐蚀效应宏观形貌,由图可知,黑色磁漆腐蚀程度较轻,银漆腐蚀程度较重,随着试验周期的延长,腐蚀经历了起泡、变色、腐蚀的过程,表面也出现了腐蚀锈痕,可见涂层已失效,腐蚀已进入基材内部。

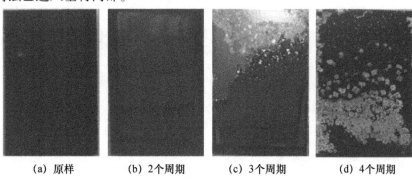

(a) 原样　　　(b) 2个周期　　　(c) 3个周期　　　(d) 4个周期

图 5-19 黑色磁漆腐蚀效应宏观形貌

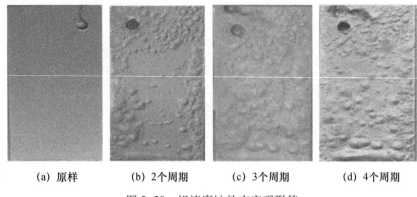

(a) 原样　　(b) 2个周期　　(c) 3个周期　　(d) 4个周期

图 5-20　银漆腐蚀效应宏观形貌

使用激光共聚焦显微镜对经过盐雾环境模拟试验不同周期的 2A12 铝合金和 6061 铝合金试样进行测量，图 5-21 和图 5-22 是两种样品的表面形貌。对比分析，两种铝合金表面形貌呈现相似的规律，在盐雾环境模拟试验前，试样表面主要存在一些因加工而产生的缺陷，并无明显的凹痕。经过 1 个周期的盐雾环境模拟试验以后，试样表面出现了点蚀。随着盐雾环境模拟试验周期的延长，试样表面受到盐雾腐蚀的面积逐渐增大，腐蚀坑的数量和深度也逐渐增大。

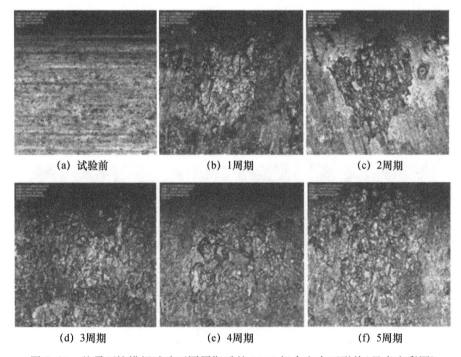

(a) 试验前　　(b) 1周期　　(c) 2周期

(d) 3周期　　(e) 4周期　　(f) 5周期

图 5-21　盐雾环境模拟试验不同周期后的 2A12 铝合金表面形貌（见书末彩图）

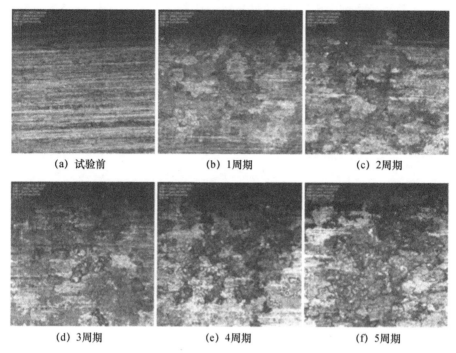

图 5-22　盐雾环境模拟试验不同周期后的 6061 铝合金表面形貌(见书末彩图)

5.4.3　色差

通过测量涂层腐蚀前后的色差值(ΔE^*),ΔE^*的值越大,表明涂层腐蚀越明显,图 5-23 是色差值的变化曲线。由图可知,银漆涂层的色差值随着腐蚀时间的延长,色差值逐渐变大,表明涂层被腐蚀得越严重。当循环次数为 4 个周期时,试样色差超过了 6.45,这主要是该试样经盐雾环境模拟试验后,表面涂层严重起泡并开裂,表面积盐引起基底材料腐蚀导致颜色变化。而黑色磁漆试样色差变化不显著,即腐蚀程度较小。这说明在同样的腐蚀条件下,黑色磁漆的耐腐蚀能力要比银色涂层高。涂层变色主要是由于受盐雾环境的作用,涂层中的有机分子发生裂解而引起的,特别是湿态的含盐环境下,涂层的变色、粉化大大加快。

5.4.4　光泽度

图 5-24 是光泽度仪测出的不同循环次数各试验件失光率变化趋势。由图可知,含聚氨酯涂层试验件随着腐蚀时间的增加,失光率逐渐增加,试验件涂层

颜色变化不大；丙烯酸涂层试验件失光率变化趋势与聚氨酯涂层变化一致,但试验件颜色逐渐变灰,与试验件外观形貌一致。

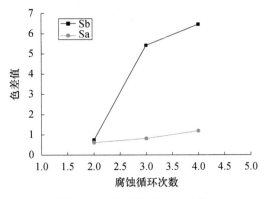

图 5-23　色差值的变化曲线

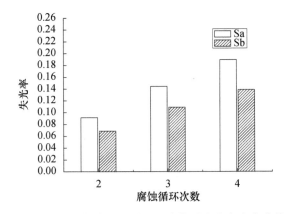

图 5-24　试验件腐蚀不同循环次数时失光率变化曲线

为进一步弄清光泽度下降的原因,采用扫描电子显微镜研究了不同盐雾暴露时间后涂层表面形貌的变化,图 5-25 和图 5-26 是黑色磁漆和银漆试验件不

(a) 2周期　　　　　(b) 3周期　　　　　(c) 4周期

图 5-25　黑色磁漆试验件不同循环次数时的微观形貌

同循环次数时的微观形貌,由图可知,黑色磁漆表面没有出现开裂现象,表面相对平整,其表面粗糙度变化不大,肉眼内无法分辨;而银色金属漆的表面随着暴露时间的延长,出现开裂,从最初的岛屿不连续状物、起泡、开裂到涂层的粉化,最终使基体材料出现腐蚀而呈现锈斑。涂层表面存在微小气泡,且尺寸随暴露时间的延长而增大,气泡的发展增加了表面粗糙度和失光率。

(a) 2周期　　　　　(b) 3周期　　　　　(c) 4周期

图 5-26　银漆试验件不同循环次数时的微观形貌

5.5　基于力学特征的腐蚀效应评价

▶ 5.5.1　试验设计

涂层的附着力是考核涂层性能的重要指标之一,只有涂层具有一定的附着力,才会发挥涂层具有的装饰性和保护性作用,在很大程度上决定涂层应用的可能性和可靠性,是影响涂层使用寿命的重要因素。涂层的附着力指涂层与被附着物体表面之间,通过物理和化学作用相互黏结的能力。涂层的附着机制分为机械附着和化学附着两种。机械附着力取决于被涂基材的粗糙度、多孔性以及所形成的涂层强度。化学附着力指涂层和基材之间的界面处涂层分子和板材分子的相互吸引力,取决于涂层和基材的物理化学性质。结合装备表面涂层调研,聚氨酯磁漆和丙烯酸银漆是装备常用功能防护漆,实验室制备两种涂层体系,执行 GJB 150.11A 盐雾环境模拟试验 24h 喷雾和 24h 干燥为一个周期,交变喷雾试验,试验温度为 35℃,沉降量为 $1 \sim 3 mL/(80 cm^2 \cdot h)$,试验 5 个周期,每个周期取出试样测试。涂层附着力测试采用 WS-2005 涂层附着力自动划痕仪进行,测试采用声发射与摩擦力同时测量方式,它是用具有光滑圆锥顶尖的标准金刚石划针,在逐渐增加载荷下刻划涂层表面,直至涂层被破坏,涂层破坏时所加的载荷称为临界载荷,并以此作为涂层与基体附着强度的度量。

5.5.2 腐蚀效应规律测试与分析

图 5-27 是黑色磁漆试验前后的测试结果。由图可知,随着盐雾循环次数的增加,涂层附着力为 176.9N、153.5N、134.8N、128.7N,呈现逐渐下降趋势,但表面未发现涂层起泡或脱落,这是由于聚氨酯磁漆的分子结构致密,含盐水分子难以进入涂层与基材结合的界面上,盐雾环境模拟试验后被试装备也没有出现脱层现象。

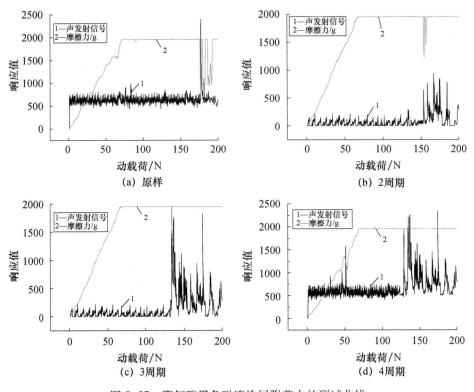

图 5-27　聚氨酯黑色磁漆涂层附着力的测试曲线

图 5-28 是银漆涂层试验前后的测试结果。观察表面涂层出现起泡或脱落,并发现基体腐蚀现象,银漆涂层附着力的测试结果变化趋势与黑色磁漆一致,但银漆涂层的附着力相对较小。盐雾环境模拟试验前,其附着力约为 38N,试验后,随着循环次数的增加,附着力依次为 27.2N、18N、11.4N,逐渐变小。试验中,涂层的失效主要是因为 Cl^- 快速侵入涂层表面,通过吸附、扩散、溶渗作用进入涂层,到达涂层与金属基体分界面,再加上腐蚀性介质的渗入,使得涂层溶胀,导致涂层性能逐渐衰减而失效。

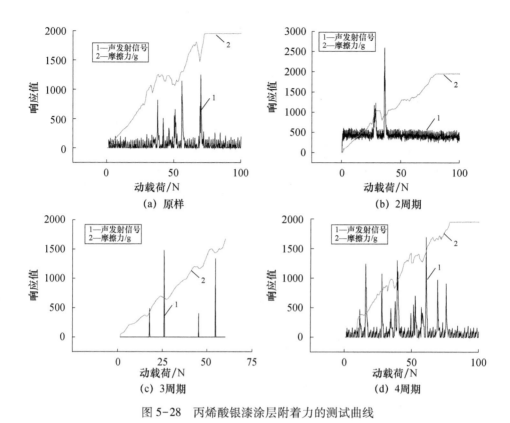

图 5-28 丙烯酸银漆涂层附着力的测试曲线

5.6 图像特征提取与分析技术

▶ 5.6.1 试验设计

传统的质量损失法是确定大气腐蚀效应的重要方法,而此腐蚀质量损失有一定的局限性,是一定时间内的平均值,不具有连续性,不能反映金属材料在某一时刻的动态腐蚀过程,特别是金属材料大气腐蚀早期质量损失很少,测量误差相对比较大,实际状态难以测得。金属腐蚀程度的评估也可以通过分析腐蚀形貌图像定性地判断,对于这类腐蚀早期质量损失少的试样,图像分析法能减少质量损失法测量中产生的误差,提高腐蚀评估的精确度。

6061 铝合金经热处理预拉伸工艺的高品质铝合金装备,具有加工性能极佳、良好的抗腐蚀性(但有晶间腐蚀倾向)、韧性高及加工后不变形、上色膜容易、氧化效果极佳等优良特点。用于雷达结构的受力构件。表 5-7 给出了 6061

铝合金的化学成分。

表 5-7　6061 铝合金的化学成分

Mg	Zn	Cr	Ti	Mn	Si	Fe	Al
0.8%~1.2%	0.25%	0.04%~0.35%	0.15%	0.30%~0.90%	0.4%~0.8%	0.7%	余量

7A04 属于 Al-Zn-Mg-Cu 系超高强度铝合金，也称超硬铝、航空铝合金，是超硬铝中相当成熟、使用较久和较广的一种合金，在某型号雷达上也有使用，也广泛应用于水陆两栖装甲车的防护甲板、无人机关键零部件、单兵火箭弹结构件等多种常规武器。表 5-8 给出了 7A04 铝合金的化学成分。

表 5-8　7A04 铝合金的化学成分

Si	Fe	Cu	Mn	Mg	Cr	Zn	Ti	Al
0.5%	0.5%	1.4%~2.0%	0.2%~0.6%	1.8%~2.8%	0.1%~0.25%	5.0%~7.0%	0.1%	余量

针对 1060 和 6061 铝合金，加工为 4cm×5cm 的试样，记录与分析了盐雾环境模拟试验不同周期的腐蚀图像。为了减少腐蚀产物的影响，采用化学法清洗被试装备，用单反相机采集了去除腐蚀产物后的表面形貌图像。作为对比分析，测试清洗前后的样本质量。

首先对腐蚀试样进行形貌图像采集和预处理；其次，对预处理后的腐蚀形貌图像提取特征，分别进行 DBC 计盒维数法提取分形维数和小波分解提取子图像能量值；最后分析图像特征值与腐蚀质量损失之间的关系，有利于对试样的腐蚀程度进行定性和定量分析，判断并预测试样的腐蚀速度，如图 5-29 所列。

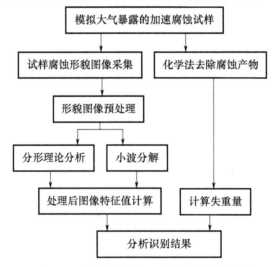

图 5-29　腐蚀产物表面形貌图像分析流程

5.6.2 腐蚀图像表面形貌特征值提取

由于腐蚀形貌图像自身的特殊性,目前还没有专门的针对腐蚀形貌图像的处理软件和标准。为此,在 Windows 环境下,应用 MATLAB 软件编写了腐蚀形貌图像处理程序。

为有效抑制图像中的噪声信息而准确提取图像特征,对腐蚀形貌原始图像进行预处理。首先对单反相机采集的照片信息进行灰度转换,并依次进行中值滤波、模糊增强预处理突显目标,最后二值化图像,将图像中的有用信息提取出来,使发生点蚀或丝状腐蚀等腐蚀缺陷部位明显显现。

1. 提取表面形貌图像分形特征——分维指标

分形理论通过复杂随机现象的表面来揭示其内在深层规律性。将二值化图进行最常用的盒记数法分形分析。把分形维数这一参数作为腐蚀表面形貌特征,用于后面的分析识别。

分形维数是腐蚀形貌图像表面不规则程度的一种度量,反映了腐蚀形貌图像灰度曲面的粗糙程度。n 维欧氏空间中的任一有界集合具有分形特性,通过分形维数可以描述和测量其分形特性。常用 Richardson 定律来估计分形维数 FD。

$$N_r = K\varepsilon^{-FD} \tag{5-19}$$

式中:ε 为分割盒子的边长与图像大小的比值;N_r 为该尺度下的盒子总数;K 为分形系数。为了便于计算,对式(5-19)两边取对数,有

$$\lg(N_r) = \lg K + FD\lg(1/\varepsilon) \tag{5-20}$$

对试样图像的分析结果如表 5-9 所列。

表 5-9 表征粗糙度的分形维数

铝合金类别	分形维数	铝合金类别	分形维数
1060-1	2.0000	6061-1	1.9804
1060-2	1.9998	6061-2	1.9788
1060-3	2.0000	6061-3	1.8229
1060-4	1.9999	6061-4	2.0000
1060-5	1.8352	6061-5	1.9798

2. 提取小波分解子图像能量特征——灰度指标

将原始图像转换为灰度图像。离散化后的图像可以用 $f(x,y)$ 二维矩阵表示,矩阵中每一个元素就是图像对应该点的像素。像素值越小,越暗(黑),反之,图像越亮(白)。小波变换的目的是将图像的能量尽量集中在少量系数上,从而最大限度地去除原始图像数据中的相关性。

用 db1 小波进行 2 层分解，获取第二层的近似系数（A2）和细节系数（水平方向 H2、垂直方向 V2、对角线方向 D2），处理输入结果如表 5-10 所列。

表 5-10 铝合金试样腐蚀形貌图像特征值

试样编号	E_{H1}	E_{V1}	E_{D1}	E_{H2}	E_{V2}	E_{D2}	λ
1060-1	0.073	0.0729	0.0043	0.2	0.1669	0.0313	0.1687
1060-2	0.0666	0.0462	0.0045	0.145	0.0908	0.0236	0.1214
1060-3	0.0651	0.0701	0.0049	0.1466	0.1382	0.0258	0.1208
1060-4	0.0505	0.0527	0.0043	0.1244	0.1055	0.0225	0.1019
1060-5	0.0073	0.0087	0.0009	0.0128	0.0145	0.0046	0.0099
6061-1	0.0334	0.0685	0.003	0.1122	0.1916	0.0213	0.1703
6061-2	0.0071	0.0148	0.0005	0.0269	0.0454	0.0035	0.0419
6061-3	0.0028	0.0026	0.0005	0.0099	0.0077	0.001	0.0089
6061-4	0.016	0.022	0.0007	0.0543	0.0696	0.0068	0.0628
6061-5	0.0435	0.0891	0.0034	0.1103	0.1925	0.0281	0.1644

E_{H1}、E_{H2} 和 E_{V1}、E_{V2} 及 E_{D1}、E_{D2} 分别为水平方向、垂直方向和对角方向进行 1、2 层小波变换后的子图像的能量值。λ 是 2 层小波分解得到的子图像能量值差异的最大值：

$$\lambda = \text{Max}\{|E_{H2}-E_{V2}|,|E_{H2}-E_{D2}|,|E_{V2}-E_{D2}|\} \quad (5-21)$$

以 6061-1 号试样为例，图 5-30 是盐雾环境模拟试验箱 2 个循环试验后 4 个试样（大小约为 5cm×4cm）进行小波变换前后的结果。由图可以看出，腐蚀形貌图像中的特征细节已经被提取出来了，变换的目的是分离低频信息与高频信息。

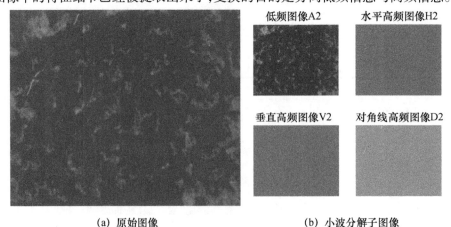

(a) 原始图像 　　　　　　　(b) 小波分解子图像

图 5-30 原始图像与小波分解子图像

以 6061-1 号试样为例,A2 可以看到概貌图,而从其他子图中能看到边缘和点等细节。随着盐雾环境模拟试验时间的延长,蚀点和裂缝数目增多,铝合金表面腐蚀产物形貌颜色变暗,能量减小。1060 铝合金暴露不同时间后的表面图像小波分解如图 5-31 所示。

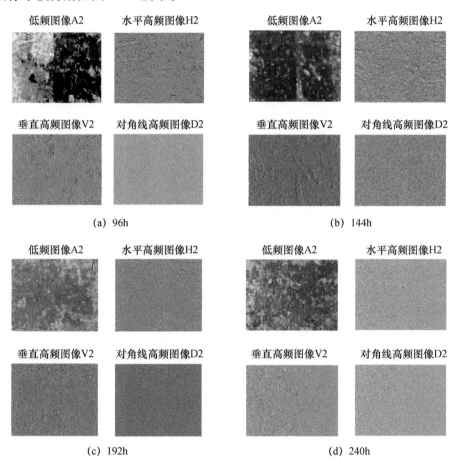

图 5-31　1060 铝合金暴露不同时间后的表面图像小波分解

3. 图像分析法与深度法的相关性分析

以 1060 铝合金为例,计算铝合金样品在盐雾箱内暴露不同时间的腐蚀深度(质量损失换算得出),如表 5-11 所列。

表 5-11　1060 铝合金在盐雾箱暴露不同时间的腐蚀深度

暴露时间/h	48	96	144	192	240
腐蚀深度/μm	1.6899	3.5728	4.1505	5.057	6.815

图 5-321060 铝合金盐雾箱暴露的腐蚀深度随时间的变化关系。

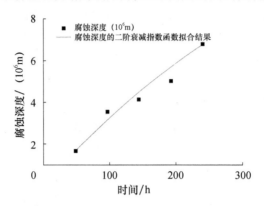

图 5-32 1060 铝合金盐雾箱暴露的腐蚀深度随时间的变化关系

由图 5-32 可知,随着暴露时间的延长,腐蚀深度增加呈幂指数变化趋势。

图 5-33 是用腐蚀质量损失法测得的腐蚀速率变化趋势图。由图可知,平均腐蚀速率在 80h 内腐蚀速率持续快速降低;80~150h 腐蚀速率增加;150h 以后又开始逐渐降低,最后趋于平缓。这是因为前 80h 表面直接接触腐蚀大气,腐蚀加剧;第二个阶段的腐蚀速率逐渐减缓,表明锈层的形成有效阻碍了腐蚀性离子渗入到基体表面;第三个阶段腐蚀趋势又增加,说明锈层和基体之间发生氧化还原反应,电化学反应阻力减小,锈层的保护性降低。

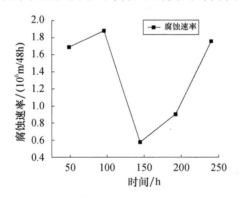

图 5-33 1060 铝合金盐雾箱暴露的腐蚀速率曲线

将特征值 λ 对腐蚀深度作图,拟合结果如图 5-34 所示,拟合的关系见下式:

$$D_m = 7.495 - 30.98\lambda \quad (R^2 = 89.004\%) \quad (5-22)$$

由图 5-34 和式(5-22)可以看出,在大气腐蚀初期,试样腐蚀形貌特征值 λ 与试样腐蚀深度之间有较高的相关系数,可以用以铝合金试样大气腐蚀数据的归纳识别及预测。

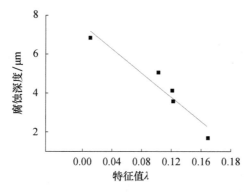

图 5-34　1060 铝合金腐蚀产物表面形貌特征值与腐蚀深度的关系

运用分形理论和小波变换从模糊图像增强后的铝合金金属腐蚀表面图像中提取出特征值,作为腐蚀程度的表征,与以质量损失为基础的腐蚀深度特征值进行了相关性对比,得出基于图像分析的特征提取法的准确度和精度比较高,可以用于沿海装备铝合金材料大气腐蚀早期行为识别研究。

5.6.3　涂层分形维数分析

涂层与金属具有相似的表面特征,腐蚀形貌是无规则、不光滑、凹凸起伏的,在一定量度范围内,其表面形貌具有自相似性,这种无规则的形貌具有分形的特征,利用分形维数来定量描述具有一定的参考价值。以银漆涂层为例,用盐雾环境模拟试验前后被试装备的图片进行分形维数的计算。图 5-35 为银漆试样和循环 2 周期表面形貌原图、二值位图及其分形特征图。由图可知,涂层表面特征差别较大,盐雾环境模拟试验后表面颜色黑白相间,其表面粗糙度明显较前者要大很多。分形维数计算结果如表 5-12 所列,盐雾环境模拟试验前试样的分形维数为 1.0811;而盐雾循环 2 个周期后表面的分形维数达 1.6841,表明其具有很高的表面粗糙度,这与光泽度测试的结果一致。

表 5-12 为分形维数计算结果。从表 5-12 中可以看出,随着盐雾环境暴露时间的延长,涂层表面的分形维数逐渐增大,这与涂层表面的状态变化有关。

表 5-12　分形维数计算结果

试样编号	相关系数 R	分形维数
银漆	0.93863	1.0811
银漆-2	0.93187	1.6841
银漆-3	0.95131	1.81433
银漆-4	0.93946	1.86892

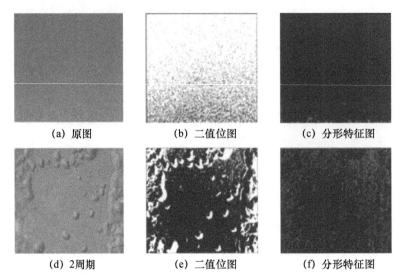

图 5-35 银漆试样和循环 2 周期表面形貌原图、二值位图及其分形特征图

如图 5-36 所示为银漆及循环 2 周期后盒维数线性拟合相关系数图。

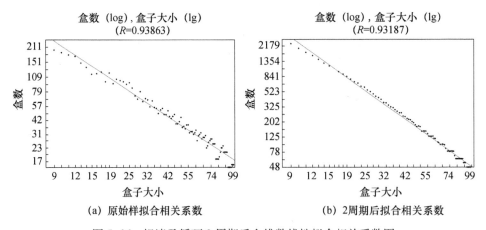

图 5-36 银漆及循环 2 周期后盒维数线性拟合相关系数图

第6章

盐雾模拟环境腐蚀效应智能评价技术

6.1 技术基础

6.1.1 腐蚀智能评价的意义

随着科学技术的日益发展,各个行业领域的设备在更新换代过程中,质量特性始终是需要关注的重点和难点。在设备的环境适应性考核中,以盐雾模拟试验为主的腐蚀试验是设备防腐蚀考核的重要环节之一,对于部署于东南沿海地区的参试装备尤其重要。

目前,不少参试装备采用GJB 150.11A—2009实施盐雾模拟试验,但在腐蚀效应外观评价上还存在一些问题:一是腐蚀特征的描述缺乏定性定量的测试依据。参试装备经过腐蚀试验会出现变色、锈蚀、起泡、开裂等现象,通过数码相机和体视显微镜仅能表征腐蚀现象是否存在,但其程度或类型是无法给出的。目前只能通过人为观察、对比给出评判结果,这就会出现错判、漏判和误判等情况,不利于真实体现参试装备的环境适应性。二是腐蚀等级评定没有判据,缺乏评判标准。

腐蚀智能评价技术的核心就是机器视觉技术,机器视觉就是用机器代替人眼来做测量和判断。人类将利用计算的手段,优化光信息的采集方式,在全光电谱段,在时间、空间、光谱和动态范围及360°视角下全面超越人眼极限,甚至光学极限,达到更全面、更深入认识世界的目的。机器视觉技术主要是指通过机器视觉装备,将被摄取目标转换成图像信号,传送给图像处理系统,根据像素分布和亮度、光谱、颜色等信息,抽取目标的特征进而进行识别和判读的一项综合技术。目前,国内视觉技术已经日益成熟,真正高端的应用也正在逐步发展。由此,机器视觉技术的诞生和广泛的应用为武器参试装备腐蚀环境效应检测和评价提供了很好的技术手段。一般的机器视觉系统包含图像采集模块、图像处理模块、光源模块、系统软件模块等。目前,根据图像采集的原理不同可分为可见光成像视觉平台、光谱成像视觉平台、红外成像视觉平台、X射线视觉平台、3D视觉平台等。

随着计算机技术、图像信息处理技术的迅速发展,将机器视觉技术引入腐蚀特征的检测、评价工作中,实现参试装备外观腐蚀特征信息的定量化描述、特征信息的统计等功能,很大程度上节省了人力成本,提高了腐蚀检测评估的精准度及实时性,显示出强大的应用发展潜力。

6.1.2 腐蚀智能评价的发展历程

腐蚀智能评价技术是伴随着机器视觉技术而不断发展的,机器视觉技术是一门涉及人工智能、神经生物学、心理物理学、计算机科学、图像处理、模式识别等诸多领域的交叉学科。机器视觉主要用计算机来模拟人的视觉功能,从客观事物的图像中提取信息,进行处理并加以理解,最终用于实际检测、测量和控制。机器视觉技术作为一种先进的检测技术,已广泛应用到了智能测控系统的多个领域,如流水线上的装备缺陷检测和零件组装、机器人视觉导航以及无人汽车驾驶等。

机器视觉技术自20世纪50年代起,经过不断的开拓创新,主要经历了如下几个具有代表性的关键时期:20世纪50年代,二维图像的统计模式识别技术开始研究;60年代Roberts开始进行三维机器视觉的研究;70年代中期,MIT人工智能实验室正式开设了"机器视觉"的相关课程;80年代开始,机器视觉技术迅速发展,新技术、新知识层出不穷,在各个领域得到了广泛的应用,机器视觉作为自动化界的高智能化新型装备,正蓬勃发展。

在国内,视觉技术的应用开始于20世纪90年代,在各行业的应用几乎一片空白。到21世纪,机器视觉技术在工业生产中开始得到应用,其中华中科技大学取得了突破性的进展,其自主研发的印刷在线检测设备与浮法玻璃缺陷在线检测设备,使得欧美在此行业的垄断地位被打破。目前,国内视觉技术已经日益成熟,真正高端的应用也正在逐步发展。基于可见光成像的视觉平台、光谱成像视觉平台、红外成像视觉平台等机器视觉技术的应用研究比较广泛和成熟,例如,2000年,李庆中等通过多视觉、多光谱、光学成像以及机电技术的有机集成,提出了一种快速获取水果全视角图像的新方法,并完成了该系统的研制,可完成苹果在线状态下图像信息的快速采集和处理,实现了对不同品质苹果进行分级。2011年,南通大学的姚兴田等研制了基于机器视觉的IC芯片三维引脚外观检测机,实现了集成电路芯片三维引脚外观缺陷的自动检测。2014年,刘一凡等采用红外热像仪通过联网将数据信息与计算机进行即时交换传输,充分利用计算机在图像采集、处理、显示、存储等诸多方面的优势,以及利用知识库对温度等数据进行智能分析,实现了变电站中主要电气设备故障(主要包括铜损故障、介损故障、铁损故障、电压分布异常和泄漏电流增大故障、缺油故障等)的准确检测和判读。2016年,黄琪评等,利用光谱成像技术对猪肉品质进行了研究,运用光谱技术可以对猪肉变质过程中组织结构变化进行表征;而且,可实现对猪肉的新鲜度等级进行分类判别。

机器视觉技术能很好地表征外部品质特征,以及内部品质的有效信息,进而应用于腐蚀智能评价技术。所以,如何充分利用机器视觉检测方法以提高腐蚀效应检测的全面性、精确性和灵敏度,是实现参试装备腐蚀环境效应快速无损检测一个新的研究趋势。2003年,委福祥等利用图像识别技术对镀层材料腐蚀外观的颜色信息进行相关处理,对颜色空间的选择、镀层腐蚀图像颜色信息的提取以及颜色的相似测度进行了研究,推动了机器视觉技术在材料腐蚀学科中的应用,从而实现材料腐蚀外观特征信息的数值化。纪钢等研究利用图像处理技术对材料外观腐蚀图像进行检测、处理,通过对材料腐蚀图像的颜色特征、纹理特征进行分析,实现了材料腐蚀图像统计特征的提取,用区域灰度共生矩阵进行材料腐蚀图像特征纹理的提取,最终实现了对材料外观腐蚀的评价。

▶ 6.1.3 腐蚀智能评价的方法

目前腐蚀智能评价主要通过以下手段进行开展:首先进行腐蚀数据采集,取得被试装备的腐蚀形貌等相关信息;然后进行腐蚀特征提取,从采集到的数据中提取与腐蚀相关的信息;进而进行腐蚀特征识别,通过对提取到的腐蚀信息使用机器学习或深度学习方法进行识别,判断腐蚀面积、类型等相关信息;最后基于一个统一的评价标准,进行智能评价。

6.2 腐蚀数据采集

腐蚀数据采集是智能评价方法中的第一步,根据数据类型分类可分为腐蚀图像数据采集和腐蚀光谱数据采集,正所谓万事开头难,能否采集到完整的腐蚀信息,能否尽可能降低数据的噪声,对后续特征提取和识别的效果有着重要影响,合适的数据采集方法所获得的良好数据能够大幅度降低特征提取和识别的技术难度。

6.2.1 腐蚀图像数据采集

目前,多数试验单位获取被试装备腐蚀图像信息的主要设备为数码相机。从近年来通过数码相机获取的盐雾腐蚀环境模拟试验图像可以发现,由于现有条件的限制,且参试装备形状、材质、颜色各不相同,导致腐蚀图像中参试装备以外的背景形态、颜色、纹理丰富多样,图像中存在高光、低照度、散焦区域,其腐蚀特征细节难以辨识。因此为保证后期算法识别准确性,通常需要对图像采集参数统一和规范。图像参数及影响如表 6-1 所列。

表 6-1 采集参数表

项目	内容	影响
光照条件	光强	图像明暗、边缘轮廓清晰程度
拍摄角度	角度	腐蚀区域形状面积
相机参数	分辨率、光圈、拍摄距离	腐蚀特征清晰度

1. 光照条件影响

照明是检测系统中的重要组成部分,光源的作用除了用来为检测对象提供照明,还要能够使得检测对象的一些主要特征表现更为突出,如轮廓的清晰度、图像的饱和度等。选择合适的光源可以消除图像中不相关信息的干扰,使检测对象和背景产生明显差异,增强对比度。

(1)光照对亮度和对比度的影响。在同一光照条件下,对同一物体多次拍照,分析其亮度和对比度变化见表 6-2。

表 6-2 亮度和对比度对比

光照条件	样本 1		样本 2		样本 3		稳定性
	亮度	对比度	亮度	对比度	亮度	对比度	
补光灯	191	88	189	85	192	87	较稳定
闪光灯	242	86	242	86	251	89	一般
荧光灯	128	73	128	73	141	76	一般

通过表 6-2 中数据可知,补光灯照片的参数的稳定性和一致性较好。

(2)光照对背景分割的影响。背景分割通过将 RGB 图像转换为 HSV 格式,分别标记图中目标和背景的各个 HSV 分量,计算出大概范围后滤除超出范围的背景分量,就可以将目标提取出来。

通过观察可见,闪光灯由于发光面积小,照射角度单一,容易引起阴影和反光。

图 6-1 是 3 种不同光照下获取的图像转化为 HSV 格式的图,分别对应为补光灯、闪光灯、荧光灯。

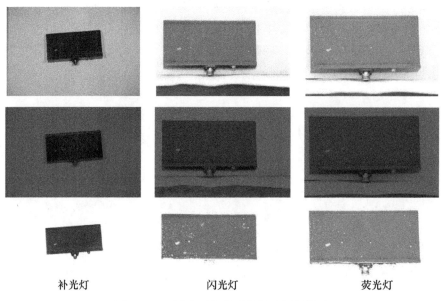

图 6-1　不同光照条件对背景分割的影响

可以明显看到补光灯对应的图像中,整幅背景 HSV 分量基本一致,而不像另外两幅图背景在变化。背景 HSV 分量单一,这样可以更准确地用背景和目标 HSV 分量的差异做背景去除。

(3) 对目标检测的影响。3 种不同的光照下做 OSTU 分割。图 6-2 所示为对同一部件同一位置转化为灰度图像后,均做 OSTU 分割,分别为补光灯、闪光灯、荧光灯照射下拍摄的图像。

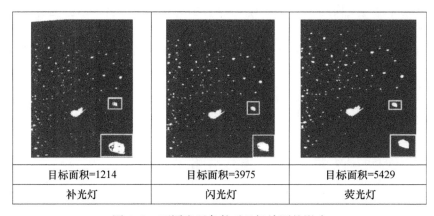

图 6-2　不同光照条件对目标检测的影响

从图中可以看出,补光灯下,OSTU 做分割更准确,细节显示更精细一点。其他光照条件下对面积统计会有一定误差。

(4) 对目标识别的影响。对锈迹的检测需要通过对颜色的识别进而判断目标生锈的程度。不同照明条件下,色温不同所拍摄照片中锈迹的颜色也会不同,照明的稳定性越高,识别的准确度也会越高。不同光照条件对锈迹检测的影响如图 6-3 所示。

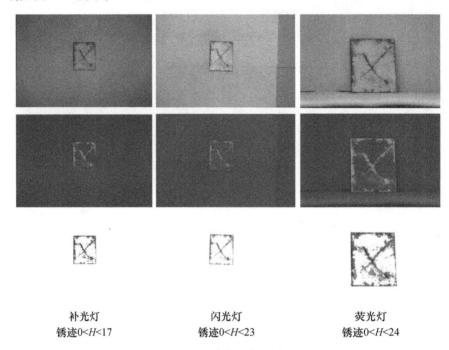

| 补光灯 | 闪光灯 | 荧光灯 |
| 锈迹 0<H<17 | 锈迹 0<H<23 | 锈迹 0<H<24 |

图 6-3　不同光照条件对锈迹检测的影响

以上为经过变换的色度分量 H,可以看出 3 种光照下目标的色度的不同,其中补光灯的色度分量最容易标定,也更集中,效果最好。

通过对以上各个方面的分析,光照条件对比如表 6-3 所列。

表 6-3　光照条件对比

光照条件影响	室内普通荧光灯	相机闪光灯	专业补光灯
对亮度和对比度的影响	高	低	中
对背景分割的影响	中	高	低
对目标检测的影响	高	中	低
对目标识别的影响	高	中	低

综合以上可知,专业补光灯可提供稳定的照明环境,照片的成像效果比较

统一,有利于对后续照片图像的处理。

2. 拍摄角度影响

拍摄角度会影响目标腐蚀类型的判别。不同的拍摄角度会使被拍检测物以及检测物上腐蚀特征的几何形状发生畸变。选取3个拍摄角度:相机镜头主光轴与被测物体表面夹角为90°、60°、45°。

对3种不同角度下的照片做OSTU分割:对同一部件同一位置转化为灰度图像后,均做OSTU分割,分别为45°、60°、90°的拍摄角度下拍摄的图像。不同拍摄角度对目标检测的对比,如图6-4所示。

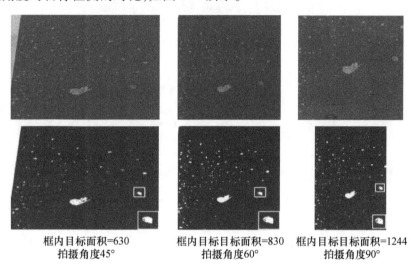

图6-4 不同拍摄角度对目标检测的对比

图6-4中框内所示,拍摄角度为90°,OSTU做分割更准确,细节显示更精细一点。图中所示,90°的角度下,更好地可以做量化操作,结果也更直观准确。

对于试验前后拍摄用于对比分析的同组照片,为研究分析其试验前后拍摄角度差异对图像分析时配准的影响,拍摄角度偏角15°以内,以及偏角15°~30°的两组照片用于分析研究。对照两组照片,拍摄角度偏差示意图如图6-5所示。

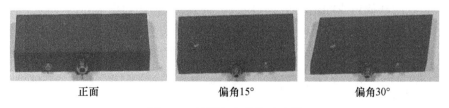

图6-5 拍摄角度偏差示意图

分别计算正面、偏角 15°、偏角 30°照片的特征点进行匹配测试。测试结果如图 6-6、图 6-7 所示。

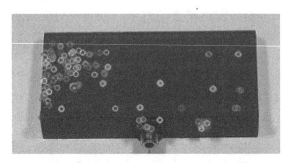

图 6-6　正面 ORB 特征点图（见书末彩图）

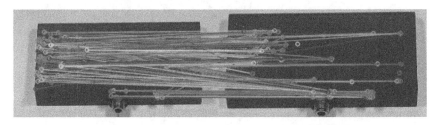

图 6-7　正面和偏差 15°目标特征匹配图（见书末彩图）

正面图和偏角 15°图的特征匹配点数超过 30，结构相似度为 90%，如图 6-8 所示。

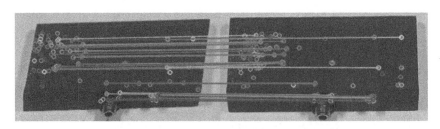

图 6-8　正面和偏角 30°目标特征匹配图（见书末彩图）

正面图和偏角 30°图的特征匹配点数为 22，结构相似度为 85%。

以匹配点为基础对偏角 15°图以及偏角 30°图进行透视矫正，如图 6-9 所示。

通过以上分析可以看出，在拍摄角度偏差 15°时可以更好地进行匹配和矫正，有利于后期数据对比分析。

3. 相机参数

相机参数主要包括焦距、光圈、分辨率。焦距主要影响拍摄覆盖面积大小以及对最小腐蚀特征的显现度;光圈主要决定景深;照片分辨率影响到细节表现能力和处理速度,分辨率越大对细节的表现能力越强,但是处理速度会越慢。采用合适的分辨率可在保证细节的基础上提高处理速度。图 6-10 为不同光圈拍摄的图像细节。

(a) 偏角15°矫正图　　　　(b) 偏角30°矫正图

图 6-9　透视矫正图

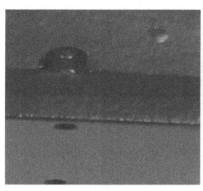

(a) f4.0　　　　　　　　(b) f2.8

图 6-10　不同光圈拍摄的图像细节

从图 6-10 可以看出,对立体物体的拍摄,较大光圈值(f4.0)比较小光圈(f2.8)值可具有较深的景深空间,可对远近不同的细节较清晰成像。

对 3 种不同的镜头焦距下做 OSTU 分割:对同一部件同一位置转化为灰度图像后,均做 OSTU 分割,分别为 24mm、100mm、200mm 的镜头焦距下拍摄的图像。不同焦距拍摄的图像细节如图 6-11 所示。

图中所示,检测同一个位置的目标,对应拍摄物距相机 1.5m,目标外形尺寸 200mm×100mm×25mm,照片分辨率为 6720px×4480px。拍摄镜头焦距为 200mm,检测能力为 0.04mm;焦距为 100mm,检测能力为 0.07mm;焦距为 24mm,检测能力为 0.3mm。

分辨率不同的照片处理速度如表 6-4 所列。

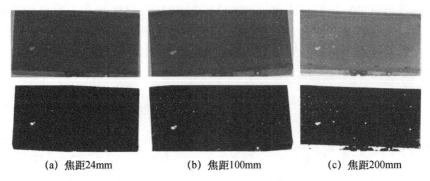

(a) 焦距24mm　　　　(b) 焦距100mm　　　　(c) 焦距200mm

图 6-11　不同焦距拍摄的图像细节

表 6-4　分辨率不同的照片处理速度

照片大小	5184px×3456px	1920px×1280px
大津阈值	694ms	296ms
HSV 分割	310ms	40ms

图像检测的准确度与图像所包含的细节的多少密切相关,可根据检测目标的大小或需要检测的内容,研究选择合适的视场。通常采用 100mm 镜头,1920px×1280px 图像分辨率,距离目标 1.5m 处可达检测能力约为 0.25mm,可满足检测需求,且提升了处理速度。

其他拍照模式如快门、ISO、场景/白平衡、测光模式、存储格式等可选自动或相机默认模式。拍照应选用三脚架和遥控或延迟触发模式,以避免相机抖动使照片模糊。

6.2.2　腐蚀光谱数据采集

对于铝合金、镁合金等材料,其在盐雾环境下产生的腐蚀产物为白色颗粒或粉末,很容易和沉积的盐相混淆,通过数码相机采集图像数据难以判断腐蚀情况,此时往往需要借助其他手段进行判断,目前研究表明傅里叶红外光谱能够满足这一要求。

1. 傅里叶红外光谱仪技术原理

FTIR 指的是傅里叶变换红外光谱仪,是红外光谱分析的首选方法。当连续波长的红外光源照射样品时,样品中的分子会吸收部分波长光,没有被吸收的光会到达检测器(称为透射方法)。将检测器获取透过样品的光模拟信号进行模数转换和傅里叶变换,得到具有样品信息和背景信息的单光束谱,然后用相同的检测方法获取红外光不经过样品的背景单光束谱,将透过样品的单光束谱抠除背景单光束谱,就生成了代表样品分子结构特征的红外"指纹"的光谱。由于不同化学结构(分子)会产生不同的指纹光谱,体现出红外光谱的实际探测意义。

傅里叶变换红外光谱仪的基本结构如图6-12所示,其由定镜、动镜、分束镜、检测器、信号处理单元和后端储存结构组成。动镜沿轴向方向来回移动,分光镜与入射光路方向成45°。入射光经由分光镜一部分被反射至定镜,称为第一束光,另一部分透射后传输至动镜,称为第二束光。两束光经由两镜反射后,经由样品至探测器时,由于光程差的不同,而发生干涉现象。干涉光的强度由两束光的相位差决定,当光程差为半波长的奇数倍时,发生相消干涉,此时探测器得到的光强信号最小。当光程差为入射光波长的整数倍时,发生相长干涉,此时干涉光光强最强。当干涉仪的入射光为单色光时,理想条件下干涉图为余弦曲线。对于复色光而言,各个波长在零光程差处都发生相长叠加,所以此处探测器获得最大信号。伴随光程差的增大,各个波长的相长干涉和相消干涉的位置不同,导致相互抵消,次级大的光强会被减弱。所以,当入射光为复色光时,其干涉图为一条零光程差处对称的、中心具有最大值的、两侧衰减的谱图。在复色光的干涉谱图中,每一个点都包含着入射光各个波长成分的信息,该信息可通过傅里叶变换计算后的光谱图而获得。

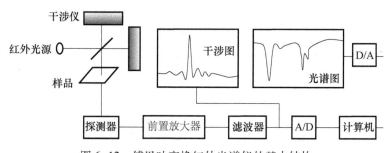

图6-12 傅里叶变换红外光谱仪的基本结构

傅里叶红外光谱分析化合物结构常规的透射法是使用压片或涂膜进行测量,对某些特殊样品(如难溶、难熔、难粉碎等的试样)的测试存在困难。为克服其不足,产生了傅里叶变换衰减全反射红外光谱(attenuated total refraction,ATR)。ATR基于光内反射原理而设计。从光源发出的红外光经过折射率大的晶体再投射到折射率小的试样表面上,当入射角大于临界角时,入射光线就会产生全反射。事实上红外光并不是全部被反射回来,而是穿透到试样表面内一定深度后再返回表面,在该过程中,试样在入射光频率区域内有选择吸收,反射光强度发生减弱,产生与透射吸收相类似特征峰,从而获得样品表层化学成分的结构信息。

傅里叶变换红外光谱仪优点如下。

（1）扫描速度快。傅里叶变换红外光谱仪的扫描速度比色散型仪器快数百倍，而且在任何测量时间内都能获得辐射源的所有频率的全部信息，即"多路传输"。对于稳定的样品，在一次测量中一般采用多次扫描、累加求平均法得干涉图，这就改善了信噪比。在相同的总测量时间和相同的分辨率条件下，傅里叶变换红外光谱法的信噪比比色散型的要提高数十倍以上。

（2）具有很高的分辨率。分辨率是红外光谱仪的主要性能指标之一，指光谱仪对两个靠得很近的谱线的辨别能力。傅里叶变换红外光谱仪均有多档分辨率值供用户根据实际需要随选随用。

（3）波数精度高。波数是红外定性分析的关键参数，因此仪器的波数精度非常重要。因为干涉仪的动镜可以很精确地驱动，所以干涉图的变化很准确，同时动镜的移动距离是通过 He-Ne 激光器的干涉纹测量的，从而保证了所测的光程差很准确，因此在计算的光谱中有很高的波数精度和准确度，通常波数精度可到 $0.01 cm^{-1}$。

（4）极高的灵敏度。色散型红外分光光度计大部分的光源能量都损失在入口狭缝的刀口上，而傅里叶变换红外光谱仪没有狭缝的限制，辐射通量只与干涉仪的平面镜大小有关，在同样的分辨率下，其辐射通量比色散型仪器大得多，从而使检测器接收的信噪比增大，因此具有很高的灵敏度，由于此优点，使傅里叶变换红外光谱仪特别适合测量弱信号光谱，能够检测到环境浓度下或者更低暴露浓度基体材料和腐蚀化合物的生化效应。

（5）研究光谱范围宽。一台傅里叶变换红外光谱仪只要用计算机实现测量仪器的元器件（不同的分束器和光源等）的自动转换，就可以研究整个近红外、中红外和远红外区的光谱。

（6）可同时获取基底和霉菌的光谱信息。只需一次测量，就可以获得一张同时包含基底和霉菌信息的傅里叶红外光谱，通过分析光谱，可以同时对基底和霉菌的种类进行判断。

2. 测试方法

使用 Thermo Fisher Scientific 公司的 iS50 傅里叶红外光谱仪，光谱仪自带有 ATR 模块，并额外搭配了漫反射模块。ATR 分辨率设置为 $8cm^{-1}$，扫描 32 次，DRIFTS 参数设置为分辨率 $4cm^{-1}$，扫描 64 次。最终格式选择为吸光度，测量每个样品前扫描一次背景。ATR 模块全反射傅里叶红外光谱仪及检测图片如图 6-13 所示。

6.2.3 腐蚀红外热像数据采集

利用红外热像仪获取金属被试装备的红外热像图，对红外热像图进行滤波

图 6-13　ATR 模块全反射傅里叶红外光谱仪及检测图片

降噪和图像增强处理,标记腐蚀区域,提取并计算腐蚀区域面积,从腐蚀位置和腐蚀面积两个方面对金属被试装备的腐蚀情况进行描述,可实现对参试装备的金属部件的腐蚀情况进行定性分析和定量分析,在准确性和精准度方面提高了对参试装备腐蚀程度的认识和理解。

红外热成像技术是一项不需要接触就可以探测到物体红外热量的技术,可以将探测到的红外热量转换成图像,将探测到的物体的红外热量量化并可视化,以便于人们对探测地区的热量进行识别和分析。红外热成像技术基于红外辐射测温,并且依托红外热像仪等红外设备进行检测。应用红外热像技术进行检测的过程大致为:通过红外物镜吸收发热器材、材料、设备等发出的红外辐射,并且被红外探测器所探知,红外探测器依托处理系统对该辐射进行型号的预处理,然后经过模数转换器模拟量到数字量的转换过程,转换结束后进行可视化,将其转化为图像和准确数值。在具体的诊断中,红外热像技术能检测的故障类型非常广,包括零件的磨损、疲劳、形变,材料的熔断、剥离、污染,甚至是设备的松动、异常运转、堵塞、腐蚀等情况。

红外热成像是近年来发展起来的一种无损检测技术。当材料内部或表面存在缺陷或者材料不均匀现象时,物体各部位产生的红外发射就会有所区别,即形成"热区"和"冷区",这种差别被红外热像仪的光学元件接收后就会形成红外图像,从而实现对装备质量和结构健康状态的非接触监测。红外热成像无损检测方法具有便捷快速、检测范围广和结果直观等优点,同时由于它是基于物体表面热辐射的检测技术,因此基本不受光线的影响,比可见光图像检测技术的适用性范围更广。鉴于上述优点,红外热成像技术在机械、电力、医疗和航空航天、工程结构等领域逐渐得到越来越广泛的应用,许多学者利用红外热像仪进行材料疲劳损伤和表面缺陷检测等方面的试验和理论研究,并取得一定的研究成果。红外热成像技术分为被动式红外检测和主动式红外检测,被动式是指在检测过程中不会对被检测物体加热,主要用于检测物体与周围环境的温差。一般该方式被运用在科学试验、生产现场和运行中设备的检测。主动式红外检测是指检测过程中要对被检测物体进行加热,加热方式分为稳态加热和非稳态加热,而加热源可以来自目标内部或外部,视情况而定。红外成像技术的优势在于其不接触被检测物体,适用检测范围非常广,包括温度很低以及温度较高(几千摄氏度)的物体。因为不接触,所以检测过程具有较高的安全性。另外,其精确度高,可以有较高的分辨度。操作过程也不复杂,并且红外检测的完成时间以秒计,节省了时间,提高了检测效率。

主动式红外热成像技术是利用外部热源对物体进行加热,利用红外热像仪获得不同时刻被测物体表面的温度场来确定缺陷的存在和形状。因此,其在数学上是求解与导热问题有关的微分方程的几何反问题,即根据红外信号重建缺陷信息;该反问题求解的输入为材料参数、加热参数、温度空间分布以及温度随时间的变化,输出为缺陷横向尺寸、缺陷厚度和深度等幅度图或相位图信息。主动红外热成像特别依赖于外部热源加热条件,这是主动红外热成像与被动红外热成像具有本质差别的地方。主动红外热成像针对不同被测材质、结构和缺陷类型以及特定的检测条件,设计不同的外部热源,比如热风、高能闪光灯、高能卤素灯、超声波、电磁微波等,并用计算机控制外部热源的加热周期、脉冲宽度等,采用各种红外热像仪。

金属腐蚀是参试装备在盐雾模拟试验中常见的电化学反应,当被试装备表面发生腐蚀时,腐蚀会改变金属的热扩散系数和比热容等热物理性能,材料的热传导性能会发生变化,腐蚀区域的温度会高于未腐蚀区域,从而形成温度差,被试装备表面的温度会分布不均匀。使用红外热像仪通过非接触探测采集被试装备表面的红外能量,经过信号转换得到温度的实时图像,通过Image-Pro Plus 6.0软件(IPP)对采集的红外图像进行像素分析,标记腐蚀区域和未腐蚀区域,获得金属被试装备的腐蚀位置并计算腐蚀面积大小和相对腐蚀面积比,从而实现对金属被试装备的腐蚀情况进行定量分析。

红外热像图的采集过程如下。

1. 被试装备的制备

试验标准和规范参照GJB 150.1A—2009执行,试验持续时间选用GJB 150.1A—2009推荐使用的交替进行24h喷盐雾和24h干燥两种状态共96h的试验程序,NaCl盐溶液浓度应为5%±1%,喷雾阶段的试验温度为35℃±2℃,在标准大气条件温度(15~35℃)和相对湿度不高于50%的条件下干燥被试装备24h或有关文件规定的时间,试验过程中保证试验箱内的风速尽可能为零,调节盐雾的沉降率,使得每个收集器在$80cm^2$的水平收集区内(直径10cm)的收集量为每小时1~3mL溶液,保持盐溶液的pH值,使在试验箱中收集到的沉降盐溶液的 pH 值,在温度为 35℃±2℃ 时保持在 6.5~7.2 之间。

试验条件实测结果:盐溶液为 NaCl 溶液;温度为 34.9~35.1℃(喷雾),25.0℃(干燥);湿度为 ≤48%RH(干燥);盐溶液浓度为 5.10%;沉降率(mL/$80cm^2 \cdot h$):第一次喷雾平均值为 1.72,第二次喷雾平均值为 2.10;pH 值为 6.80;试验持续时间:交替进行 24h 喷雾和 24h 干燥,共两个周期,共计 96h。试验结束后,用酒精棉擦拭被试装备表面去除表面凝结的盐渍并进行烘干,得到所需的金属被试装备。盐雾模拟试验前和盐雾模拟试验后被试装备光学照片如图 6-14、图 6-15 所示,可以看出,盐雾模拟试验前后被试装备表面有明显差异,试验后被试装备表面有明显的腐蚀痕迹。

(a) 2A12　　　　　(b) 6061　　　　　(c) U71Mn

图 6-14　盐雾模拟试验前被试装备光学照片

(a) 2A12　　　　　(b) 6061　　　　　(c) U71Mn

图 6-15　盐雾模拟试验后被试装备光学照片

2. 红外热像图的采集

在盐雾模拟试验前后对金属被试装备,按照图 6-16 所示的示意图进行红外热像图的采集和分析,包括计算机软件设备 1、红外热像仪 2(型号:高德 C640)、热风机 3 以及需要采集红外热像图的金属被试装备 4。

固定红外热像仪并将镜头对准待采集金属被试装备,设定拍摄距离 0.5m,选取材料系数,对被试装备外加热风机热源激励累计 5min,被试装备表面温度上升,被试装备腐蚀区域和未腐蚀区域形成温度差,调整焦距,采集被试装备的实时红外热像图,图 6-17 和图 6-18 为盐雾模拟试验前后金属被试装备的红外热像图,观察试验前后红外热像图,可以发现试验前被试装备红外热像图表面温度分布较为均匀,没有明显的温差;试验后被试装备红外热像图表面温差明显,有与背景颜色明显不同的点状或片状区域,与被试装备光学图像对比,与背景颜色明显不同的点状或片状区域和被试装备光学图像中的点状或片状腐蚀一一对应,盐雾模拟试验后金属被试装备腐蚀明显。

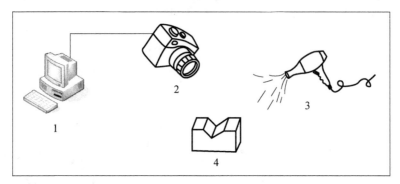

图6-16　红外热像图的采集和分析示意图

(a) 2A12　　　　　　　(b) 6061　　　　　　　(c) U71Mn

图6-17　盐雾模拟试验前金属被试装备的红外热像图(见书末彩图)

(a) 2A12　　　　　　　(b) 6061　　　　　　　(c) U71Mn

图6-18　盐雾模拟试验后金属被试装备的红外热像图(见书末彩图)

6.3　腐蚀特征提取

腐蚀特征形貌提取主要是通过算法提取筛选图像中腐蚀区域的纹理、颜色等图像信息,从而减少图像中的无关信息,为进一步进行特征识别打下基础。腐蚀特征形貌提取的算法可大致分为两类:一是背景分割算法;二是纹理特征提取算法。不同金属产物的光谱有着显著差异,可以直观分辨,通常无须算法提取特征。

6.3.1 背景分割提取

为了能准确判别腐蚀类型,需要将样品或装备从背景分离出来,以减少背景对检测的影响,也为后续定量分析提供必要条件。研究发现,大津阈值分割法对于腐蚀图像的分割效果最好。

1. 算法原理

大津阈值分割法(又称 Ostu 法)是由日本的大津展之提出的,它是目前常用的自适应阈值算法之一,其计算简单,稳定有效。它的基本原理是背景和目标之间的类间方差越大,说明构成图像的两部分的差别越大,当部分目标错分为背景或部分背景错分为目标都会导致两部分差别变小。因此,使类间方差最大的分割意味着错分概率最小。对于图像 $I(x,y)$,前景(目标)和背景的分割阈值记作 T,属于前景的像素点数占整幅图像的比例记为 W_A,其平均灰度为 μ_A;背景像素点数占整幅图像的比例为 W_B,其平均灰度为 μ_b。图像的总平均灰度记为 μ,类间方差记为 σ。把待处理图像的直方图在某一阈值处分割成两组,采用遍历的方法得到使类间方差最大的阈值 T 时,即为所求。在实际应用中,往往使用以下公式进行计算。

$$\sigma^2(T) = W_A(\mu_A - \mu)^2 + W_B(\mu_B - \mu)^2 \tag{6-1}$$

2. 算法效果

由图 6-19 可以看出,算法能够较好地提取被试装备特征信息,过滤背景信息。

图 6-19　ATR 模块全反射傅里叶红外光谱检测图

6.3.2 纹理特征提取

纹理特征是目标检测的重要特质。腐蚀类型如起泡、开裂、锈蚀、发霉等有着独特的纹理信息,通过纹理检测,合理提取目标的纹理特征,根据先验知识进行特征加权组合或通过神经网络训练,可有效检出目标物。纹理特征也可作为机器学习和神经网络的输入参数。纹理特征主要包含平滑度 R、熵 e、HSV-H、灰度共生矩阵及 Gabor 四向滤波器等。

1. 平滑度 R

$$R = 1 - \frac{1}{1+\sigma^2} \tag{6-2}$$

$$\sigma = \sqrt{\sum_{i=0}^{L-1}(z_i - m)^2 P(z_i)} \tag{6-3}$$

$$m = \sum_{i=0}^{L-1} z_i P(z_i) \tag{6-4}$$

式中:$P(z_i)$ 为图像区域内各像素点灰度值为 z_i 的概率;L 为灰度级;σ 为图像的标准差;m 为平均灰度级。使用平滑度 R 可以描述图像纹理的粗糙性,平滑度低的纹理在灰度级上比平滑度高的纹理有更小的可变性,即平滑度越低,图像越平坦。

平滑度计算如表 6-5 所列。

表 6-5 平滑度计算

腐蚀形态	样本 1	样本 2	样本 3
开裂	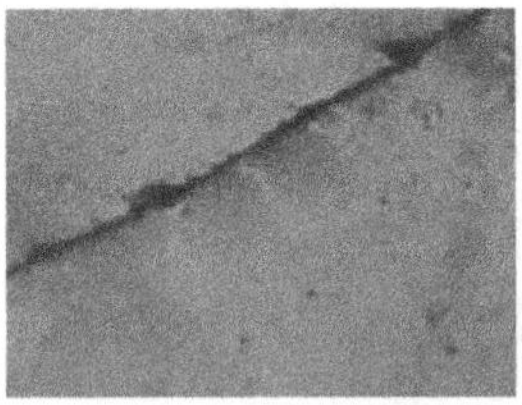 0.982	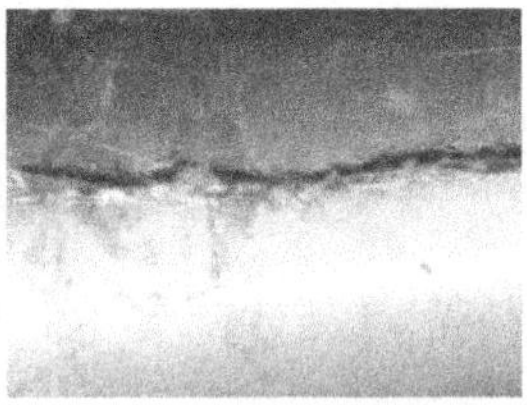 0.983	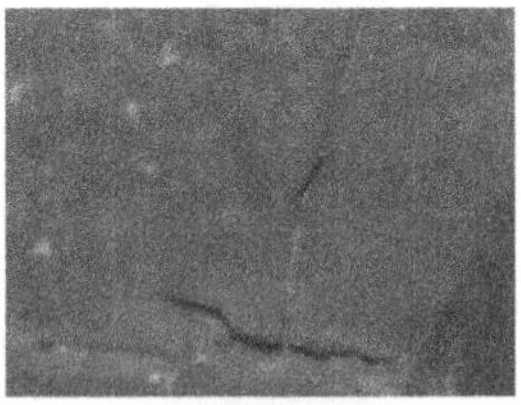 0.978
起泡	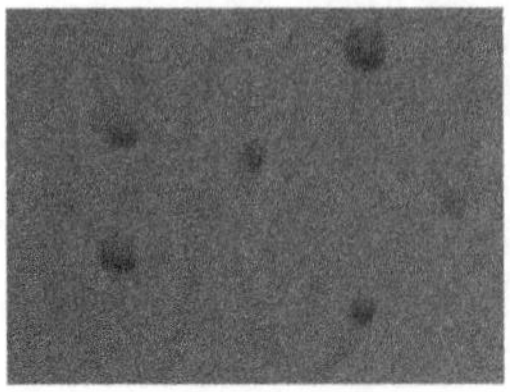 0.953	0.942	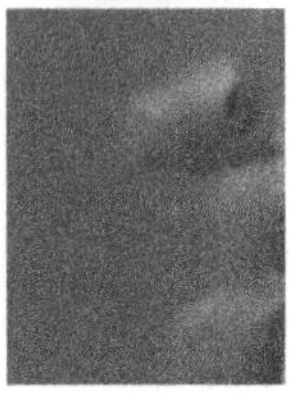 0.962

续表

腐蚀形态	样本 1	样本 2	样本 3
生锈	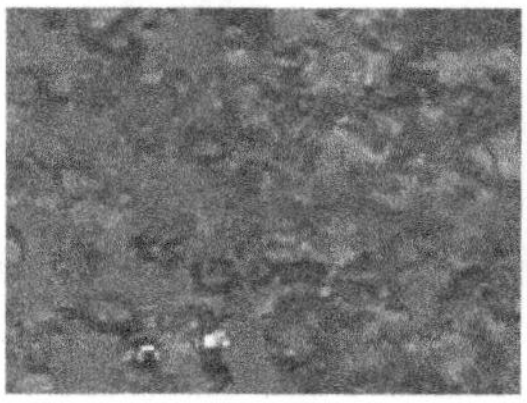 0.991	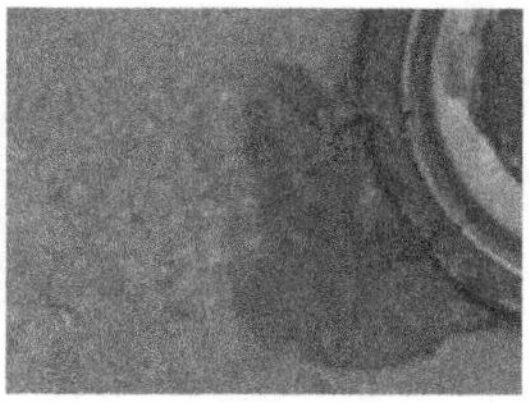 0.987	0.986
脱落	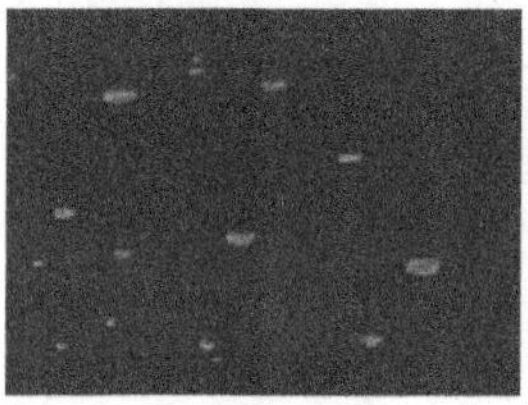 0.963	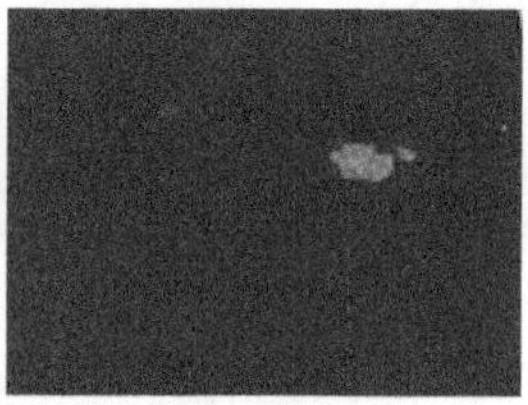 0.959	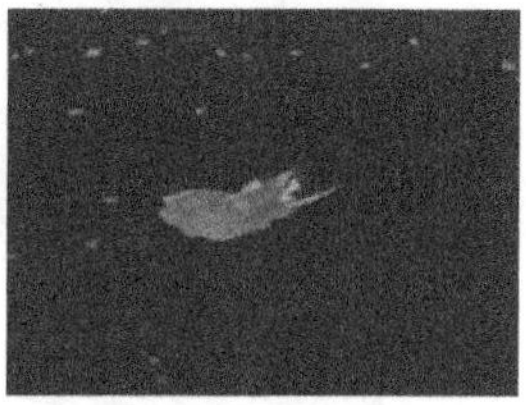 0.971

2. 熵 e

$$e = -\sum_{i=0}^{L-1} P(z_i) \log_2 P(z_i) \quad (6-5)$$

式中:$P(z_i)$ 为图像区域内各像素点灰度值为 z_i 的概率;L 为灰度级。使用熵 e 可以描述图像纹理的随机性,在腐蚀图像中,物体表面有腐蚀的熵 e 比完好的物体熵值要大,代表有缺损纹理的随机性更大。

熵计算如表 6-6 所列。

表 6-6 熵计算

腐蚀形态	样本 1	样本 2	样本 3
开裂	0.192	0.214	0.142

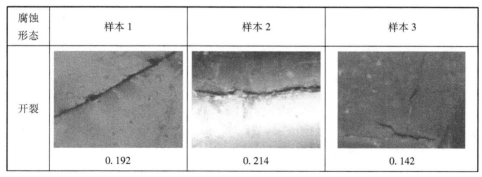

续表

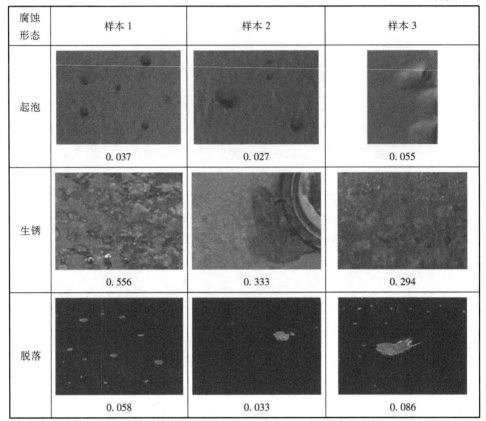

腐蚀形态	样本1	样本2	样本3
起泡	0.037	0.027	0.055
生锈	0.556	0.333	0.294
脱落	0.058	0.033	0.086

3. 利用 HSV 颜色模型

因为部件发生的锈蚀会有颜色特征,例如,含铁器件锈蚀会呈现红色,具有较为显著的颜色特征,通过颜色特征可以区分锈蚀和其他区域。常用的颜色模型有 RGB 和 HSI。前者的 3 个分量会随光照的强度变化发生较大变化。比如对于两种相近的颜色,其值会相差很大,后者包含 H、S 和 V 3 个分量。H 分量表示色调,能够独立表示颜色的变化,不受光照的影响;S 分量表示饱和度,饱和度越小,颜色越接近于灰色;V 分量表示强度,与彩色信息无关。其对颜色的描述更为直观,符合人对颜色的感知,利用 H 分量和 S 分量可以将锈蚀与非锈蚀区域区分开。

目前数字图像通常用 RGB 模型表示,因此需要进行颜色模型的转换。RGB 到 HSI 的转换为

$$H = \begin{cases} \theta & (G \geqslant B) \\ 2\pi - \theta & (G < B) \end{cases}$$

$$I = \frac{R+G+B}{3} \tag{6-6}$$

图 6-20 为原图转换为 HSV 分量的图像,并且进行了背景分割,色调分量 H 用角度表征颜色。从红色开始按逆时针方向计算,红色为 0°,绿色为 120°,蓝色为 240°。它们的补色是黄色为 60°,青色为 180°,品红为 300°。

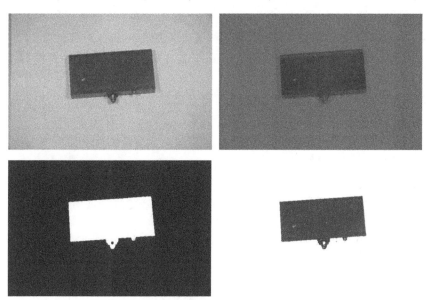

图 6-20　HSV 背景分割

铁锈就有独特的颜色,色调值相对集中,对锈迹可以直接通过 HSV 模型中的色调分量 H 进行判别。从多幅实拍照片中提取铁锈部分,统计其 H 分量,铁锈样本与 H 分量分布如图 6-21 所示。

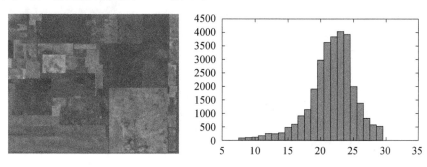

图 6-21　铁锈样本与 H 分量分布(见书末彩图)

通过统计,铁锈的 HSV 模型 H 分量,95% 的样本 H 数值集中在 6~30 之间,

所以可以设定 H 阈值在 $6<H<30$ 区间判定为铁锈。

4. 利用灰度共生矩阵

部件表面的锈蚀会改变部件表面原有的纹理,其形状和位置具有随机性。通过分析锈蚀的纹理特征将锈蚀区域和非锈蚀区域进一步区分。可提取锈蚀的纹理特征。

灰度共生矩阵的定义为:在大小为 $M×N$ 的图像中,有任意一个点对 (X,Y) 和 (X_1,Y_1),灰度值分别为 i 和 j,用矩阵 $P(i,j)$ 表示这个点对在灰度图像中出现的概率,该矩阵即灰度共生矩阵。在灰度共生矩阵的基础上计算纹理参数,常用以下几种参数来表示纹理特征。

① 能量(A)。能量是灰度共生矩阵各元素的平方和,反映图像灰度分布均匀程度和纹理粗细程度。

② 熵(e)。熵是图像包含信息量的随机性度量,熵表明图像灰度分布的复杂程度,熵越大,图像的纹理越复杂。

③ 对比度(C)。对比度反映了图像的清晰度和纹理沟纹的深浅。

④ 相关性(C_r)。相关性是灰度共生矩阵中元素在行或列方向上的相似程度。

灰度共生矩阵对比度计算如表 6-7 所列。

表 6-7 灰度共生矩阵对比度计算

腐蚀形态	样本 1	样本 2	样本 3
开裂	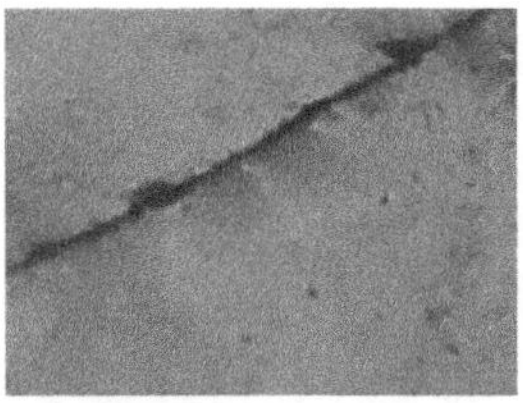 0.303	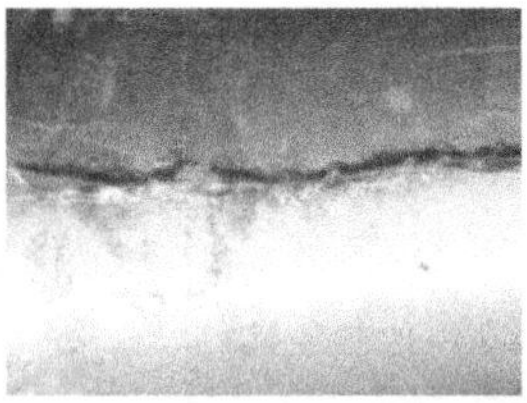 0.198	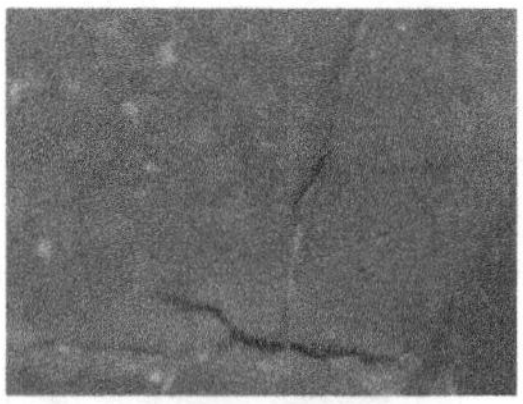 0.212
起泡	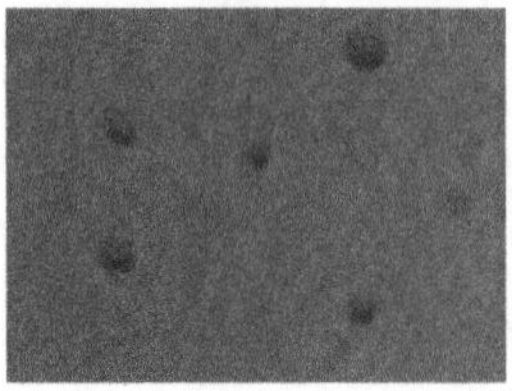 0.021	0.031	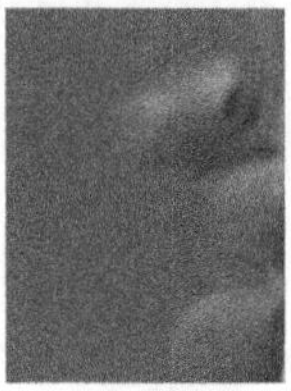 0.033

续表

腐蚀形态	样本1	样本2	样本3
生锈	0.724	0.667	0.621
脱落	0.089	0.066	0.106

5. Gabor 滤波器模型

Gabor 滤波器由谐波函数定义,即由高斯分布调制的正弦函数。Gabor 滤波器与傅里叶滤波器有一些相似之处,但仅限于某些频带,在 Gabor 变换的帮助下,可以在处理完信号之后将信号转换为时频域,并且通过处理信号的逆 Gabor 变换,从而得到所需的结果信号。

在实际应用中,常使用二维 Gabor 滤波器来获取相关纹理信息,以 Gabor 为原理所构成的二维 Gabor 滤波器可以一起考虑空间域以及频域并一起获得两者相关信息,获取最好的双重特征。所以采用二维 Gabor 滤波器可以较优异地获取图像空间尺度以及方向上的双重特征,可以从部分以及整体考虑信号特点。目前在视觉图像方向,Gabor 滤波器常用于进行边缘检测、纹理分析等方面,其具体实现方式为:时域情况下,二维 Gabor 滤波器是用正弦平面波乘以高斯核函数而获得的。其中二维 Gabor 滤波器是自相似的,自相似就是任意 Gabor 滤波器能够以固定的母小波为基本经过一定的放大并对其进行旋转来得到。综上分析可以获得,二维 Gabor 滤波器能够在频域的不同尺度,时域的不同方向上获取目标图像的相关特征。二维 Gabor 函数的具体公式根据以下公式来表示。

$$g(x,y;\lambda,\theta,\varphi,\sigma,\gamma) = \exp\left(-\frac{x'^2 + \lambda^2 y'^2}{2\sigma^2}\right) \exp\left[i\left(\frac{2\pi x'}{\lambda} + \varphi\right)\right] \quad (6-7)$$

$$x' = x\cos\theta + y\sin\theta, y' = -x\sin\theta + y\cos\theta \quad (6-8)$$

图 6-22 为原图及进行 Gabor 滤波后的合成图像。

(a) 原图

(b) Gabor 滤波后合成图像

图 6-22　原图及进行 Gabor 滤波后合成图像

研究表明,纹理特征有一定区分度,但难以用一种方法判别腐蚀类型,所以选取区分度较好的几种纹理特征,平滑度 R、熵 e、HSV-H、灰度共生矩阵及 Gabor 四向滤波器通过 BP 网络来综合判定。

▶ 6.3.3　腐蚀红外热像特征提取

IPP(Image-Pro Plus)是美国 Media Cybernetics 公司推出的一套优秀的图像分析软件,支持图像采集、增强、标定、计数、测量、分析等功能。主要适用于医学、生物学、工业等专业领域,在金属腐蚀后的红外热像图分析方面的应用并不多见。该软件的图像处理(包括图像增强、分割、边缘提取等)、尺寸测量和计数、分类统计及其分析的功能十分强大。IPP 中提供了 3 种增强图像的基本方法:修改强度指标、空间滤镜、调节图像频率。本节主要应用修改强度指标、空间滤镜两种方法,对金属腐蚀后的红外热像图进行增强处理。具体增强技术的选择应根据应用目的和要求而异。

图像增强处理中一般需要人机交互,往往几种技术综合使用才会使处理效果更好。图像增强是指根据特定的需要突出图像中的重要信息,同时减弱或去除不需要的信息。从不同的途径获取的图像,通过进行适当的增强处理,可以将原本模糊不清甚至根本无法分辨的原始图像处理成清晰的富含大量有用信息的可使用图像。有效去除图像中的噪声、增强图像中的边缘或其他感兴趣的区域,从而更加容易对图像中感兴趣的目标进行检测和测量。

以 6061 铝合金被试装备为例,来研究利用 IPP 软件处理金属被试装备腐蚀后红外热像图的具体方法。

1. 图像标尺设定

对红外热像图进行裁剪,去除非被试装备外的周围环境干扰的热像图,在默认情况下,IPP 以像素为单位对图像进行测量计算。在 IPP 中对图像进行标尺设定,可以使 IPP 以国际标准长度单位为单位进行测量计算。以被试装备的已知宽度作为参考,对被试装备进行标尺设定,已知被试装备高度实际测量值为 40mm,以被试装备实际高度为参考,利用工具进行标尺设定,如图 6-23 所示,图上比例尺的长度为 10mm,设定好标尺后,IPP 将以 mm 为单位进行测量计算。

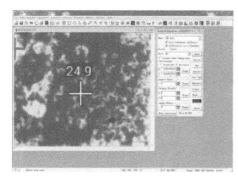

图 6-23 被试装备标尺设定

2. 图像预处理

图像预处理的目的主要是对原始红外图像进行消噪处理,在保留图像细节特征的前提下,有效提高图像质量。这里所说的图像预处理的步骤主要包括图像区域选择、基于中值滤波的图像消噪处理等。利用 Enhance-ContrastEnhancement(增强-对比度增强)面板上的亮度、对比度、伽马校正来增强图片,其中伽马校正是对比度增强的一种专用形式,可以增大图像信号中的深色部分和浅色部分的对比度。再利用 Prpcess-Filters(处理-滤镜)面板中的 HiGauss(高阶高斯)处理,增强图片细节;利用 Median(中值)修改与周围像素明显不同的像素点的强度来平滑图像,消除图像中的随机和强脉冲噪声,提高图像质量;利用 Sharpen(锐化)加重图片中的所有边缘,使得红外热像图中的腐蚀区域和未腐蚀区域之间的界限更加明显;利用拉普拉斯处理图像中像素与相邻像素的强度差异来修改像素的值,增强图像强度变化的边缘,增强边缘的对比度。

图 6-24 为图像预处理完成后的效果。经过图像预处理后,图像保留了图像特征信息,同时提高了图像整体的清晰度和均匀度,缺陷信息在一定程度上得到强化,为后续处理奠定了基础。

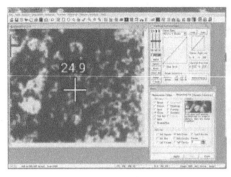

图 6-24　图像预处理完成后的效果

6.4　腐蚀特征识别

6.4.1　腐蚀图像特征识别

1. BP 神经网络模型简介

BP 神经网络是一种单向传播的多层前馈神经网络,简称 BP 网络(误差反向传播网络)。BP 网络广泛应用于模式识别、图像处理、控制、预测等问题的人工神经网络模型。

BP 网络简单且容易实现,是众多人工神经网络中应用最为广泛的神经计算模型。构成 BP 网络的神经元与一般的神经网络定义的神经元一样。但是 BP 网络执行的是有导师训练,按照 BP 算法的要求,这些神经元所用的激活函数必须是处处可导的,通常选用 S 型函数作为激活函数。BP 网络层与层之间的神经元相互连接,层内的神经元没有连接。BP 网络结构示意图如图 6-25 所示。

BP 网络模型是把一组样本的输入输出问题转变成一个非线性优化问题,使用最优化算法(如梯度下降法),用迭代运算求得权值,相应于学习记忆问题,用加入隐含层的方法来调节参数,从而得到最优解。目前,BP 网络的隐含节点个数选取尚无理论的指导,而是根据经验和多次试验来选取的。

学习过程可以分为信息的正向传播过程和误差的反向传播过程两个阶段。反向传输网络的两步训练示意图如图 6-26 所示。在 BP 神经网络的训练算法中,都是通过计算性能函数的梯度,再沿负梯度方向调整权值和阈值,从而使性能函数达到最小。外部输入的信号经输入层、隐含层的神经元逐层处理向前传播到输出层,得到输出结果。如果在输出层得不到期望输出,那么转入逆向传播过程,将实际值与网络输出之间的误差沿原来连接的通路返回,通过修改各层神经元的权值和阈值,使误差减少,然后再转入正向传播过程,反复迭代,直到误差小于给定精度值为止。

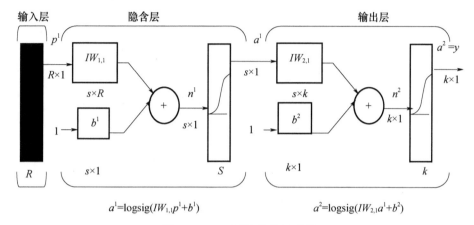

图 6-25 BP 网络结构示意图

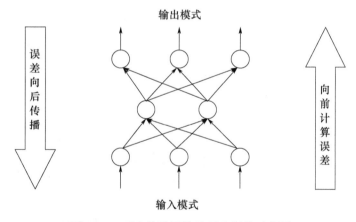

图 6-26 反向传输网络的两步训练示意图

2. BP 神经网络训练

通过单一的形态较难辨别出具体腐蚀形态。使用平滑度 R、熵 e、HSV-H、灰度共生矩阵及 Gabor 四向滤波器作为 BP 神经网络的输入,通过对多于 50 个样本,对腐蚀特征进行标注,并通过旋转镜像缩放等方法扩充样本,原始样本如表 6-8 所列。

表 6-8　原始样本

标签	训练集
生锈	
起泡	
开裂	

续表

标签	训练集
脱落	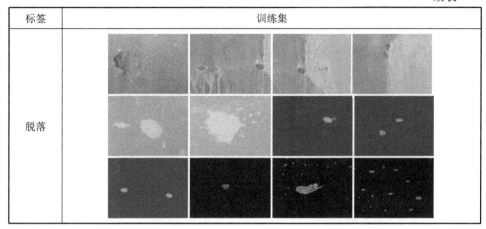

通过对以上样本训练得到判别模板,对 20 个样本目标物的腐蚀类型进行识别,BP 神经网格检测效果如表 6-9 所列。

表 6-9　BP 神经网络检测效果

标签	测试样例	检测	标签	测试样例	检测
生锈	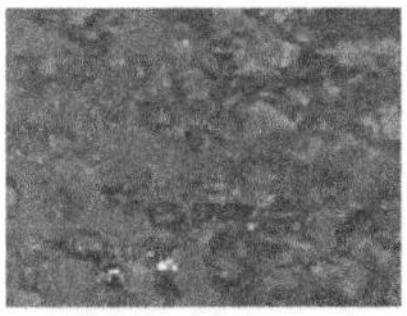	生锈	生锈	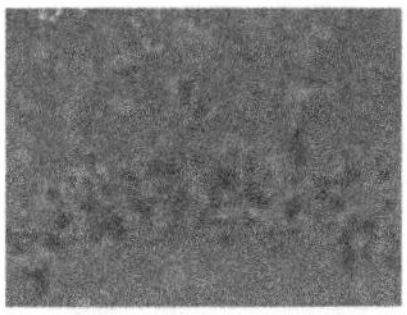	生锈
生锈	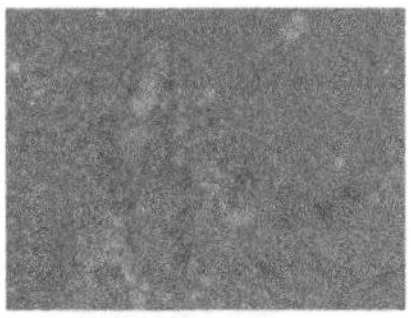	生锈	生锈	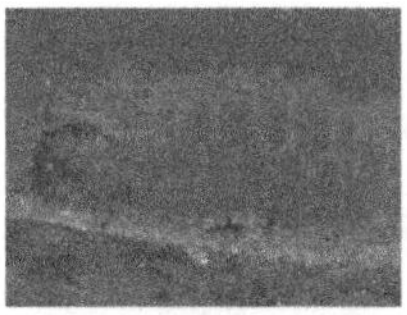	生锈
起泡	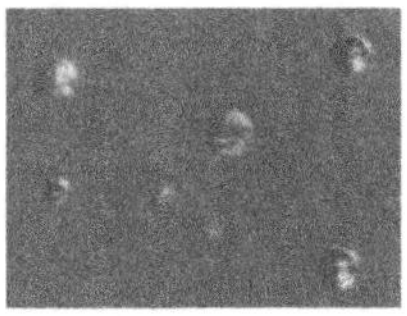	起泡	起泡	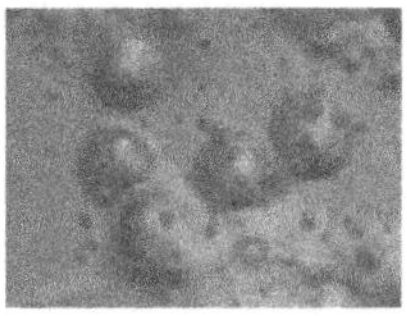	起泡

续表

标签	测试样例	检测	标签	测试样例	检测
起泡	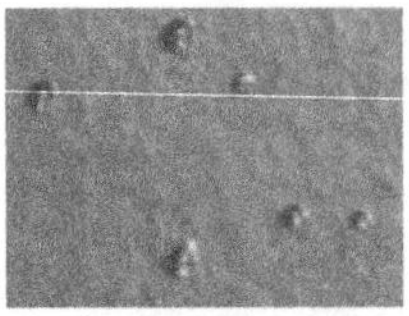	起泡	起泡	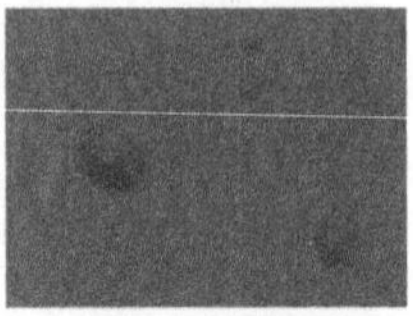	起泡
开裂	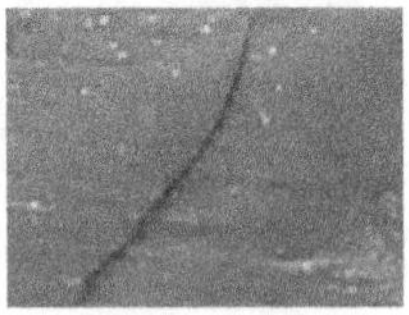	开裂	开裂	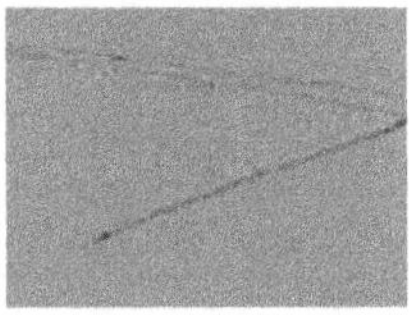	开裂
开裂	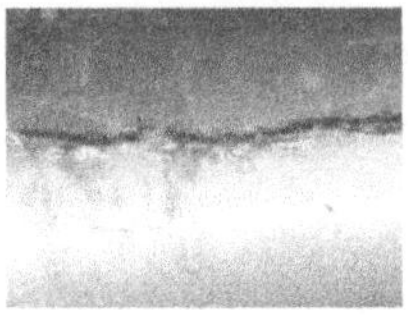	开裂	开裂	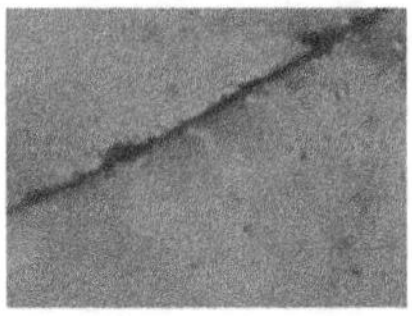	生锈
脱落	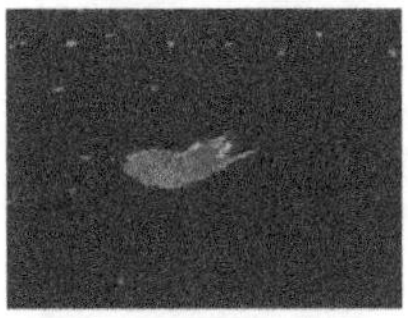	脱落	脱落	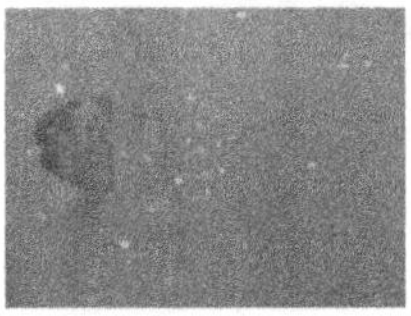	生锈
脱落	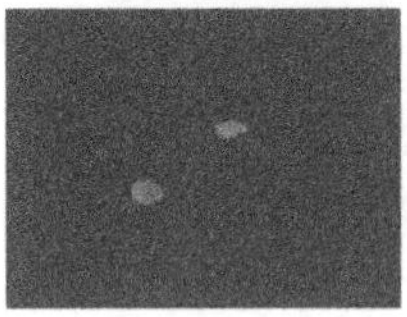	脱落	脱落	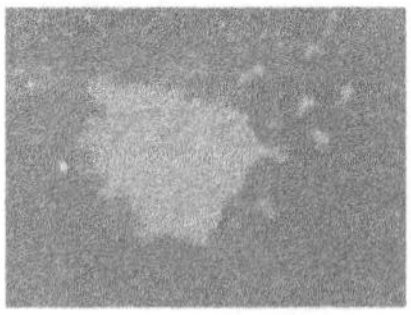	脱落

根据表6-9总体检测准确率为：17/20×100%＝85%，各单项检测准确率大于75%，检测效果较好。由于检测基于腐蚀外形的形态，若腐蚀形态太相似，会产生检测错误。另外由于开裂和剥落经常伴随着生锈，检测也会引起将开裂和剥落判为生锈。

3. BP神经网络识别算法模型搭建

系统算法流程图和腐蚀类型判别流程图如图6-27所示。

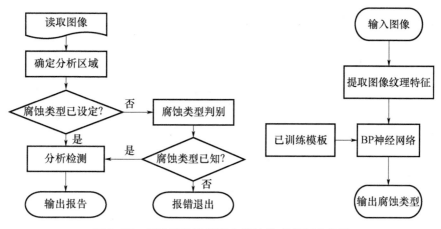

图 6-27　系统算法流程图和腐蚀类型判别流程图

6.4.2　腐蚀光谱特征识别

腐蚀光谱一般用于铝合金、镁合金等材料，其样本材料如图 6-28~图 6-30 所示。

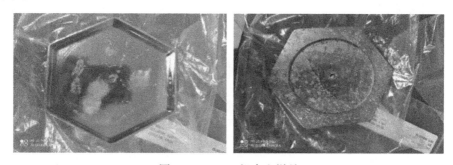

图 6-28　2A12 铝合金样品

图 6-29　5A02 铝合金样品

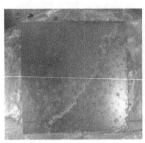

图 6-30　钛合金样品、聚氨酯涂层、氨基树脂样品

样品全反射模式下的傅里叶红外光谱图如图 6-31 所示。

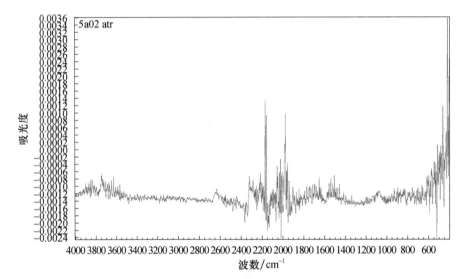

图 6-31　样品全反射模式下的傅里叶红外光谱图

可以看到,全反射模式下的傅里叶红外光谱图几乎没有可用信息。接下来使用漫反射模块进行漫反射模式下的傅里叶红外光谱检测。2A12、5A02 铝合金板和钛合金板使用漫反射模块中配套的取样棒进行表面取样检测,氯化钠则放入样本托盘进行检测。漫反射模式下的傅里叶红外光谱图如图 6-32~图 6-34 所示。

可以看到,检测光谱虽然有少量噪声,但是仍然可以辨认主要的吸收峰,可以用于检测分析。在 3 幅图里对比 3 条光谱可以发现,有腐蚀的光谱的吸收峰在没有腐蚀和氯化钠光谱的吸收峰的基础上,在波数 $1500cm^{-1}$、$700cm^{-1}$ 处出现了新的吸收峰,此处应为腐蚀所产生的新的化合物的吸收峰,可以通过这一部分的傅里叶红外光谱特征检测样品表面盐雾腐蚀情况。

第6章 盐雾模拟环境腐蚀效应智能评价技术

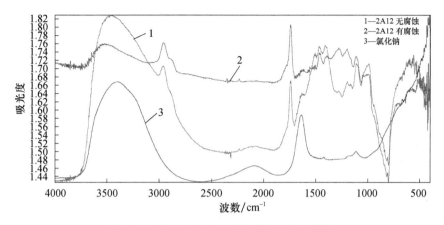

图 6-32 铝合金 2A12 盐雾腐蚀光谱对照图

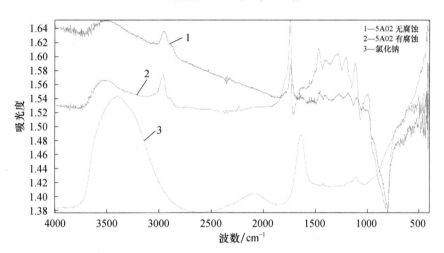

图 6-33 铝合金 5A02 盐雾腐蚀光谱对照图

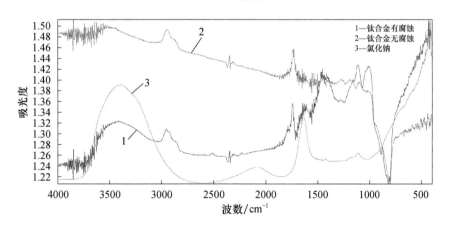

图 6-34 钛合金盐雾腐蚀光谱对照图

对两种涂层材料进行漫反射模式下的傅里叶红外光谱检测,其结果如图 3-35、图 3-36 所示。

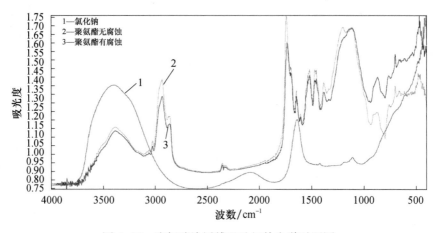

图 6-35　聚氨酯涂层傅里叶红外光谱对照图

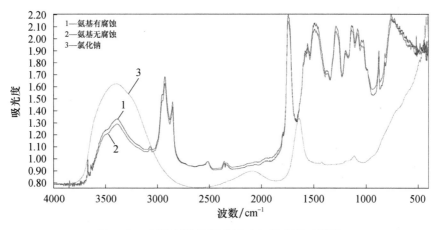

图 6-36　氨基树脂涂层傅里叶红外光谱对照图

对两种涂层材料的检测光谱显示了腐蚀后的材料没有出现新的特征峰,腐蚀前后的光谱曲线十分相似。说明这两种材料在盐雾环境下没有产生新的腐蚀物质。

6.4.3　腐蚀红外特征测量计算

利用 IPP 软件 Count/Size 工具对需要测量计算的区域用可以与腐蚀区域颜色区分的颜色进行标记。利用软件的吸管工具对腐蚀部位颜色近似的区域进行标记,实现对腐蚀区域的颜色标记,绿色标记区域为腐蚀区域;选定被试装备整个平面的全部区域,并进行颜色标记,图 6-37 和图 6-38 所示为腐蚀区域颜色标记后和被试装备整个平面颜色标记后的图像。

通过软件进行计算,计算结果在 Statistic 中,其中 Sum 表示总的计算面积,Samples 表示测量计算的样本数量。图 6-39 所示为腐蚀区域和被试装备整个平面区域面积计算结果,可知绿色标记区域即腐蚀区域的面积为 538.10mm^2,被试装备件整个平面区域的面积为 1920mm^2,腐蚀所占面积比为 28.03%。

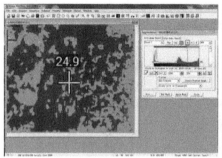 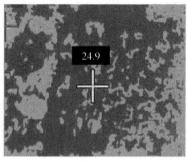

图 6-37　腐蚀区域颜色标记(见书末彩图)

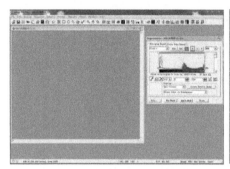 

图 6-38　被试装备整个平面颜色标记

图 6-39　腐蚀区域和被试装备整个平面区域面积计算结果

盐雾模拟试验后腐蚀区域面积常规的测量方法是用尺测量,无法测量出不规则形状的腐蚀区域面积的精准尺寸。利用 IPP 软件强大的图像处理和尺寸计量功能,利用高阶高斯处理、中值处理、锐化处理等一系列图像增强技术,通过色差值的差异区分腐蚀区域与未腐蚀区域,精确获得腐蚀区域的面积和所占面积比,进一步评价被试装备在盐雾模拟试验后的腐蚀程度。在实际应用中,可以在腐蚀位置、腐蚀面积两个方面具体描述金属被试装备的腐蚀程度,从而实现对被试装备的腐蚀情况进行定性分析和定量分析,提高对被试装备腐蚀程度的准确性和精准度。后续可以利用被试装备的红外热像图温度-颜色变化,进一步建立温度-腐蚀深度模型,获得被试装备的腐蚀深度信息。

6.5 腐蚀检测智能设备

机器学习方法是当前模式识别领域十分成熟的技术手段,但是相比目前的深度学习方法来说,其网络算法层数较少,很多时候会过滤掉大量图像信息,对于未知样本的识别率通常较低。当样本噪声较小时,深度学习相对于机器学习方法,其识别准确率通常更高。但是由于参试装备图像往往比较复杂,而且腐蚀特征形态多样,精确地提取量化出图像中的腐蚀区域是极为困难的,由于深度学习方法通常使用几十上百层的网络,导致样本噪声被极大地放大,对于已有被试装备图像的识别准确率大不如机器学习。为了提高识别判读的准确性,搭建了一套判读分析设备,用于尽可能减小深度学习算法输入图像噪声,提高识别率,并实现被试装备三维信息的采集。

▶ 6.5.1 设备系统原理

设备实现判读分析的主要原理为:首先通过采集不同姿态的标定板图像并进行相关分析计算,完成系统标定;之后将被测件放在暗室内的测量区域,计算机控制器实现 4 个图像采集单元工作,采集被测物的散斑图像和彩色图像。采集完成后,即可利用软件的三维重建功能得到被测物的三维模型。而后通过软件的判读分析功能实现腐蚀类型的判别和腐蚀区域的解算。设备框图如图 6-40 所示。

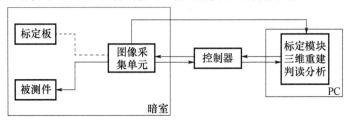

图 6-40 设备框图

该设备由标定分系统、图像采集分系统、模型重建分系统和数据判读分系统4个部分构成。

6.5.2 设备结构设计

设备内部主要由骨架、顶护板、侧护板、LED补光灯、计算机、测头组件、转盘组件等部分组成。设备内部简图如图6-41所示。

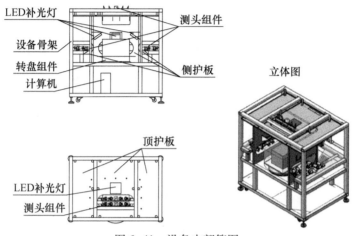

图6-41 设备内部简图

测头组件包含测头横梁、相机调节块、散斑设备、黑白相机、彩色相机、镜头,相机角度可适当调节。散斑相机用于投射散斑,黑白相机用于在暗室环境下拍摄散斑图像重建三维模型,彩色相机用于提取颜色信息给三维模型上色以及拍摄被试装备腐蚀特征。测头组件结构示意图如图6-42所示。

测头布局相对尺寸如图6-43所示,底部两侧测头可适当旋转角度,以便达到最好的拍摄效果。

转台组件包含转台固定环、转台、适配平台、定位块、粘贴层、被测物,转台底部固定在设备上,适配平台和转台固定,随转台一起转动。转台组件结构示意图如图6-44所示,粘贴层、定位块和定位槽尺寸系列如表6-10所示。

表6-10 粘贴层、定位块和定位槽尺寸系列

名称	尺寸系列1	尺寸系列2	尺寸系列3
粘贴层	ϕ10mm,厚度为3mm	ϕ40mm,厚度为3mm	ϕ80mm,厚度为3mm
定位块	内接圆直径:ϕ20mm,厚度:15mm	内接圆直径:ϕ60mm,厚度:15mm	内接圆直径:ϕ100mm,厚度:15mm
定位槽	底板尺寸:100mm×150mm,厚度:4mm	底板尺寸:150mm×200mm,厚度:4mm	底板尺寸:250mm×300mm,厚度:4mm

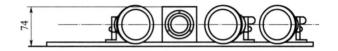

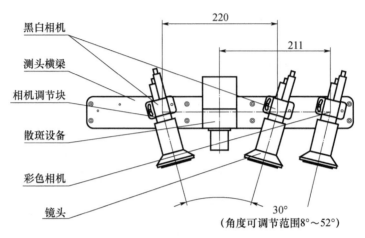

图 6-42　测头组件结构示意图

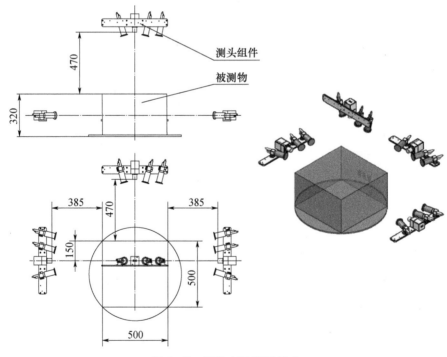

图 6-43　测头布局相对尺寸

第 6 章　盐雾模拟环境腐蚀效应智能评价技术

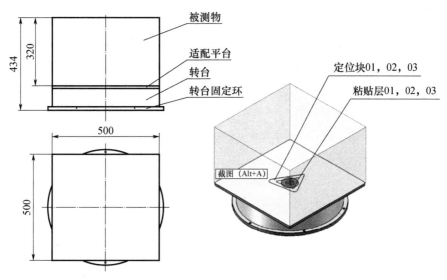

图 6-44　转台组件结构示意图

▶ 6.5.3　图像特征提取

将定位块固定在被测样本上,然后提取试验前试验后装备图像信息。由于定位块的存在,被测样本在图像中的前后两次拍摄中的位置完全一致,因此只需使用算法捕捉两次试验图像中的差异处,即腐蚀特征。算法无需从复杂的数字图像矩阵中寻找腐蚀特征规律,大大降低了算法操作难度,只需简单的图像分割方法即可准确地完成特征提取。

图像分割是图像处理中最为基础和重要的领域之一,是实现自动图像分析首先需要完成的工作,分割出来的区域可以作为后续特征提取的目标对象。图像分割将图中具有特殊意义的不同区域划分开来,区域之间互不相交,每个区域满足灰度、纹理、色彩等特征的某种相似性准则。本设备中由于光源和相机光圈都是固定的,环境单一,因此本设备采用基于阈值的图像分割法。基于固定阈值的图像分割法的优点是计算简单,速度快,可以很有效地对图像进行分割,能够得到很好的效果。原始图像和分割后的效果图像如图 6-45、图 6-46 所示。在使用过程中根据实际情况,调节图像分割的阈值,即可得到较为理想的结果。

▶ 6.5.4　腐蚀效应类型判别

1. 卷积神经网络简介

卷积神经网络是深度学习中的一类,主要用来处理图像数据,通过构建深

157

(a) 试验前　　　　　　　　　　(b) 试验后

图 6-45　原始图像

层的卷积神经网络,来自动地提取图像中的特征,从而实现图像中的目标检测、图像类型判别等。

2. 所用网络简介

在这里采用了 DenseNet 这种卷积神经网络,该网络全称为 Densely Connected Convolutional Networks,为计算机视觉和模式识别领域的顶级会议 CVPR2017 的最佳论文,在绝大多数分类任务上都达到了最高的识别率。

图 6-46　分割后的效果图像

DenseNet 具有如下优势:减轻了梯度消失的问题,加强特征级联,鼓励特征复用,减少网络的参数。DenseNet 的尺度很容易达到上百层,但却并未引入任何优化上的困难。与目前最先进的算法相比,DenseNet 有着更好的效果,并且有着更少的参数以及更少的计算量。DenseNet 的网络示意图如图 6-47 所示。

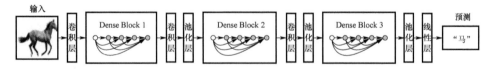

图 6-47　DenseNet 的网络示意图

3. 数据集制作与网络训练

由于训练卷积神经网络需要大量的图片数据,并且其输入图像像素大小为 224×224,因此首先需要制作霉菌、盐雾、锈蚀、起泡等类型的数据集。其制作方法为:由于用户方提供的图像尺寸较大,且其中的腐蚀只占图像中的一部分,因此采用截图的方式将腐蚀区域截图并保存,按照类别分为盐雾、锈蚀及起泡,其数据集如图 6-48~图 6-50 所示。

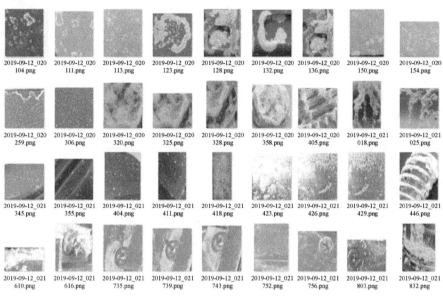

图 6-48　盐雾数据训练集

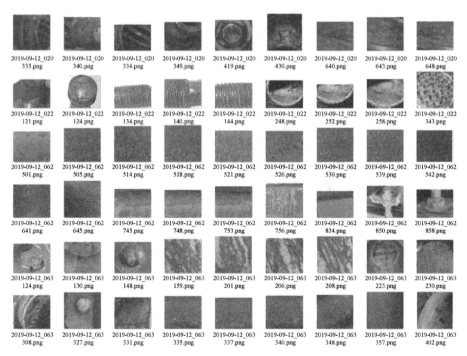

图 6-49　锈蚀数据训练集

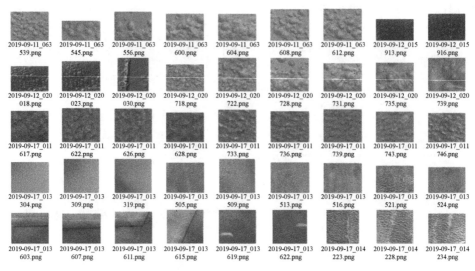

图 6-50　起泡数据训练集

在训练过程中，随机将数据集分成训练集与测试集，使用训练集对网络进行训练，使用测试集查看网络训练结果，最终识别率稳定在 95% 左右。

6.6　腐蚀智能评价方法

6.6.1　评价需收集的信息

从 GJB 150.10—1986 到 GJB 150.10 A—2009 关于盐雾模拟试验结果评价分析相关规定的变化就可以发现，新标准更注重信息的收集，以及对实际的指导意义。根据被试装备霉菌试验的目的，给出科学合理的试验评价结果，评价信息至少应该包括以下内容：

1. 试验目的

试验的目的在于评定被试装备受霉菌、盐雾等腐蚀的程度对参试装备性能或使用的影响程度。在不同试验目的下，获取的信息是不同的。试验结果应包含的信息取决于试验目的。只有明确了参试装备进行试验的目的，有针对性地收集所需信息，才能保证结果的合理准确。

2. 被试装备的受试状态

试验技术人员需全面了解被试装备各组件、部件以及组成被试装备的材料并能对它们进行适当描述。这样便于分析和比较试验前后的变化，为被试装备及同类被试装备的设计、选材、表面工艺和制订被试装备专业技术文件提供有用信息。

3. 腐蚀变化信息

在描述产生腐蚀的情况时，试验技术人员不仅要详细描述腐蚀发生的类型和部位，还要详细描述盐雾腐蚀及被试装备在试验后出现的如开裂、起皮、起泡、锈蚀等可视的结构变化。要特别注意元器件、组件、密封部位和其他关键部件的观察和描述，若有特定要求还应进行更多的特别描述。试验结束后要求拍照记录被试装备腐蚀的状态，可为日后的进一步研究提供资料。

4. 试验评价有关信息

试验评价的有关信息包括盐雾环境模拟试验依据的有关标准和测试标准，以及采用的各类试验、测试设备信息等。在实验评价上虽然常规武器被试装备以 GJB 150.11A—2009《军用装备实验室环境试验方法 第 11 部分：盐雾试验》为标准，但是为了消除模糊不定量描述造成的不准确评级，需要进一步完善评定方法。一般以 GJB 150.11A—2009 为主，针对具体的被试装备组成材料或零部件，参考相应的国家标准，如 GB/T 30789—2015《色漆和清漆 涂层老化的评价》等，方便在定性和定量上做出准确的描述，综合测试数据给出较为准确的等级评定结果。

5. 试验合格判据信息

被试装备各种组件、部件、元器件或关键件出现腐蚀后对被试装备造成的影响程度不一，合格判据应对它们提出各自的要求。还应对组成被试装备的材料、工艺、结构状态和被试装备的使用环境、使用要求、被试装备的技术条件以及长霉后对被试装备造成的各种影响等多方面因素进行综合考虑。此外，实验室条件下被试装备的腐蚀程度与实际状态下被试装备的腐蚀情况会存在一定的差异，因此确定合格判据时，既要以腐蚀结果评定等级作为其主要依据，又要考虑到影响被试装备受腐蚀的各种因素，只有这样，确定的合格判据才有说服力，对被试装备做出的合格判定结论才更具科学性和合理性，也更符合实际情况。

6.6.2 试验数据采集

在试验数据采集上增加了相应的数据测试手段，进一步丰富了试验数据。在试验数据采集过程中，试验评价的方法主要有人工识别和机器视觉识别两种方式。试验前可根据被试装备的材料特性进行选择，如果试验被试装备材料的理化特性导致其耐盐雾、霉菌性极强，比如金属材料几乎无霉菌生长、橡胶玻璃灯无机材料不会产生腐蚀，或者被试装备数量较少和体积较小，此时可选择用人工识别方法，否则选用机器视觉识别。

重要的是,在数据采集过程中要把握两方面的内容:一是在腐蚀效应评价过程中,图像数据可量化性更强,所以在需要进行定量分析的试验或被试装备,侧重被试装备图像数据的采集;二是光谱测试数据在定性分析上更方便、更科学,相应的测试数据大部分可以用于进行定性分析和描述腐蚀效应上。

在进行数据采集前,需根据被试对象确定图像数据采集方法,图像数据采集主要分为以下几种方式:

1. 机器视觉图像数据采集

根据被试装备的大小和类型,选用相机、体视显微镜或机器视觉进行图像数据采集(图 6-51~图 6-54)。比如,对于整车或大中型被试装备,采用专用的相机进行局部或整体数据采集;对于中小型被试装备或样件,可以采用体视显微镜或机器视觉图像采集方法进行图像数据采集。其中机器视觉图像采集可以获得被试装备相应的三维形貌信息,更便于进行腐蚀变化描述以及腐蚀特征的量化,相应的测试精度也更高。

图 6-51 某被试装备相机采集图像

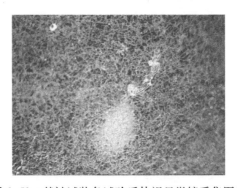

图 6-52 某被试装备试验后体视显微镜采集图像

第6章　盐雾模拟环境腐蚀效应智能评价技术

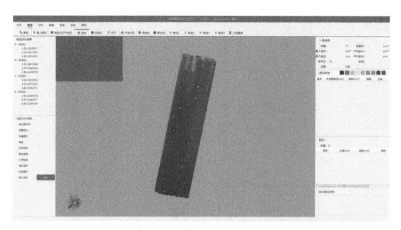

图 6-53　某被试装备机器视觉自动采集图像

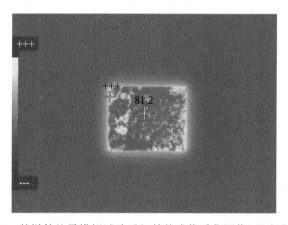

图 6-54　某样件盐雾模拟试验后红外热成像采集图像（见书末彩图）

2. 光谱数据采集

光谱数据根据实际测试需求选用，根据有关研究和傅里叶变换光谱测试技术可以用于盐雾腐蚀环境效应的测试。

对于傅里叶变换红外光谱测试技术，应用范围相对广泛，在盐雾等腐蚀环境效应测试中均可应用，所以无论是试验前还是试验后，相应的均应增加此项测试。其主要作用是在盐雾模拟试验过程中可以用于定性判定有无腐蚀，并且可以用于判断是否属于腐蚀产物还是基体。

6.6.3　腐蚀环境效应评价

1. 定性测试

在军标中，盐雾模拟试验和霉菌试验并未给出一个客观量化的评定方法，其评价方法都是描述性质的,主观因素很强。对于腐蚀等级的评定,需要在评定前进行定性分析,采用各类光谱测试技术首先进行光谱测试分析,在获得腐蚀效应产生的有力光谱数据的基础上,采用腐蚀等级评定标准进行评定。

2. 定量评级

通过广泛对比、分析评价标准,借鉴 GB/T 30789—2015《色漆和清漆 涂层老化的评价》中的评级方式,采用的是依据参考图片对比评级的方法,如图 6-55 所示。

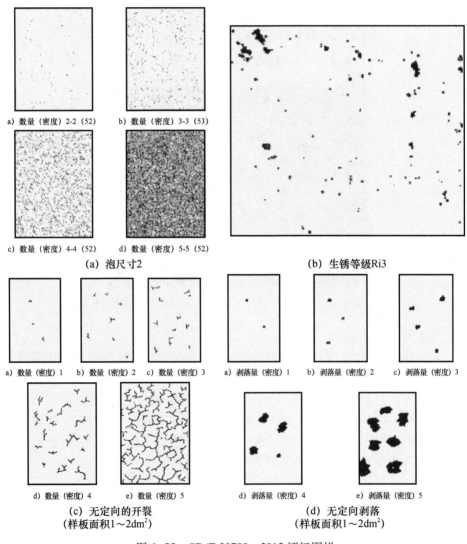

图 6-55　GB/T 30789—2015 评级图样

目前 GB/T 30789—2015 的评级参考样例大小不一,例如起泡的评级参考样例大小约为 77mm×104mm,生锈的评级参考样例大小约为 156mm×140mm,开裂的评级参考样例大小约为 68mm×100mm 或 49mm×82mm,剥落的评级参考样例大小约为 48mm×77mm,且有的腐蚀类型有多种形态。由于实际应用,照片中多不方便获取实际物体尺寸,而且腐蚀多包含多种形态,为了能使评级更加容易对比、评级标准易于使用和管理,这里采用量化相对腐蚀面积的分级方法。

软件通过预先处理将国标参考图片进行二值化,对腐蚀面积进行量化,计算腐蚀所占相对面积,并综合考虑同种腐蚀不同的形态,确定出评级相对面积并标出作为本软件腐蚀评级的参考,以帮助设定自主设定评级。软件也设计有按绝对面积或计数评级,可根据实际情况灵活运用。

1. 起泡评级

GB/T 30789.2 对起泡的评级又列出 4 种起泡大小的部分参考图样。表 6-11 为对 GB/T 30789.2 中不同大小起泡评级参考图经过图像处理二值化后,对起泡面积进行统计并计算腐蚀区域的相对面积,并依据对国标分析的结果给出评级参考值。

表 6-11　起泡标准分析对照表

等级	起泡样例 size2 腐蚀面积占比	起泡样例 size3 腐蚀面积占比	起泡样例 size4 腐蚀面积占比	起泡样例 size5 腐蚀面积占比	评级参考值（面积占比 R）
1	国标无参考样例	国标无参考样例	国标无参考样例	国标无参考样例	$0.1\% < R \leq 0.5\%$
2	0.54%	0.52%	1.8%	3.3%	$0.5\% < R \leq 3\%$
3	2.9%	2.6%	4.2%	8.6%	$3\% < R \leq 10\%$
4	14.3%	11.8%	16.0%	23.7%	$10\% < R \leq 30\%$

续表

等级	起泡样例 size2 腐蚀面积占比	起泡样例 size3 腐蚀面积占比	起泡样例 size4 腐蚀面积占比	起泡样例 size5 腐蚀面积占比	评级参考值（面积占比 R）
5	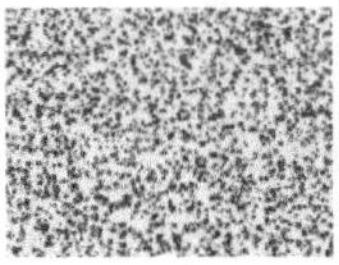 37.6%	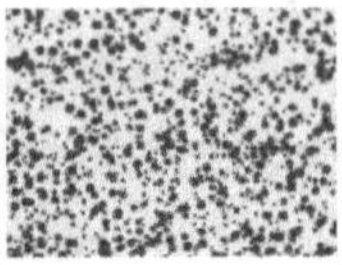 32.4%	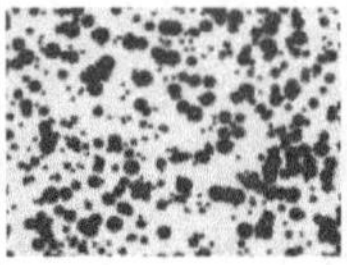 35.9%	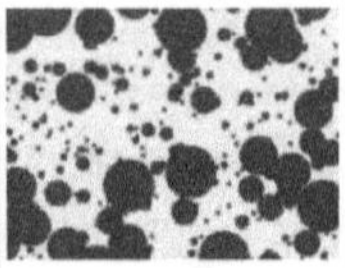 46.9%	$30\% < R \leq 50\%$
<1	国标无参考样例	国标无参考样例	国标无参考样例	国标无参考样例	$0\% < R \leq 0.1\%$
>5	国标无参考样例	国标无参考样例	国标无参考样例	国标无参考样例	$50\% < R \leq 100\%$

2. 锈蚀评级

GB/T 30789.3 对生锈的评级又列出参考图样。对应于本案对锈蚀腐蚀形态的分析。表 6-12 为对 GB/T 30789.3 中不同生锈评级参考图经过图像处理二值化后，对锈蚀面积进行统计并计算腐蚀区域的相对面积，依据对国标分析的结果给出评级参考值。

表 6-12 锈蚀标准分析对照表

等级	国标生锈样例腐蚀面积占比	评级参考值（面积占比 R）
1	0.21%	$0.1\% < R \leq 1\%$
2	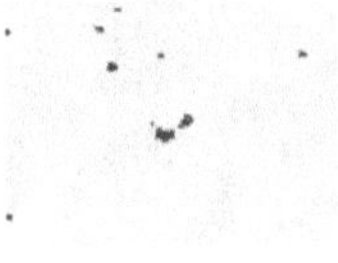 1.36%	$1\% < R \leq 10\%$
3	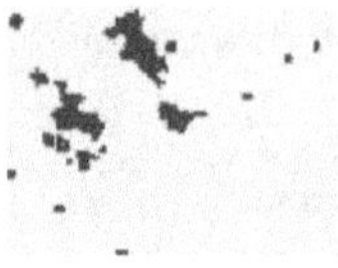 11.5%	$10\% < R \leq 20\%$

续表

等级	国标生锈样例腐蚀面积占比	评级参考值(面积占比 R)
4	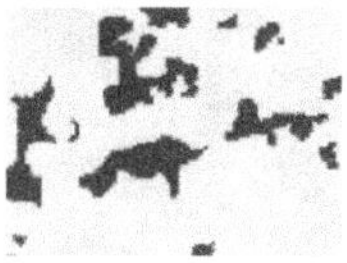 21.3%	$20\% < R \leqslant 50\%$
5	 53.0%	$50\% < R \leqslant 70\%$
<1	国标无参考样例	$0\% < R \leqslant 0.1\%$
>5	国标无参考样例	$70\% < R \leqslant 100\%$

GB/T 30789.3 中对生锈等级 1~5 级列出了分级样例。样例大小约为 156mm×140mm，经过对照分析国标的腐蚀分级图样，本案例给出了通过相对面积评级锈蚀的参考指标。

3. 开裂评级

GB/T 30789.4 对开裂的评级有列出两组参考图样。表 6-13 为对 GB/T 30789.4 中不同开裂类型评级参考图经过图像处理二值化后，对开裂面积进行统计并计算腐蚀区域的相对面积，依据对国标分析的结果给出评级参考值。

表 6-13 开裂标准分析对照表

等级	无定向开裂腐蚀面积占比	单向开裂腐蚀面积占比	评级参考值(面积占比 R)
1	 0.36%	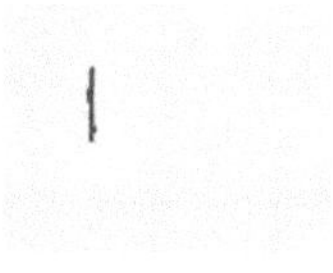 0.38%	$0.1\% < R \leqslant 0.3\%$
2	 0.59%	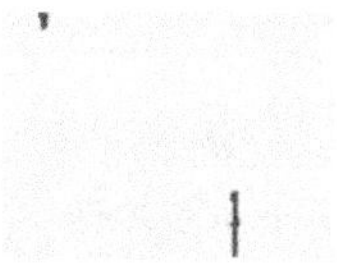 0.50%	$0.3\% < R \leqslant 0.5\%$

续表

等级	无定向开裂腐蚀面积占比	单向开裂腐蚀面积占比	评级参考值(面积占比 R)
3	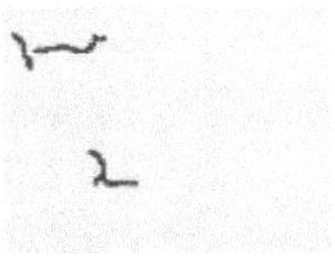 1.2%	 1.5%	$0.5\% < R \leqslant 1.5\%$
4	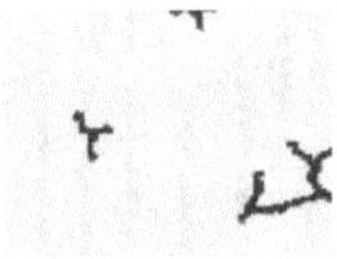 2.8%	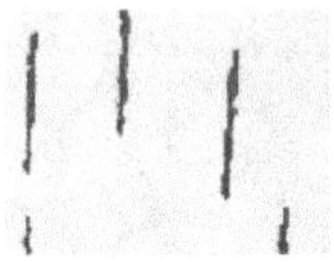 3.8%	$1.5\% < R \leqslant 3\%$
5	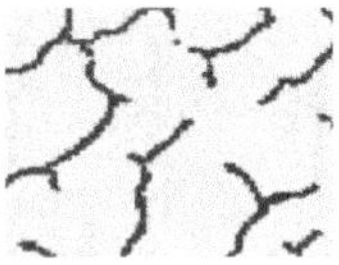 9.4%	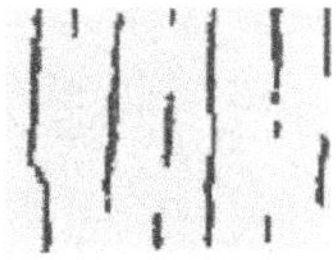 8.5%	$3\% < R \leqslant 9\%$
<1	国标无参考样例	国标无参考样例	$0\% < R \leqslant 0.1\%$
>5	国标无参考样例	国标无参考样例	$9\% < R \leqslant 100\%$

GB/T 30789.4 中对开裂等级 1~5 级列出了分级样例。样例大小约为 68mm×100mm 或 49mm×82mm，经过对照分析国标不同形态开裂的分级图样，本案例给出了统一的、通过相对面积评级开裂的参考指标。

4. 脱落评级

本案例对脱落腐蚀形态的分析，参考 GB/T 30789.5 剥落等级评级标准。

表 6-14 为对 GB/T 30789.5 中不同剥落类型评级参考图经过图像处理二值化后，对开裂面积进行统计并计算腐蚀区域的相对面积，并依据对国标分析的结果给出评级参考值。

表 6-14 脱落标准分析对照表

等级	无定向剥落腐蚀面积占比	单向剥落腐蚀面积占比	国标评级剥落面积%	评级参考值（面积占比 R）
1	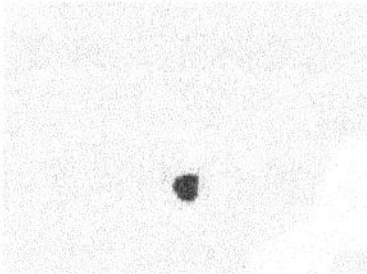 0.29%	0.21%	0.1	$0.1\% < R \leq 0.3\%$
2	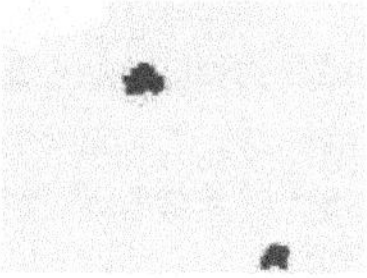 0.9%	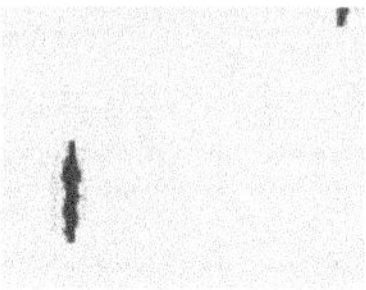 0.7%	0.3	$0.3\% < R \leq 1\%$
3	 2.8%	2.4%	1	$1\% < R \leq 3\%$
4	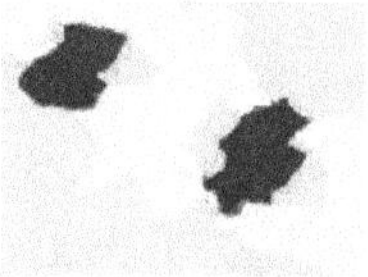 12.8%	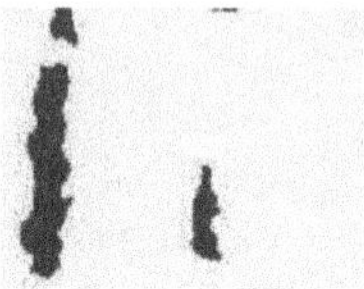 9.5%	3	$3\% < R \leq 15\%$
5	 20.8%	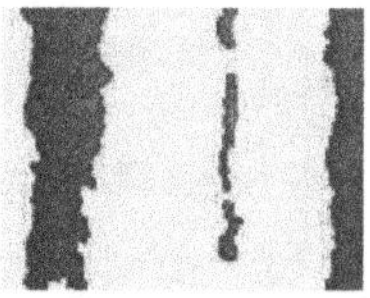 30%	15	$15\% < R \leq 30\%$
<1	国标无参考样例	国标无参考样例	0	$0\% < R \leq 0.1\%$
>5	国标无参考样例	国标无参考样例	国标无参考	$30\% < R \leq 100\%$

GB/T 30789.5 中对剥落等级给出两组分级样例。样例大小约为 48mm×77mm，经过对照分析国标不同形态剥落的分级图样，并参考国标给出的相对剥落面积的评级标准，本案例给出了统一的、通过相对面积评级脱落的参考指标。

5. 评级总结

为了避免图像噪声影响，并参考 GB/T 30789—2015，对于 1 级的判定统一设定为腐蚀相对面积0.1%。检测区域腐蚀相对面积大于0.1%以上可判定为腐蚀1级。由于国标参考图片的印刷效果和同类型不同形态腐蚀间的差异,以及量化算法本身的局限性,给出的参考相对面积在实测基础上作适当合理调整。

腐蚀评级标准参考表6-15所列(R表示检测到腐蚀的相对面积)。

表6-15 腐蚀分级标准参考表

分级	起泡	锈蚀	开裂	脱落
<1	0%<R≤0.1%	0%<R≤0.1%	0%<R≤0.1%	0%<R≤0.1%
1	0.1%<R≤0.5%	0.1%<R≤1%	0.1%<R≤0.3%	0.1%<R≤0.3%
2	0.5%<R≤3%	1%<R≤10%	0.3%<R≤0.5%	0.3%<R≤1%
3	3%<R≤10%	10%<R≤20%	0.5%<R≤1.5%	1%<R≤3%
4	10%<R≤30%	20%<R≤50%	1.5%<R≤3%	3%<R≤15%
5	30%<R≤50%	50%<R≤70%	3%<R≤9%	15%<R≤30%
>5	50%<R≤100%	70%<R≤100%	9%<R≤100%	30%<R≤100%

评价报告如下:

试验结果评价包含三部分:一是被试装备腐蚀环境效应的光谱测试数据和结果。二是被试装备腐蚀环境效应的等级评定。试验结束后,根据被试装备腐蚀程度,使用腐蚀分级标准,给出被试装备腐蚀等级。三是通过光谱测试和图像数据给出准确的腐蚀效应定性和定量测试数据和描述,结合被试装备合格判据,判定被试装备合格与否。

6.6.4 智能评价方法优势

1. 传统盐雾模拟试验结果评价

盐雾模拟试验报告如表6-16所列。

表6-16 盐雾模拟试验报告

试验对象	××公司研制的某型设备
试验目的	考核被试装备的盐雾环境适应性
试验标准	执行标准GJB 150.11A—2009《军用被试装备实验室环境试验方法 第11部分:盐雾模拟试验》

第6章 盐雾模拟环境腐蚀效应智能评价技术

续表

试验条件	温度:35℃±2℃(喷雾) 25℃±2℃(干燥) 湿度:48%RH(干燥) 盐溶液:NaCl 溶液 盐溶液浓度:4.9% 沉降率(单位:mL/cm² · h):A1:30,A2:29,B1:40,B2:42,C1:53,C2:60 pH 值:6.7 试验持续时间:连续进行 24h 喷雾和 24h 干燥,共两个周期 96h
试验过程	(1)预处理:清理被试装备表面。 (2)初始检测:检查被试装备表面状况并做记录。 (3)将被试装备摆放在试品架上,并放在盐雾模拟试验箱内,按照试验条件的要求进行试验。 (4)试验过程中控制稳定,试验条件均在合格范围内。 (5)试后检测:进行外观检查
测试项目	宏观图像:采用照相机判断整体腐蚀情况。 微观图像:采用体视显微镜判断是否有腐蚀及变化
合格判据	(1)按 GJB 150.11A—2009 进行外观检查。 (2)不影响参试装备主要功能
试验测试与结果	盐雾模拟试验后,经外观检查和确认,弹夹两侧表面腐蚀严重,大片区域被锈蚀覆盖,多处固定螺钉可见明显锈蚀,齿轮表面和齿隙可见锈蚀,连接齿轮轴被锈蚀覆盖。组合伺服阀表面合金螺钉可见明显锈蚀,其上有腐蚀产物覆盖,淡黄色合金接头表面可见轻微锈蚀,弯管接口及管身锈蚀情况较试验前更为严重,下侧两个接口的固定螺钉可见明显锈蚀,圆形插头缝隙腐蚀严重,插头上轴承已完全锈蚀。线缆插口外表面合金可见轻微氧化现象。设备控制盒螺钉腐蚀明显,但与试验前相比差距不大。设备炮管表面可见分散状锈斑,顶部传感器等钢制被试装备腐蚀较为严重,大部分区域被锈蚀覆盖,后侧插口圆形边缘可见锈蚀分布。试验后样品详情见附件。

装备名称	材料	腐蚀等级	试验结果
弹夹	不锈钢		不合格
组合伺服阀	合金		合格
线缆	橡胶、合金		合格
设备控制盒	不锈钢		合格
设备	不锈钢		不合格

具体测试结果部分内容如表 6-17 所列。

表 6-17 具体测试结果(报告中的附件)部分内容

| 宏观或微观图像 | 
弹夹盐雾模拟试验前、后图像对比

组合伺服阀盐雾模拟试验前、后图像对比 |

2. 盐雾模拟试验结果智能评价

盐雾模拟试验报告(示例)如表 6-18 所列。

表 6-18 盐雾模拟试验报告(示例)

试验对象	××公司研制的某型设备
试验目的	考核被试装备的盐雾环境适应性
试验标准	执行标准 GJB 150.11A—2009《军用被试装备实验室环境试验方法 第11部分:盐雾模拟试验》
试验条件	温度:35℃±2℃(喷雾) 25℃±2℃(干燥) 湿度:48%RH(干燥) 盐溶液:NaCl 溶液 盐溶液浓度:4.9% 沉降率(单位:ml/cm²·h):A1:30,A2:29,B1:40,B2:42,C1:53,C2:60 pH 值:6.7 试验持续时间:连续进行 24h 喷雾和 24h 干燥,共两个周期 96h
试验过程	(1) 预处理:清理被试装备表面。 (2) 初始检测:检查被试装备表面状况并做记录。 (3) 将被试装备摆放在试品架上,并放在盐雾模拟试验箱内,按照试验条件的要求进行试验。 (4) 试验过程中控制稳定,试验条件均在合格范围内。 (5) 试后检测:进行外观检查

续表

测试项目	傅里叶红外光谱测试： 高光谱成像测试： 宏观图像： 腐蚀等级评定：					
合格判据	（1）按 GJB 150.11A—2009《军用被试装备实验室环境试验方法 第11部分：盐雾模拟试验》进行外观检查。 （2）同类腐蚀等级不大于2级					
试验测试与结果	盐雾模拟试验后,经光谱测试,＊＊被试装备存在腐蚀情况,主要部位在＊＊。具体腐蚀类型和等级评定如下表所示。					
	装备名称	材料	光谱测试	腐蚀面积	类型	腐蚀等级	结果
	弹夹	不锈钢	有腐蚀	15.52%	锈蚀	3级	不合格
	组合伺服阀	合金	无腐蚀	2.56%	无	1级	合格
	线缆	橡胶、合金	无腐蚀	5.32%	无	1级	合格
	设备控制盒	不锈钢	无腐蚀	3.11%	无	1级	合格
	设备	不锈钢	有腐蚀	11.25%	无	3级	不合格

具体测试结果（报告中的附件）部分内容（示例）如表6-19所列。

表6-19 具体测试结果（报告中的附件）部分内容（示例）

光谱测试数据	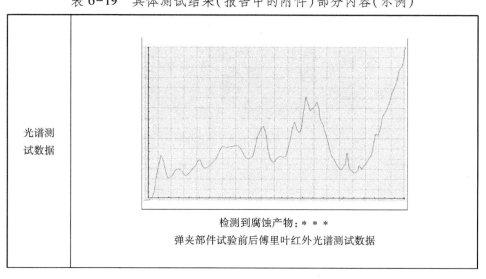 检测到腐蚀产物：＊＊＊ 弹夹部件试验前后傅里叶红外光谱测试数据

续表

宏观或微观图像	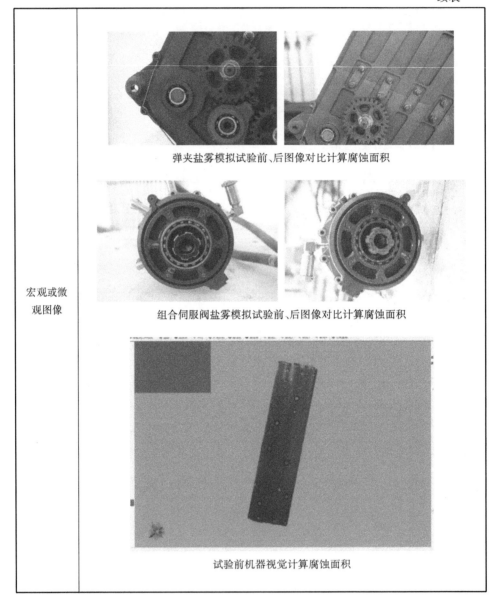 弹夹盐雾模拟试验前、后图像对比计算腐蚀面积 组合伺服阀盐雾模拟试验前、后图像对比计算腐蚀面积 试验前机器视觉计算腐蚀面积

3. 方法对比

针对上述某型设备的两种不同评价方法,现行的腐蚀环境效应评价方法(人眼视觉)和基于机器视觉的评价方法在工作量、获得的腐蚀特征数据、工作效率、评价准确性和科学性等方面进行对比分析,如表6-20所列。

表 6-20 评价方法对比分析

评价方法	人眼视觉		机器视觉	
	试验前	试验后	试验前	试验后
工作量（仅数据采集及评价）	每个被试装备用相机和体视显微镜不同角度拍照，每个被试装备平均6~20张图片数据，保留试验前图像数据	每个被试装备用相机和体视显微镜不同角度拍照，每个被试装备平均6~20张图片数据，与试验前图像进行人工对比分析，最终给出结果，并撰写试验报告	每个被试装备利用机器视觉采集图像，每个被试装备采集一次可完成基本所有部位图像采集。每个被试装备进行一次光谱测试	每个被试装备利用机器视觉采集图像，每个被试装备采集一次可完成基本所有图像采集。每个被试装备进行一次光谱测试。软件进行自动测试和评级
腐蚀特征数据	图片对比数据、人工判读结果数据		光谱测试数据、机器视觉测试数据、腐蚀部位、腐蚀类型、腐蚀面积数据、评级数据、自动评定结果数据	
工作效率	所需时间约为1h	所需时间约为4h	所需时间约为25min	所需时间约为2h
	完全依靠人工拍摄照片，人工判读每张照片后，再整理撰写试验报告，所需时间较长		通过判读设备进行拍摄，只需对设备参数进行简单设定，耗时较短，软件可自动判读并生成报告，人工成本较低	
评价准确性	没有量化数据，仅仅人工判读，评价受主观影响较大，盐雾判读无法给出腐蚀等级，霉菌判读的等级有时因人而异		无论在定性和定量测试上，都有相关数据，能够测得腐蚀面积，并依据面积给出盐雾和霉菌腐蚀等级，更准确	
科学性	方法手段单一，只能获得图像数据，且评价过程主观性较大，不够科学		评价结果均有数据支撑，能够给出腐蚀面积、腐蚀产物成分、长霉菌种种类且数据保证一定的精度和使用范围，比较科学	

第7章

盐雾环境模拟试验数据库技术

7.1 数据库的基本概念

数据库是数据管理的有效技术。目前,数据库系统的应用越来越广泛,特别是随着手机和互联网的发展,可以直接访问数据库。例如,通过网上订购机票、火车票,通过微信或支付宝转账、查询股票账户,等等。数据库已成为金融业、零售业、航空业、制造业、教育业等各行各业不可缺少的组成部分。在科学技术和工程领域中,数据库发挥的作用也更加明显。

数据库,顾名思义,是存放数据的仓库。不过,这个仓库是在计算机存储设备上,而且数据是按一定格式存放的。

关于数据库的定义有很多种说法。其中较完整的定义是:数据库是存储在一起的相关数据的集合,这些数据是结构化的、无有害的或不必要的冗余,为多种应用服务,数据的存储独立于使用它的程序,对数据库插入新数据、修改和检索原有数据均能按一种公用的和可控制的方式进行。

从数据库定义中,可以得到数据库主要有以下几个特点:

(1) 数据结构化,数据库是以最优方式(建立合理的数据模型)将相互关联的数据组织起来。

(2) 数据的共享性高、冗余度低且易扩充,数据共享可以大大减少数据冗余,节约存储空间,数据共享还能够避免数据之间的不相容性与不一致性,由于数据面向整个系统,是有结构的数据,不仅可以被多个应用共享使用,而且容易增加新的应用,这就使得数据库弹性大,易于扩充。

(3) 数据独立性高,数据库可为多种应用服务,但其结构与应用程序相互独立,从而简化了应用程序的编写,减少了应用程序的维护和修改,同时数据库设计本身可以不考虑要访问它的程序。

(4) 数据是由数据库管理系统统一管理和控制的。

基于上述定义,盐雾腐蚀数据库的构建就是要设计合理的数据模型,使得与盐雾环境相关的数据资源能够形成积累,使得数据能够高效、快捷地被管理和应用。

7.2 数据库语言

按照数据库的定义,对数据库插入新数据、修改和检索原有数据均能按一种公用的、可控制的方式进行,这要求数据库系统提供能够对数据定义和操作的规范化语言,分别称为数据定义语言(data definition language,DDL)和数据操纵语言(data manipulation language,DML)。目前结构化查询语言(structured query language,SQL)是应用最广泛的数据库语言,美国国家标准协会(american national standards institute,ANSI)和国际标准化组织(ISO)发布的SQL标准,称为商业化数据库系统语言的基本标准。

SQL是一个综合的、功能极强又简洁易学的语言。SQL集数据查询、数据操纵、数据定义和数据控制功能于一体,适用于各类关系数据库的操作,其主要特点如下。

1. 综合一体

SQL集数据定义语言、数据操纵语言、数据控制语言的功能于一体,语言风格统一,可以独立完成数据库生命周期中的全部活动,包括数据定义、数据操纵、数据查询、数据库控制、数据库管理等。

2. 使用方式灵活

SQL既是独立的语言,也是嵌入式语言。作为独立的语言,它能够独立地用于联机交互的使用方式,用户可以直接以交互命令方式操作数据库;作为嵌入式语言,SQL语句能够嵌入到程序设计语言(如C、C++、Java、Python等)中编程操作数据库。在两种不同的使用方式下,SQL的语法结构基本上一致。折中以统一的语法结构提供多种不同使用方式的做法,具备极大的灵活性和方便性。

3. 高度非过程化

SQL对于数据库的操作,不像程序设计语言的过程操作,而直接将操作命令提交系统执行。当用SQL进行数据操作时,只要提出"做什么",而不需要告诉它"怎么做",因此无须了解存取路径。存取路径的选择和SQL的操作过程由系统自动完成。这不仅减轻了用户负担,而且有利于提高数据独立性。

4. 语言语法简单

SQL的操作语句少,语言十分简洁,语言命令接近英语,易于学习和使用,完成核心功能只用了9个动词,分别如下。

  数据查询:SELECT。
  数据定义:CREATE,DROP,ALTER。
  数据操纵:INSERT,UPDATE,DELETE。
  数据控制:GRANT,REVOKE。

7.3 数据库体系结构

数据库具有一个严谨的体系结构,这样可以有效地组织、管理数据,提高数据库的逻辑独立性和物理独立性。

7.3.1 数据库的三级模式结构

数据库领域公认的标准结构是三级模式结构,它包括模式、外模式和内模式。

1. 模式

模式也称逻辑模式或概念模式,是数据库中全体数据的逻辑结构和特征的描述,是所有用户的公共视图。一个数据库只有一个模式,模式处于三级结构中间层。数据库管理系统提供模式定义语言(模式DDL)来严格定义模式。

2. 外模式

外模式也称子模式或用户模式,是数据库用户(包括应用程序员和最终用户)能够看见和使用的局部数据的逻辑结构和特征的描述,是数据用户的数据视图,是与某一应用有关的数据的逻辑表示。外模式是数据库安全性的一个有力措施。每个用户只能看见和访问所对应的外模式中的数据,数据库中的其余数据是不可见。数据库管理系统提供外模式定义语言(外模式DDL)来严格定义外模式。

3. 内模式

内模式也称存储模式,一个数据库只有一个内模式。它是数据物理结构和存储方式的描述,是数据在数据库内部的组织方式。

7.3.2 三级模式之间的映射

为了能够在内部实现数据库3个抽象层次的联系和转换,数据库管理系统在三级模式之间提供了两层映射。

1. 外模式/模式映射

对应于同一个模式可以有多个外模式,对于每个外模式,数据库系统都有一个外模式/模式映射。当模式改变时,由数据库管理员对各个外模式/模式映射做相应的改变,可以使外模式保持不变。这样,依据数据外模式编写的应用程序就不用修改,保证了数据与程序的独立性。

2. 模式/内模式映射

数据库中只有一个模式和一个内模式,所以模式/内模式映射是唯一的,它定义了数据库的全局逻辑结构与存储结构之间的对应关系。当数据库的存储结构改变时,由数据库管理员对模式/内模式映射做相应改变,可以使模式保持不变,应用程序相应地也不做变动。这样,保证了数据域程序的物理独立性。

7.4　数据库模型

7.4.1　数据模型的基本概念

数据模型是一种模型,它是对现实世界数据特征的抽象。由于计算机不能直接处理现实世界中的具体事务,因此人们需将具体事务转换成计算能够处理的数据,即数字化,把现实世界中的具体的人、物、活动、概念用数据模型这个工具加以抽象。

现有的数据库系统都是基于某种数据模型的。数据模型是数据库系统的核心和基础,是描述数据与数据之间的联系、数据的语义、数据一致性约束的概念性工具的集合。在数据库系统中,针对不同的使用对象和应用目的,采用不同的数据模型。主要的数据模型有概念模型、逻辑模型和物理模型。

概念模型也称信息模型,是按用户的观点来对数据和信息进行建模,主要用于数据库设计。

逻辑模型是按计算机系统的观点对数据建模,主要用于数据库管理系统的实现。

物理模型是数据最底层的抽象,它描述数据在系统内部的表示方式和存取方法,或者在磁盘或磁带上的存储方式和存取方法,是面向计算机系统的。物理模型的具体实现是数据库管理系统的任务,数据库设计人员要了解和选择物理模型,而最终用户不必考虑物理级细节。

7.4.2　数据模型的组成要素

数据模型通常是由数据结构、数据操作和完整约束三部分组成的。

1. 数据结构

数据结构描述数据的组成对象以及对象之间的联系,它是对系统静态特征的描述。数据结构描述的内容有两类:一类是与对象的类型、内容、性质有关的,如网状模型中的数据项、记录,关系模型中的域、属性、关系等;另一类是数据之间联系有关的对象,如网状模型中的系型。

2. 数据操作

数据操作是指对数据库中各种对象的实例允许执行的操作的集合,包括操作及有关的操作规则,它是对系统动态特征的描述。

3. 完整性约束

数据的完整性约束条件是一组完整性规则。它定义了给定数据模型中数据及其联系所具有的制约和依存规则。

▶ 7.4.3 常见的数据模型

数据库领域中主要的逻辑数据模型有层次模型、网状模型和关系模型。

1. 层次模型

用树形结构表示实体类型及实体间联系的数据模型称为层次模型。每棵树中有且仅有一个无双亲节点,称为根。树中除根之外所有节点有且仅有一个双亲。

2. 网状模型

用有向图结构表示实体类型及实体间联系的数据模型称为网状模型。用网状模型编写应用程序极其复杂,数据的独立性较差。

3. 关系模型

关系模型以二维表来描述数据。在关系模型中,每个表有多个字段和记录行,每个字段列都有固定的属性,如数字、日期、字符等。关系模型数据结构简单、清晰、数据独立性高,因此是目前主流的数据库数据模型。

关系模型一些常用术语如下:

(1) 关系:一个关系对应一张二维表。

(2) 元组:二维表中一行即为一个元组。

(3) 属性:二维表中一列即为一个属性。

(4) 域:每个属性取值范围的变化,如性别的域为{男,女}。

关系模型中数据约束如下:

(1) 实体完整性约束:约束关系中主键属性值不能为空值。

(2) 参照完整性约束:关系之间的基本约束。

(3) 用户定义的完整新约束,它反映了具体应用中数据的语义要求。

7.5 数据库管理系统

数据库管理系统(database management system,DBMS)是一种运行与管理数据库的软件系统。该类软件系统与计算机操作系统一样,都属于系统软件。

DBMS提供数据库定义、存储、增加、删除、更行和检索功能,为多个用户和应用程序访问或操纵数据库中的数据提供支持。

数据库管理系统是数据库系统的核心。目前大部分数据库管理系统软件装备都是关系数据库管理系统(relational database management system,RDBMS),主要包括Access、SQL Server、Oracle、MySQL数据库等,它们具有技术成熟、装备丰富、使用广泛等特点。近年,随着大数据时代的到来,非关系型数据库NoSQL(Not Only SQL)开始流行,主要包括Redis、MongoDb、Hbase数据库等。

7.6 SQL Server数据库简介

SQL Server数据库是美国微软公司推出的通用关系数据库管理系统装备,广泛应用于电子商务、互联网应用系统、企业信息系统和办公自动化系统等领域。SQL Server早期初始版本(如SQL Server 2000、SQL Server 2005、SQL Server 2008、SQL Server 2012)适用于中小规模机构的数据库管理与数据分析处理,近年来推出的版本(SQL Server 2014、SQL Server 2016、SQL Server 2017)应用范围有所扩展,适用于大规模机构的数据库管理和数据分析处理。

SQL Server提供全面的、集成的、端到端的数据管理解决方案,能为用户提供一个可靠安全、处理高效的数据库平台,可用于机构数据管理和数据分析应用。其为用户提供了功能强大、操作方便的数据库管理工具,同时降低了从移动设备到企业数据库系统平台上创建、部署、管理、使用数据库的复杂性。

SQL Server数据库具有以下特性。

(1)高性能设计,可充分利用WindowsNT的优势。

(2)系统管理先进,支持Windows图形化管理工具,支持本地和远程的系统管理和配置。

(3)强壮的事务处理功能,采用各种方法保证数据完整性。

(4)支持对称多处理器结构、存储过程、开放式数据连接(ODBC),并具有自主的SQL语言。SQL Sever以内置的数据复制功能、强大的管理工具、与Internet的紧密集成和开放的系统结构,能够为广大的用户、开发人员和系统集成商提供出众的数据库平台。

7.7 数据库的设计

▶ 7.7.1 数据库的设计概述

在数据库领域内,通常把使用数据库的各类信息系统都称为数据库应用系统。例如,以数据库为基础的各种管理信息系统、办公自动化系统、地理信息系统、电子政务系统、电子商务系统等。

数据库设计是指对于一个给定的应用环境,构造(设计)优化的数据库逻辑模式和物理结构,并据此建立数据库及其应用系统,使之能够有效地存储和管理数据,满足各种用户的应用需求,包括信息管理要求和数据操作要求。

信息管理要求是指在数据库中应该存储和管理哪些数据对象;数据操作要求是指对数据对象需要进行哪些操作,如查询、增、删、改、统计等操作。

数据库设计的目标是为用户和各种应用系统提供一个信息基础设施和高效的运行环境。高效的运行环境是指数据库数据的存取效率、数据库存储空间的利用率、数据库系统运行管理的效率都高。

▶ **7.7.2 数据库的设计过程**

数据库设计的一般过程如图 7-1 所示,主要包括需求分析、概念设计、逻辑设计、物理设计、数据库实现、数据库运行与维护 6 个阶段。

图 7-1 数据库设计的一般过程

1. 需求分析阶段

数据设计的首要工作是全面定义预期的数据库用户的数据需求和应用需求,即确定用户需要检索哪些数据以及用户期望如何应用这些数据。需求分析是整个设计过程的基础,是最困难和最耗费时间的一步。需求分析是否做得充分和准确,关系着数据库设计的速度和质量。需求分析做得不好,可能会导致整个数据库设计返工重做。为了获得完善的需求定义,设计者需要和领域专家、数据库用户进行深入广泛的交流,在此基础上制定用户需求规格说明书。

2. 概念设计阶段

概念设计阶段主要通过对用户需求进行综合、归纳和抽象,形成一个独立于具体数据库管理系统的概念模型。

概念模型的主要特点如下:

(1) 能真实、充分地反映现实世界,包括事物和实物之间的联系,能满足用户对数据的处理要求,是现实世界的一个真实模型。

(2) 易于理解,可以用它和不熟悉计算机的用户交换意见。用户的积极参与是数据设计成功的关键。

(3) 易于更改,当应用环境和应用要求改变时容易对概念模型进行修改和扩充。

(4) 易于向关系、网状、层次等各种数据模型转换。

概念模型是各种数据模型的共同基础,它比数据模型更独立于机器、更抽象,从而更加稳定。描述概念结构的常用工具是实体联系图(E-R 图)。

3. 逻辑设计阶段

逻辑设计也称逻辑结构设计,是将数据库概念结构转化为特定数据库管理系统下的数据模型的过程。其主要转换步骤如下:

1) 数据模型的转换

目前数据库应用系统都采用支持关系数据模型的关系数据库管理系统,所以数据模型的转换一般是将 E-R 图转换为关系模型。E-R 图是由实体型、实体的属性和实体型之间的联系 3 个要素组成的,关系模型的逻辑结构则是一组关系模式的集合,所以将 E-R 图转换为关系模型实际上就是要将实体型、实体的属性和实体型之间的联系转换为关系模式。

2) 数据模型的优化

数据库逻辑设计的结果不是唯一的,可能存在一些不规范的问题,如新导出的关联实体属性不完整、实体对应的关系表不符合数据库设计标准范式等。为了进一步提高数据库应用系统的性能,还需根据应用适当修改、调整数据模型的结构,即数据模型优化。

3) 确定数据依赖

对于各关系模式之间的数据依赖进行极小化处理,消除冗余的联系。

按照数据依赖的理论关系对关系模式逐一进行分析,考察是否存在部分函数依赖、传递函数依赖、多值依赖等,确定各关系模式分别属于哪个范式。

根据需求分析阶段得到的处理要求分析对于这样的应用环境这些模式是否合适,确定是否要对某些模式进行合并和分解。

对关系模式进行必要分解,提高数据操作效率和存储空间利用率。

4) 设计用户子模式

将概念模型转换为全局逻辑模型后,需根据局部应用需求,结合具体关系数据库管理系统的特点设计用户的外模式。

4. 物理设计阶段

物理设计也称为物理结构设计。为一个给定逻辑数据模型选取一个最适合应用要求的物理结构的过程,就是数据库的物理设计。

数据库的物理设计通常分为两步:第一步确定数据库的物理结构,在关系数据库中主要指存取方法和存储结构;第二步是对物理结构进行评价,评价的重点是时间和空间效率。

确定数据库的物理结构包含以下方面的内容:

1) 确定数据的存储结构

确定数据库物理结构要综合考虑存取时间、存储空间利用率和维护代价3个方面的因素。这3个方面常常是相互矛盾的,因此需要进行权衡,选择一个折中的方案。

2) 设计数据存取路径

在关系数据库中,选择存储路径主要是指确定如何建立索引。例如,应把哪些域作为次码建立次索引,建立单码索引还是组合索引,建立多少个为合适,是否建立聚集索引等。

3) 确定数据存放位置

为了提高系统性能,应该根据应用情况将数据的易变部分与稳定部分、经常存取部分和存取频率较低部分分开存放。例如,数据库数据备份、日志文件备份等由于只在故障恢复时才使用,而且数据量很大,可以考虑存放在 I/O 读写效率较慢的机械硬盘上,而一些经常需要读取和修改的关键用户数据等可以考虑存放在 I/O 读写效率较快的固态硬盘上;目前很多计算机有多个磁盘或磁盘序列,因此可以将表和索引放在不同的磁盘上。在查询时,由于磁盘驱动器并行工作,可以提高物理 I/O 读写效率,也可以将比较大的表分别放在两个磁盘上,以加快存取速度,这对多用户环境下特别有效。

4) 确定系统配置

关系数据库管理装备一般都提供了一些系统配置变量和存储分配参数,供设计人员和数据库管理员对数据库进行物理优化。在初始情况下,系统都为这些变量赋予了合理的默认值。但这些值不一定适合每种应用环境,在进行物理设计时需要重新对这些变量赋值,以改善系统性能。系统配置变量很多,这些配置变量通常包括:同时使用数据库的用户数,同时打开的数据库对象数,内存分配参数,使用的缓冲区长度、个数,时间片大小,数据库大小,物理块装填因子,锁的数目等。这些参数值影响存取时间和存储空间的分配,在物理设计时需根据应用环境确定这些参数值,以使系统性能最佳。

数据库物理设计过程中需对时间效率、空间效率、维护成本和各种用户要求进行权衡,其结果会产生多种方案。数据库设计人员必须对这些方案进行细致认真的评价,从中选择一个优化方案作为数据库物理结构。

评价数据库物理结构的方法依赖于所选用的数据库管理系统,主要从定量估算各种方案的存储空间、存取时间和维护代价入手,对估算结果进行权衡、比较,选择出一个较优、合理的物理结构。如果该结构不符合用户需求,就需要修改设计。

5. 数据库实现阶段

数据库实现是在硬件环境下,设计人员用关系数据库管理系统提供的数据定义语言和其他实用程序将数据库逻辑设计和物理设计结果严格描述出来,成为关系数据库管理系统可以接受的源代码,再经过调试产生目标模式。

数据库实现阶段包括两项重要工作:一是数据的载入;二是应用程序的编码和调试。

1) 数据的载入

一般数据库系统中数据量都很大,而且数据来源单位广泛,数据的组织方式、结构和格式都与新设计的数据库系统有差别。组织数据载入需要将各类源数据从各个局部应用中抽取出来,输入计算机,再分类转换,最后综合形成符合新设计的数据库结构形式,输入数据库。因此,这样的数据转换、组织入库的工作十分费时、费力。一般而言,为提高数据输入工作的效率和质量,需针对具体的应用环境设计的数据输入子系统,由计算机完成数据输入和校验。

2) 应用程序的编码和调试

应用程序编码主要包括创建表空间、表定义,以及创建约束、触发器、存储过程、规则、用户及角色、面向终端用户的用户视图和人机操作界面等。通过载入的数据,执行对数据库的各种操作,测试应用程序的功能是否满足设计要求。若不满足,则需对应用程序进行调试,直到达到设计要求。

6. 数据库运行与维护阶段

数据库试运行合格后,数据库开发工作基本结束,可以投入正式运行。但由于应用环境在不断变化,数据库运行过程中物理存储也会不断变化,对数据库设计进行评价、调整、修改等维护工作是一个长期的任务,也是设计工作的继续和提高。

在数据运行阶段,数据库日常系统管理和维护工作是数据库管理员的职责。数据库维护工作主要包括以下几个方面[1]:

1)数据库的备份和恢复

数据库的备份和恢复是系统正式运行后最重要的维护工作之一。数据库管理员要针对不同的要求制订不同的备份计划,保证一旦发生故障能尽快将数据库恢复到某种一致的状态,并尽可能减少对数据库的破坏。

2)数据库的安全性、完整性控制

在数据库运行过程中,由于应用环境的变化,对安全性的要求也会发生变化,如有的数据原来是机密的,现在则可以公开查询,而新加入的数据又可能是机密的。数据库管理员需要采取身份验证、权限控制、数据加密等技术方法进行安全控制。同样,数据库的完整性约束条件也会发生变化,也需要数据库管理员不断维护,满足用户要求。

3)数据库性能监督、分析和改造

在数据库运行过程中,监督系统运行、对监测数据进行分析,找出改进系统性能的方法是数据库管理员的又一任务。目前有些关系数据库管理系统提供了监测系统性能参数的工具,数据库管理员可以利用这些工具得到系统运行过程中一系列性能参数值。数据库管理员应仔细分析这些值,对数据库进行改造。

4)数据库的重组织与重构造

数据库运行一段时间后,由于记录不断增、删、改,将会使数据库的物理存储情况变坏,降低数据的存取效率,使数据库性能下降,此时数据库管理员需要对数据库进行重组织。关系数据库管理系统一般都提供数据重组织用的实用程序。在重组织的过程中,按原设计要求重新安排存储位置、回收垃圾、减少指针链等,提高系统性能。由于数据库应用环境发生变化,增加了新的应用或新的实体,取消了某些应用,有的实体与实体间的联系也发生了变化等,使原有的数据库设计不能满足新的要求,需要对数据库重构造,即调整数据库的模式和内模式。

7.8　腐蚀效应数据库总体设计

环境模拟试验必须剪裁,但缺少相似装备的环境试验经验和环境数据,剪裁没有很好地开展。GJB 150A 主要是参考美军 810F,虽然给出了盐雾环境模拟试验剪裁指南,但盐雾环境模拟试验程序变化与腐蚀效应及实际环境腐蚀效应的相关性研究数据不足,导致盐雾环境模拟试验程序变量的剪裁很难实施,致使武器装备环境适应性考核不尽合理。试验剪裁需要丰富环境设计和指导文件,使剪裁具有更强的操作性,但目前实验数据分散存储,格式不统一,很难有效的利用。在此背景下,依据 GJB 150.20A—2009 等标准中盐雾腐蚀环境数据处理、归纳的有关规定,并结合实际沿海盐雾腐蚀试验的需求,开发了盐雾腐蚀数据处理工具,可对盐雾腐蚀数据试验室条件和自然环境条件下进行存储、分析处理和对比,其归纳的结果可用于制定环境适应性试验剖面及环境条件。

盐雾腐蚀数据处理系统可系统为盐雾环境试验相关研究人员提供一个盐雾腐蚀数据处理平台。主要针对沿海大气环境装备的典型腐蚀失效现象,结合自然环境试验数据,进行全面梳理分析,以形貌、质量、腐蚀电流、电极电位等典型指标,系统研究盐雾环境模拟试验下沿海各装备典型材料、表面处理工艺及典型结构的微观、动态腐蚀效应、构建加速腐蚀试验技术。此外,本系统有完善的后台管理系统,方便维护人员的操作,并有信息保密机制确保数据的安全性。盐雾腐蚀数据处理系统主要通过 C#4.0 和 SQL Server 2008 进行开发。

7.8.1 程序系统的结构

1. 软件功能概述

如图 7-2 所示,用户登录后,软件主要分为五大模块:沿海大气腐蚀数据模块、盐雾环境模拟试验腐蚀数据模块、数据库维护模块、工具管理模块、系统管理模块。

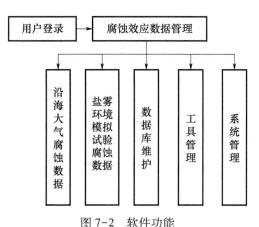

图 7-2 软件功能

2. 软件运行环境

服务器端硬件配置要求：酷睿三代 1.5GHz 以上、内存为 2GB 及以上、硬盘容量为 80GB 或以上；操作系统为 Windows XP 及以上版本；.Net Framework 2.0 及以上版本；数据库管理系统为 SQL Server 2008 及以上版本。

客户端硬件配置要求：酷睿二代 1.5GHz 以上、2GB 内存、20GB 硬盘空间；操作系统为 Windows XP 及以上版本；.Net Framework 2.0 及以上版本。

▶ 7.8.2 用户登录模块

图 7-3 是系统登录界面。用户输入要登录的用户名和密码，系统通过查询数据库，如果匹配上用户名和密码就会给出提示信息，登录成功。用户可直接在客服端登录本系统，并采用 SQL Server 2008 作为数据库，安全性较高、速度快，并能即时显示是否成功登录。当用户登录成功时，则直接进入软件主界面。如果用户名或密码输入错误，就会给出相应提示信息。

图 7-3 系统登录界面

▶ 7.8.3 沿海大气腐蚀数据模块

1. 模块描述

沿海大气腐蚀数据模块主要是对沿海大气腐蚀数据的原始数据文件进行操作，主要分为金属沿海大气腐蚀数据管理、涂镀层沿海大气腐蚀数据管理、沿海大气环境数据管理、有机涂层沿海大气腐蚀数据管理 4 个部分。

2. 金属沿海大气腐蚀数据管理

图 7-4 是金属沿海大气腐蚀数据管理界面。数据库中储存的是硬铝、钢等在万宁等地方的大气腐蚀数据。单击"添加"按钮，可将沿海大气腐蚀数据添加到数据库中。金属沿海大气腐蚀数据表中的输入项、数据类型、长度如表 7-1 所列。

第 7 章 盐雾环境模拟试验数据库技术

图 7-4　金属沿海大气腐蚀数据管理界面

表 7-1　金属沿海大气腐蚀数据表中的输入项、数据类型、长度

输入项	数据类型	长度
名称	varchar	50
种类	varchar	50
试验时间	varchar	50
盐浓度	varchar	50
盐雾沉降量	varchar	50
试验温度	varchar	50
持续周期	varchar	50
腐蚀程度	image	
腐蚀程度照片名称	varchar	50
腐蚀种类	varchar	50
平均点蚀深度	varchar	50
最大点蚀深度	varchar	50
点蚀深度	varchar	50
数据来源	varchar	50
归档日期	varchar	50
归档人	varchar	50

通过单击"保存"按钮,可将原始数据保存到数据库中。通过单击"删除"按钮,可将选中的数据在数据库删除。

3. 涂镀层沿海大气腐蚀数据管理

图 7-5 是涂镀层沿海大气腐蚀数据管理界面。数据库中储存的是镍镀层、铟镀层和阳极氧化层等在万宁等地方的大气腐蚀数据,单击"添加"按钮将涂镀层沿海大气腐蚀数据添加到数据库中。涂镀层沿海大气腐蚀数据中的输入项、数据类型、长度如表 7-2 所列。

表 7-2 涂镀层沿海大气腐蚀数据表中的输入项、数据类型、长度

输入项	数据类型	长度
名称	varchar	50
种类	varchar	50
试验时间	varchar	50
试验地点	varchar	50
试验周期	varchar	50
腐蚀程度	image	
腐蚀程度照片	varchar	50
试验温度	varchar	50
持续周期	varchar	50
腐蚀程度	image	
腐蚀程度照片名称	varchar	50
腐蚀种类	varchar	50
腐蚀速率	varchar	50
平均点蚀深度	varchar	50
最大点蚀深度	varchar	50
交叉处腐蚀	varchar	50
起泡	varchar	50
锈蚀点出现时间	varchar	50
点蚀密度	varchar	50
数据来源	varchar	50
归档日期	varchar	50
归档人	varchar	50

通过单击"保存"按钮,可将原始数据保存到数据库中。通过单击"删除"按钮,可将选中的数据在数据库删除。

第 7 章　盐雾环境模拟试验数据库技术

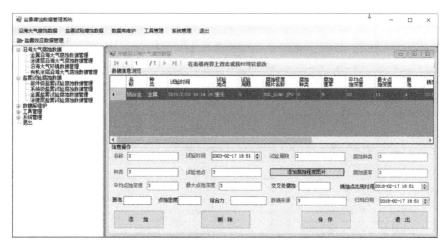

图 7-5　涂镀层沿海大气腐蚀数据管理

4. 沿海大气环境数据管理

图 7-6 是沿海大气环境数据管理界面。数据库中储存的是万宁 2016 年各月份的大气环境数据。单击"添加"按钮将沿海大气腐蚀数据添加到数据库中。沿海大气环境数据表中的输入项、数据类型、长度如表 7-3 所列。

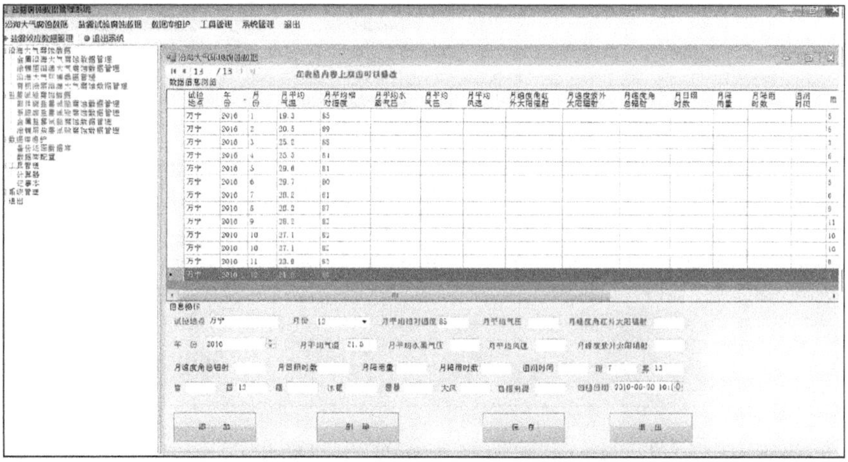

图 7-6　沿海大气环境数据管理界面

表 7-3　沿海大气环境数据表中的输入项、数据类型、长度

输入项	数据类型	长度
序号	bigint	
试验地点	varchar	50

191

续表

输入项	数据类型	长度
年份	varchar	50
月份	varchar	50
月平均气温	varchar	50
月平均相对湿度	image	
月平均水蒸气压	varchar	50
月平均气压	varchar	50
月平均风速	varchar	50
月维度角红外太阳辐射	image	
月维度角紫外太阳辐射	varchar	50
月维度角总辐射	varchar	50
月日照时数	varchar	50
月降雨量	varchar	50
月降雨时数	varchar	50
湿润时间	varchar	50
雨	varchar	50
雾	varchar	50
雪	varchar	50
露	varchar	50
霜	varchar	50
冰雹	varchar	50
雷暴	varchar	50
大风	varchar	50
数据来源	varchar	50
归档日期	varchar	50
归档人	varchar	50

通过单击"保存"按钮,可将原始数据保存到数据库中。通过单击"删除"按钮,可将选中的数据在数据库删除。

5. 有机涂层沿海大气腐蚀数据管理

图 7-7 是有机涂层沿海大气腐蚀数据管理界面。数据库中储存的为镁合金涂层体系和铝合金涂层体系在海洋大气环境暴露试验数据。单击"添加"将有机涂层沿海大气腐蚀数据添加到数据库中。有机涂层沿海大气腐蚀数据表中的输入项、数据类型、长度如表 7-4 所列。

第 7 章 盐雾环境模拟试验数据库技术

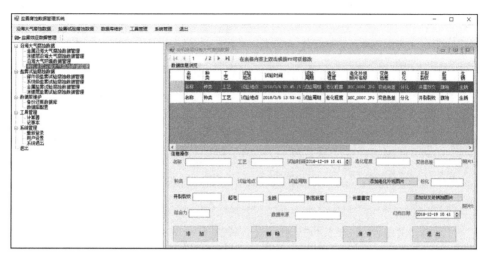

图 7-7 有机涂层沿海大气腐蚀数据管理界面

表 7-4 有机涂层沿海大气腐蚀数据表中的输入项、数据类型、长度

输入项	数据类型	长度
序号	bigint	
名称	varchar	50
种类	varchar	50
工艺	varchar	50
试验地点	varchar	50
试验时间	image	
试验周期	varchar	50
老化程度	varchar	50
老化外观	image	
老化外观照片名称	varchar	50
变色色差	varchar	50
粉化	varchar	50
开裂裂纹	varchar	50
起泡	varchar	50
生锈	varchar	50
剥落脱层	varchar	50
长霉霉变	varchar	50

193

续表

输入项	数据类型	长度
划叉处锈蚀	image	
划叉处锈蚀照片名称	varchar	50
结合力	varchar	50
数据来源	varchar	50
归档日期	varchar	50
归档人	varchar	50

通过单击"保存"按钮,可将原始数据保存到数据库中。通过单击"删除"按钮,可将选中的数据在数据库删除。

▶ 7.8.4 盐雾环境模拟试验腐蚀模块

1. 模块描述

盐雾环境模拟试验腐蚀数据模块主要是对盐雾环境模拟试验腐蚀数据的原始数据文件进行操作,主要分为部件级盐雾环境模拟试验腐蚀数据管理、系统级盐雾环境模拟试验腐蚀数据管理、金属盐雾环境模拟试验腐蚀数据管理、涂镀层盐雾环境模拟试验腐蚀数据管理4个部分。

2. 部件级盐雾环境模拟试验腐蚀数据管理

图7-8是部件级盐雾环境模拟试验腐蚀数据管理界面。数据库中储存的是某型无人机试验件样品在环境模拟实验室中所做的盐雾环境模拟试验数据。

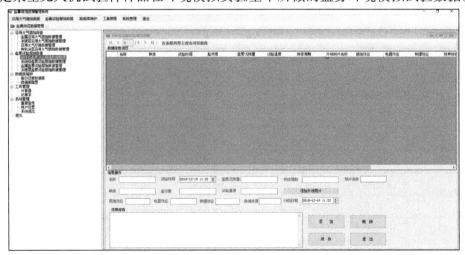

图7-8 部件级盐雾环境模拟试验腐蚀数据管理界面

单击"添加"按钮,将部件级盐雾环境模拟试验腐蚀数据添加到数据库中。部件级盐雾环境模拟试验腐蚀数据表中的输入项、数据类型、长度如表7-5所列。

通过单击"保存"按钮,可将原始数据保存到数据库中。通过单击"删除"按钮,可将选中的数据在数据库删除。

表7-5 部件级盐雾环境模拟试验腐蚀数据表中的输入项、数据类型、长度

输入项	数据类型	长度
序号	bigint	
名称	varchar	50
种类	varchar	50
试验时间	image	
盐浓度	varchar	50
盐雾沉降量	varchar	50
试验温度	varchar	50
持续周期	varchar	50
外观	image	
外观照片名称	varchar	50
腐蚀效应	varchar	50
电器效应	varchar	50
物理效应	varchar	50
结果报告	text	
数据来源	varchar	50
归档日期	varchar	50
归档人	varchar	50

3. 系统级盐雾环境模拟试验腐蚀数据管理

图7-9是系统级盐雾环境模拟试验腐蚀数据管理界面。数据库中储存的是某型多功能雷达试验件样品在环境模拟实验室中所做的盐雾环境模拟试验数据。单击"添加"按钮将系统级盐雾环境模拟试验腐蚀数据添加到数据库中。系统级盐雾环境模拟试验腐蚀数据表中的输入项、数据类型、长度如表7-6所列。

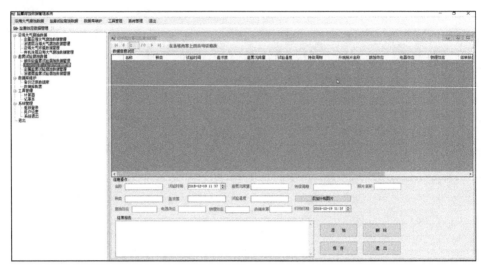

图 7-9　系统级盐雾环境模拟试验腐蚀数据管理界面

表 7-6　系统级盐雾环境模拟试验腐蚀数据表中的输入项、数据类型、长度

输入项	数据类型	长度
序号	bigint	
名称	varchar	50
种类	varchar	50
试验时间	image	
盐浓度	varchar	50
盐雾沉降量	varchar	50
试验温度	varchar	50
持续周期	varchar	50
外观	image	
外观照片名称	varchar	50
腐蚀效应	varchar	50
电器效应	varchar	50
物理效应	varchar	50
结果报告	text	
数据来源	varchar	50
归档日期	varchar	50
归档人	varchar	50

通过单击"保存"按钮,可将原始数据保存到数据库中。通过单击"删除"按钮,可将选中的数据在数据库删除。

4. 金属盐雾环境模拟试验腐蚀数据管理

图7-10是金属盐雾环境模拟试验腐蚀数据管理界面。数据库中储存的是典型铝合金试验件样品在盐雾环境模拟实验室中所做的盐雾环境模拟试验数据。单击"添加"按钮,将金属盐雾环境模拟试验腐蚀数据添加到数据库中。金属盐雾环境模拟试验腐蚀数据表中的输入项、数据类型、长度如表7-7所列。

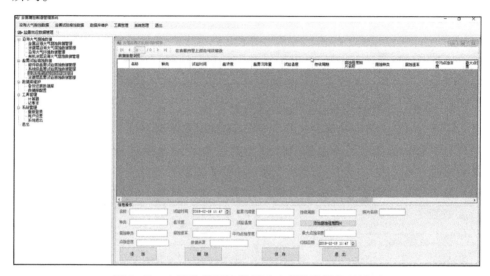

图7-10 金属盐雾环境模拟试验腐蚀数据管理界面

通过单击"保存"按钮,可将原始数据保存到数据库中。通过单击"删除"按钮,可将选中的数据在数据库删除。

表7-7 金属盐雾环境模拟试验腐蚀数据表中的输入项、数据类型、长度

输入项	数据类型	长度
名称	varchar	50
种类	varchar	50
试验时间	varchar	50
盐浓度	varchar	50
盐雾沉降量	varchar	50
试验温度	varchar	50
持续周期	varchar	50

续表

输入项	数据类型	长度
腐蚀程度	image	
腐蚀程度照片名称	varchar	50
腐蚀种类	varchar	50
平均点蚀深度	varchar	50
最大点蚀深度	varchar	50
点蚀深度	varchar	50
数据来源	varchar	50
归档日期	varchar	50
归档人	varchar	50

5. 涂镀层盐雾环境模拟试验腐蚀数据管理

图 7-11 是涂镀层盐雾环境模拟试验腐蚀数据管理界面。数据库中储存的是聚氨酯和丙烯酸涂层体系试验件样品在盐雾环境模拟实验室中所做的盐雾环境模拟试验数据。单击"添加"按钮,将涂镀层盐雾环境模拟试验腐蚀数据添加到数据库中。涂镀层盐雾环境模拟试验腐蚀数据表中的输入项、数据类型、长度如表 7-8 所列。

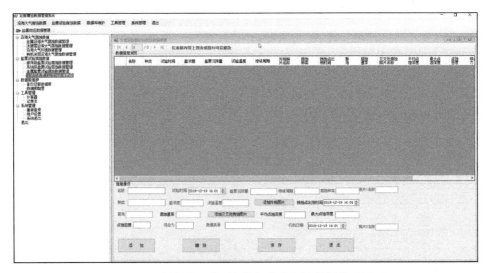

图 7-11 涂镀层盐雾环境模拟试验腐蚀数据管理界面

通过单击"保存"按钮,可将原始数据保存到数据库中。通过单击"删除"按钮,可将选中的数据在数据库删除。

表 7-8 涂镀层盐雾环境模拟试验腐蚀数据表中的输入项、数据类型、长度

输入项	数据类型	长度
名称	varchar	50
种类	varchar	50
试验时间	varchar	50
试验地点	varchar	50
试验周期	varchar	50
腐蚀程度	image	
腐蚀程度照片	varchar	50
试验温度	varchar	50
持续周期	varchar	50
腐蚀程度	image	
腐蚀程度照片名称	varchar	50
腐蚀种类	varchar	50
腐蚀速率	varchar	50
平均点蚀深度	varchar	50
最大点蚀深度	varchar	50
交叉处腐蚀	varchar	50
起泡	varchar	50
锈蚀点出现时间	varchar	50
点蚀密度	varchar	50
数据来源	varchar	50
归档日期	varchar	50
归档人	varchar	50

7.8.5 数据库维护模块

数据库维护模块为本软件所对应的后台数据库操作,包括数据库配置、数据库备份、数据库还原、添加用户功能。

图 7-12 是数据库配置界面。在此界面需要输入服务器、数据库名称、登录用户、登录密码内容,以及对所连数据库进行配置。

图 7-13 是数据库备份还原界面。在此界面需要输入内容为数据库备份或还原文件的存储路径,被备份或还原文件为.bak 格式文件。

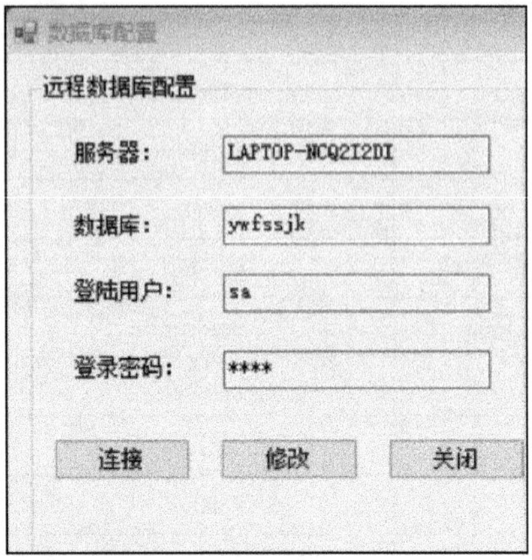

图 7-12　数据库配置界面

图 7-13　数据库备份还原界面

图 7-14 是添加用户信息界面。该界面主要为实现用户的身份注册功能，为以后使用本系统提供用户名和密码。用户通过选择注册功能，进入注册界面，填写完注册信息后，系统把用户的信息存入数据库中。

图 7-14　添加用户信息界面

表 7-9 是数据库用户信息表中的输入项、数据类型、长度。

表 7-9 数据库用户信息表中的输入项、数据类型、长度

输入项	数据类型	长度
用户名	varchar	50
登录密码	varchar	20
用户类型	int	20
备注	varchar	100

▶ 7.8.6 工具管理模块

本模块的功能是将计算机自带的计算器和记事本进行链接,方便用户在记录和处理数据时使用。

▶ 7.8.7 系统管理模块

本模块的功能主要包括用户重新登录、用户设置、系统退出。

用户信息管理主要包括用户权限管理、用户信息修改以及用户等级修改。用户权限管理将用户分为普通用户、管理员和超级管理员,它们具有不同的权限,普通用户只有添加数据权限,管理员有修改普通用户信息的权限,超级管理员有修改用户等级的权限。

第 8 章

腐蚀效应监测及评价技术

8.1 技术基础

8.1.1 腐蚀监测的意义

随着科学技术的快速发展,现代战争对高新装备、信息化装备的需求日益加深,促使现代科学技术不断地深入到装备的研制开发中,要求较高的战场环境适应性以及可靠性。这就对现代装备的腐蚀控制提出了更高的要求。

腐蚀控制方法主要是使用环境防腐蚀和材料防腐蚀,而腐蚀监测则是腐蚀控制过程中的一种手段,目的是发现装备上的腐蚀现象,揭示腐蚀过程,了解腐蚀控制效果,迅速、准确地判断设备的腐蚀情况和存在隐患,以便研究制定出恰当的防腐蚀措施,以及提高设备和装备运行的可靠性。

腐蚀监测就是对装备的腐蚀速率和某些与腐蚀速率有密切关系的参数进行连续或断续测量,同时根据这种测量对使用过程的有关条件进行控制的一种技术。依靠腐蚀监测对装备内部的腐蚀情况进行控制,避免因装备损坏而引起计划外损坏。

腐蚀监测除了可以因改善装备运行状态、提高装备的可靠性、延长寿命和缩短停用维修维护时间而得到巨大的军事意义,还可以使装置在接近于设计的最佳条件下运转,也可以对设备的安全运行、保证操作人员的安全和减少环境污染方面起到有益的作用。此外,腐蚀监测还能够用于鉴定腐蚀原因,了解腐蚀过程与使用环境之间的关系,或者判断一些腐蚀防护方法的效果。

8.1.2 腐蚀监测的发展过程

腐蚀监测技术是由实验室腐蚀试验方法和装备的无损检测技术发展而来

的。在装备的腐蚀监测方面,以前主要是在检修期间安装和取出挂片,以及在检修期间对设备内部进行检查。这种工作方式的缺点在于试验周期取决于检修周期,而这个周期对腐蚀试验和测量来说常常是不合适的。在这个周期中,使用环境和装备性能会产生相当大的变化,特别是一些对腐蚀过程有重要影响的因素,腐蚀的速度和形态也都可能发生大的变化,所得到的结果仅仅是整个试验周期中产生的腐蚀的总和。这常常造成对试验结果无法进行解释,而且在几乎相同的装备上可能得到完全不同的试验结果。

为了使试验时间独立于检修周期,使用了专用试验装置。之后,又实现了在装备使用过程中装入或取出试样。超声波测厚法和试样的电阻测量法可以对运转中的装备进行频繁的测量,但是它们仅仅限于在装备全面腐蚀时是有用的,同时难以获得足够高的灵敏度来跟踪记录腐蚀速率的变化。

近30年来,随着计算机的广泛应用,电化学技术的发展,无损探伤技术的进步和探伤方法的不断开拓,腐蚀监测技术得到了迅速的发展。主要表现在以下几个方面。

(1)线性极化法及其他实验室用的电化学技术已经成为生产上腐蚀监测用的可行方法,它们使腐蚀的信息可以像温度和压力一样进行测量并用来对生产操作进行控制。这就使得在线腐蚀监测技术能够实现。在线腐蚀监测技术是20世纪80年代逐渐发展起来的新技术。通过在线腐蚀监测,可以达到以下目的:跟踪金属表面在真实环境中的腐蚀行为;掌握金属的腐蚀速率和腐蚀状况;实时地指导采取相应的工艺防腐蚀措施;控制腐蚀速率在合乎要求的范围内。经多年测得的数据,计算出实际的年腐蚀速率,与测厚技术相结合,推算出设备剩余的壁厚以及设备内件的腐蚀状况,确定设备是否满足安全生产需要,从而确定设备检修周期,为预防性维修提供理论依据。

(2)计算机在腐蚀监测中的使用是监测技术的重要发展方向。对一些重要的石油化工行业,目前已经开发了一些腐蚀监测的人工智能网络和专家系统,包括程序软件和测试装置。腐蚀监测使用的测量元件需要有更大的可靠性,或者具备与监测对象更一致的条件;使用多用途探针,如由极化阻力探针和电阻探针发展而来的探针。电子工业的发展,使得腐蚀监测工作有可能得到更为复杂精密而可靠的仪器;与计算机联用可以得到各种形式的显示和记录,从而使监测结果的获得更为方便和直观。

(3)无损探伤技术的进步和探伤方法的不断开拓,为腐蚀监测提供了良好的监测方法和手段,使腐蚀监测工作长了眼睛和耳朵,使腐蚀监测更加灵敏、准确和及时。

如上所述,随着计算机、电化学技术的进步和无损探伤技术的不断开拓,腐蚀监测技术得到了迅速发展。与此同时,腐蚀监测的管理工作随着各个行业部门对腐蚀问题的重视而得到迅速的发展。

▶ 8.1.3 腐蚀监测方法的要求和影响因素

1. 腐蚀监测方法的要求

由于腐蚀监测的目的是实现腐蚀检测,并进而实现腐蚀的控制,因此腐蚀监测的方法应该满足以下几项要求:必须使用可靠,可以长期进行测量,有适当的精度和测量重现性,以便能准确地判定腐蚀速率;应当是无损检测,测量不需要停车;这对于高温、高压和具有放射性等工艺特别重要;有足够高的灵敏度和反应速率,测量过程要尽可能短,以满足自动报警和自动控制的要求;操作维护简单。

2. 影响腐蚀监测的因素

装备在使用过程中影响腐蚀的因素很多,如物料的化学成分、微量物质或污染、温度、湿度、气体成分、界面、相变、金属材料的化学组成电偶效应、缝隙的存在、应力的大小和类型以及传热条件等,它们都对腐蚀的形态或速率产生影响。当然,对一些腐蚀监测方法也会产生一定的影响。在选择腐蚀监测技术和分析数据时,应当对它们加以考虑。

▶ 8.1.4 腐蚀监测方法的分类和选择

一般来说,直接监测法的监测对象是设备材料的腐蚀速率(壁厚的变化或壁的结构变化);间接监测法的监测对象是对腐蚀过程有强烈影响的环境因素或是环境与材料相互作用的因素。监测方法也可分为设备的停车定期检查、不停车定期监测和不停车连续监测。

在选择腐蚀监测方法时,首先要明确需要获取的信息,其中包括设备管理方面需要的信息。根据这些要求,可以按下述几种情况来进行选择:

(1) 腐蚀监测的主要目的是对一种新的腐蚀情况进行判断。在腐蚀过程的本质和控制因素未知或不完全清楚的情况下,可以通过实验室的模拟试验来确定某项最重要的影响因素,以确定选择某种监测技术,以解释由设备监测获得的结果。

(2) 腐蚀监测复杂程度的确定。对重要装置的关键设备的腐蚀监控,除了应配置基本的监测装备(如传感元件和测量仪器设备),还需要使用更复杂的设备或计算机,以便对获得的信息进行自动扫描、记录、识别,并进行自动反馈控制。

(3) 监测点的选择关系到能否正确得到设备真实腐蚀状态信息。正确选择监测点应当基于对工艺条件、结构材料、系统的几何形状和历史情况的详细了解,特别要重视以下各部位。

① 发生改变的地方,如弯头、三通以及管子尺寸发生变化的部位。这些地方会产生涡流或流速的变化。

② 死角、缝隙、障碍物。这些地方会导致腐蚀产物积累从而建立腐蚀电池。

③ 会产生强烈电偶腐蚀的地方。

④ 应力集中区,如焊接接头、铆接区、温度或压力循环变化的部位。

⑤ 由于冷凝等原因而引起的环境变化区域。

一部分腐蚀监测方法,如超声波法、声发射法、涡流法、射线照相法和分析法等是借用其他领域的无损检测方法或分析方法,要求具有相当的理论知识和试验技巧才能掌握。

为了进一步观察腐蚀破坏情况,查明腐蚀破坏的原因,在条件许可或必要的情况下,在产生腐蚀的部位取样,利用化学分析方法、金相分析方法以及各种电子光学微观分析方法来进行检查。

8.1.5 挂片法在腐蚀监测中的应用

使用专门的夹具固定试片,并使试片与夹具之间、试片与试片之间相互绝缘,以防止电偶腐蚀效应;尽量减少试片与支撑架之间的支撑点,以防止缝隙腐蚀效应。将装有试片的支架固定在设备内,在生产过程中经过一定时间的腐蚀后,取出支架和试片,进行表观检查和测定质量损失。此外,也可采用专门支架夹持应力腐蚀试验的 U 形弯曲加载应力的被试装备或三点弯曲加载的被试装备。挂片是装备腐蚀监测中用得最多的一种方法。

挂片支架的构型和尺寸应根据设备装置的实际情况、试片的结构和大小,以及生产工艺的情况进行设计。挂片支架本身的材料应具有足够的耐腐蚀性和必要的绝缘性。通常要求试片的材料、组织状态和表面状态应尽可能与装备监测点材料相同,但试片的加工状态和结构状态往往很难与设备装置一致。对试片的形状和尺寸,除特定用途之外,一般不做具体规定,但要求试片的比表面积(表面积与质量之比)应尽可能的大,以便提高测定质量损失的灵敏度。

挂片法使用的腐蚀评定方法主要为质量损失法,想要得到有意义和可测的质量损失数据可能需要较长的暴露周期。为了进行分析和确定腐蚀速率,试样必须从装备生产厂或装备中取出(注意,如果试片以后还要再次暴露,那么试片取出和清洗会影响腐蚀速率)。这些装置仅能提供积累的追忆信息。例如,经过 12 个月的暴露以后,在一个试片上发现了应力腐蚀裂纹,但无法说明裂纹是何时开始的,以及是什么特殊条件造成这种裂纹的发生和发展的。重要的是裂纹扩展速率无法准确估计,这是因为不知道裂纹的起始时间。试片的清洗、称重和显微检查一般需要花费大量的劳动。另外,使用试片不易模拟磨损腐蚀和传热作用对腐蚀的影响。

我国制定有中华人民共和国国家标准 GB/T 5776—2005《金属和合金的腐蚀 金属和合金在表层海水中暴露和评定的导则》,其中详细规定了挂片应用技术及要求。美国材料与试验协会(ASTM)为检测工业水的腐蚀性,制定了一些标准的挂片试验方法。例如,为测定蒸汽冷凝器的腐蚀性而采用螺旋金属丝暴露试验,或者在返回管道中安装可更换的试验性多环衬套;为检测冷却水和自来水的腐蚀性与污染情况而采用的挂片方法;为测定冷却水和自来水的腐蚀性而在管道系统中插入可拆卸的内插管段。

尽管出现了快速响应仪器,挂片法仍是工业设备装置腐蚀检测中用得最广泛的方法之一。挂片法的主要优点有:许多不同的材料可以暴露在同一位置,以进行对比试验和平行试验;可以定量地测定均匀腐蚀速度;可以直观地了解腐蚀现象,确定腐蚀类型。

挂片法的局限性主要在于:试验周期只能由使用环境和维修计划(两次停车之间的时间间隔)所限定,这对于腐蚀试验来说是很被动的;挂片法只能给出两次试片取出之间的总腐蚀量,提供该试验周期内的平均腐蚀速度,反映不出有重要意义的介质条件变化所引起的腐蚀变化,也检测不出短期内的腐蚀量或偶发的局部严重腐蚀状态。

通常是用质量损失法确定挂片腐蚀量和计算腐蚀速度。当发生孔蚀时,可采用最大孔蚀深度和孔蚀系数等评定手段。这种方法需辅之以金相显微镜,以检查是否存在孔蚀、晶间腐蚀、应力腐蚀开裂等局部腐蚀。

8.1.6 无损检测在腐蚀监测中的应用

广义的无损检测通常有无损检测、无损检查和无损评价。目前大多用无损评价来代替无损检测和无损检查。其原因一方面是无损评价包含了无损检测和无损检查;另一方面无损评价还具有更广泛的判断内容。一般来说,无损检测仅仅是检测出缺陷,而无损检查则以无损检测的检测结果为判定基础,对被测试对象的使用可能性进行判定,含有检查的意味。而无损评价则是指掌握使用材料的负载条件、环境条件(如断裂力学中预测材料的安全性及寿命等),综合评价材料完整性、判断材料及构件的性能和可靠性的方法。

在腐蚀监测方法中,其中的声发射法、涡流法、漏磁法和红外法在近 30 年间得到迅速发展,检测的精度都大大提高,范围也大大拓宽。

1. 现场调查法(目视检查法)

现场调查法是最基本的腐蚀检查方法,其应该作为大多数检查的第一步。

这种方法简单,要求检查人员富有经验,并需要必要的停车时间。现场调查能够提供设备的综合观察结果和局部腐蚀的定性评价。正确的现场调查可以完成以下的任务:帮助分析腐蚀产生的原因;指出是否需要进一步的检查和需要使用何种检查方法;假使需要进一步检查,可以帮助确定检查的区域和范围;对设备已经产生的腐蚀问题提出初步处理的意见和建议;帮助确定防止或减缓腐蚀破坏的手段和方法。

在进行现场调查时,除了应注意观察裂纹、蚀孔、起泡、锈斑等明显的腐蚀现象,还应注意观察装备的损坏、局部过热、变形、堵塞和泄漏等现象。现场调查可以借助放大镜、照相机、卡钳、孔蚀深度计、内窥镜、录像机(小型电视摄影机)等工具。

2. 超声波法

超声波法的原理是利用压电换能器产生的高频声波穿过材料,测量回声返回探头的时间或记录产生共鸣时声波的振幅作为信号,来检测缺陷或测量壁厚。一般采用示波器或曲线记录仪显示接收到的信号,比较先进的仪器则可以直接显示缺陷,或者给出厚度的数值。

超声波法广泛地用于检测化工设备内部的缺陷、腐蚀损伤,以及测量设备和管道的壁厚。其优点是可以进行单面探测,设备形状很少受到限制,对材料内部的缺陷检测能力较强,探测速度较快,操作相对安全。除了超声波测厚进行腐蚀监测,利用超声波探伤仪对一些关键的反应容器进行定期的检测,也是腐蚀监测的一个重要方面。

3. 渗透探伤法和磁粉探伤法

渗透探伤法是一种简单经济的检测技术,可灵敏地检查出材料表面的开口缺陷,适用于任何材料,广泛应用于去除锈层后的表面状态检验,如焊接部位裂纹的检查。

渗透探伤法的原理是:涂于材料表面的渗透液(荧光渗透液或染色渗透液)渗入表面的裂缝中,干燥后在显像剂的作用下,即可显示出裂缝的位置。这种方法可以发现宽 $0.1\mu m$ 的缺陷。在现场使用中,需要注意的问题是材料表面的预处理,不仅要清除表面的锈层,而且要除掉表面及裂纹中的油污和水分,否则就不能得到满意的结果。

磁粉探伤是利用铁磁材料或工件磁化后,在表面和近表面的缺陷处,磁力线产生局部变形,溢出工件表面形成漏磁场,吸附磁粉粒子显示缺陷形状、数量、大小和分布的方法。磁粉探伤用于检验材料表面和近表面的各种裂纹、发纹、非金属夹杂物、疏松、白点、分层、折叠、未焊透等缺陷。对于在用设备,磁粉探伤可以检测出因腐蚀引起的表面裂纹。磁粉探伤现在已发展到不用磁粉,而直接通过检测漏磁来判别缺陷。

4. 电阻法

电阻法是通过测量受到腐蚀的测量元件电阻的变化,求得装备或管道壁厚的减小和材料的腐蚀速率。这些测量元件的几何形状可以是线状的、管状的或条状的。在腐蚀过程中,由于它们截面的减小,电阻增大,得出金属腐蚀速率。其方法是对探针加一恒定电流,测出探针丝两端电压值,计算出探针丝的电阻值,得出探针丝直径,算出金属腐蚀速率。为消除温度引起的测量误差,在测量结构上增加了温度补偿元件。

电阻法的优点是既能用于液相,也能用于气相,与线性极化法不同,在液相中测量时,不要求液相具有一定的电导,它的反应速率很快,可以进行连续测量,因此可以把腐蚀与工艺参数相联系,也可以用于评选缓蚀剂、确定缓蚀剂的用量。其缺点是不能用于监测局部腐蚀,当有电导大的沉积物在测量元件表面生成时,会得出不正确的结果。此外,在评价和比较不同材料时用处较小。

5. 声发射法

声发射监测技术就是通过监听材料和结构在受力变形与破坏过程中发出的声波来检测材料和结构中的缺陷的发生和发展,寻找缺陷的位置。当材料或结构内部发生变形,弹性能集中释放时,就会发生声发射现象。以裂纹声发射源为例,裂纹扩展的不同阶段,其声发射特征也不相同。在裂纹萌生和早期扩展阶段,由于裂纹扩展缓慢,产生的声发射事件数较少,幅度较低,每个事件释放的声能也低,持续时间短。随着裂纹扩展速率的加快,声发射活动程度相应增加,产生的声发射事件数大为增多,其幅度升高,持续时间变长;当裂纹接近破坏阶段,裂纹扩展速度进一步加快,声发射活动程度也加大,而且每个事件的幅度很高,持续时间很长。

应用声发射监测的优点很多。它可以在现场对设备或部件进行实时检测和监视报警;不受设备尺寸和形状的限制,只要物体中有声发射现象发生,在物体的任何位置都可以探测到,并可以进行较远距离的监测。此外,声发射现象在金属和非金属等任何固体中都存在,因此这种检测技术的应用领域非常广泛。

在腐蚀方面,声发射技术主要用于对设备存在的缺陷进行监测。它比超声波法、电磁法、着色探伤法等要迅速和准确。它也可以被用来检测应力腐蚀开裂、腐蚀疲劳和泄漏等。声发射技术可以用于压力容器的安全性和寿命的评价,焊接过程的质量控制等方面。

6. 涡流法

涡流法是用交流磁场在导电材料中感应出涡流,这个涡流的分布及大小与探测线圈的形状、尺寸和位置,交流电的频率,被测物的材料、尺寸和形状有关,还与被测物表面或接近表面的缺陷有关,通过测定涡流的大小和分布,可以检测材料的表面缺陷和腐蚀情况。

涡流法可以用于多种黑色金属和有色金属,其中包括铜、铜镍合金、黄铜、不锈钢、锆、锆锡合金、铅和钛等的测量。它可以检测全面腐蚀(壁厚减薄)、孔蚀、晶间腐蚀、选择性腐蚀(黄铜脱锌)和裂纹等腐蚀形式,渗碳层的深度及分布。

7. 热图像法

红外线是电磁波谱中可见光波段上端一种波长为 $0.7\mu m \sim 1mm$ 范围内的电磁波。根据波长不同,通常分为近红外 $0.75 \sim 1.5\mu m$、中红外 $1.5 \sim 10\mu m$、远红外 $10\mu m \sim 1mm$ 三个波段。

在自然界中,任何温度高于绝对零度(-273.15℃)的物体都是红外辐射源。辐射能量的主波长是温度的函数,并与表面状态有关。红外无损检测是利用红外辐射原理对材料表面进行检测,如果被测材料内部存在缺陷,将会导致材料表面的局部区域产生温度梯度,使材料表面红外辐射能力发生差异。温度场随时间变化的信息中包含了样品缺陷的信息,红外热像仪可以及时地采集这些信息并利用显示器将其显示出来,这样便可推断材料内部的缺陷。

红外无损检测的方法有两种:一种是有源红外无损检测法,又称为主动红外检测法,其主要是利用外部热源作为激励源向被测材料注入热量,利用红外热像仪拍摄不同时刻的温度场信息,根据图像的时间序列分析技术来判断缺陷的存在与否的方法;另一种是无源红外无损检测法,又称为被动红外检测法。其主要是在无任何外加热源的情况下,利用工件本身热辐射的一种方法。

近年来,随着光电子技术、电子技术的发展,人们在不断探索红外无损检测的技术和途径。红外无损检测具有非接触、全场、实时,可用于现场、在线检测及运行状态中的监测等特点。特别是通过与计算机、数字图像处理等现代技术结合而发展起来的红外热像技术,使物体的红外辐射场实现了可视化,不仅形象直观,而且大大提高了测量分析的水平,促进了红外无损检测技术的发展。

与常规的超声、射线、电磁等无损检测技术相比,红外无损检测技术具有如下突出特点:是一种非接触式的检测技术,对被测物体没有任何影响;远距离,空间分辨率高,检测范围广,对其他检测技术有互补作用;安全可靠,对人体无害;灵敏度高,检测速度快。

8.1.7 电化学在腐蚀监测中的应用

1. 腐蚀电位监测法

这种监测方法是基于金属或合金的腐蚀电位与它们腐蚀状态间的关系。

由极化曲线或电位-pH图可以得到电位监测所需要的参数。具有活化-钝化转变的金属可以由电位确定它们的腐蚀状态。孔蚀、缝隙腐蚀、应力腐蚀破裂以及某些选择性腐蚀都存在各自的临界电位,可以用来作为是否产生这些类型腐蚀的依据。通过对金属腐蚀电位的测量,有可能了解导致设备腐蚀的工艺方面的原因。此外,也可以认为阳极保护和阴极保护是电位监测方法控制腐蚀的特殊应用形式。

能否采用金属腐蚀电位监测的另一个重要条件是这些特征电位之间的间隔要足够大,如100mV或更大,以便正确地判断由于腐蚀状态发生变化产生的电位移动。这是因为在生产条件下,温度、介质的流动状态、充气条件和浓度等的变化将会引起电位产生几十毫伏的改变。这种影响在有活化-钝化行为的金属上特别容易遇到。腐蚀电位监测法的优点之一是可以直接利用设备本身,而无须使用探针。在某些情况下,还可以利用设备中的某些部件作为参比电极。

2. 线性极化法

线性极化法也被称为极化电阻法。线性极化法的原理是在腐蚀电位附近(如±1.0mV),电流的变化和电位的变化之间呈线性关系,其斜率与腐蚀速率成反比。

$$\begin{cases} R_p = \Delta E/\Delta i \\ i_{corr} = B/R_p \end{cases}$$

式中:R_p为极化电阻;B为由金属材料和介质决定的极化常数。采用线性极化技术,主要任务是测量R_p。

线性极化法的优点是测量迅速,可以测得瞬时速度,比较灵敏,可以及时地反映设备操作条件的变化,是一种非常适用于监测的方法。但是基于方法的原理是一种电化学测量,所以只适用于电解质溶液,并且溶液的电阻率应小于$10k\Omega \cdot m$。当电极表面除了金属腐蚀反应,还伴有其他电化学反应时,由于无法将它们区分开而导致误差,甚至得出错误的结果。由孔蚀指数可推测一些局部腐蚀倾向,这种方法认为孔蚀是由电极表面阳极区和阴极区的不均匀分布造成的。两个完全相同的电极若它们的表面腐蚀电池分布不均匀,则在变换极化方向时,极化电流将产生一个大的变化,孔蚀指数由这些读数的差求得。与用线性极化法测得的均匀腐蚀速率一样,孔蚀指数可以用来作为报警或控制系统的信号。例如,在循环冷却水系统中,加入氯气等杀菌剂以后,均匀腐蚀速率仅稍有增大,但孔蚀指数却产生了很大的变化。在自动控制加入缓蚀剂时,无疑用后者作为信号是更合适的。

3. 恒电量技术腐蚀监测方法

恒电量技术是一种暂态方法,可以视之为线性极化技术的一种。由外部电源瞬时加给研究电极一个已知量的电荷,使电极电位产生一个微小的变化——电极表面双电层充电。由于电荷逐渐被腐蚀反应所消耗,使电极电位产生衰减,由电位的衰减曲线就可以计算出腐蚀电流。这种方法的优点是:能在高阻溶液中使用;测量时间短,一次测量可以在几毫秒至几秒内完成;由于电极表面状态变化小,所以测量是在接近于自然状态下进行;除极化电阻之外,还可以测得极化曲线的塔菲尔斜率和电极表面的微分电容。

4. 交流阻抗法

对于高阻电解液及范围广泛的许多介质条件,交流阻抗技术有较大的可靠性。交流阻抗法为线性极化技术的发展。在理论上,它适用于很多体系,它不但可以求得极化电阻 R_p、微分电容 C_d 等重要参数,而且可以研究电极表面吸附、扩散等过程的影响。

5. 电偶法

电偶法是一种比前述几种方法简单得多的电化学方法。用一台零阻安培计就可以测量流经浸泡在同一电解质溶液中的两种金属间的电偶腐蚀电流,从而可以判断电位较负的金属腐蚀的大小。在现场使用时,介质电导对电偶腐蚀电流的影响有时相当大。然而它确实可以反映腐蚀速率及介质组成、温度和流速等环境因素的变化。这种方法的优点是不需要外加电流,设备简单,可以测得瞬时腐蚀速率的变化;缺点是测得的结果一般只能进行相对的定性比较。

6. 电感探针腐蚀监测系统

电感探针是通过测量置于金属/合金敏感元件周围的线圈由于敏感元件腐蚀而引起的阻抗变化来测定腐蚀速率。由于具有很高的导磁性,敏感元件极大地强化了线圈周围的磁场强度,反过来又显著地增大了线圈感抗。与具有类似形状的电阻传感器的电阻值 $2\sim60\mu\Omega$ 相比,电感阻抗的数值可达到 $1\sim5\Omega$。若采用与电阻探针法相类似的测量准确度($\pm2/3\mu\Omega$)来衡量,则电感探针的响应时间可由几天缩短至几十分钟甚至十几分钟,分辨率可提高 $100\sim2500$ 倍。因此,电感抗法是把线性极化方法的快速响应和电阻探针方法的广泛适用的优点结合起来,克服了它们各自的不足之处,使得在任何腐蚀性环境下快速准确地测量腐蚀速率成为可能。

8.2 腐蚀效应监测系统

为完善和提高试验过程中检测手段的多元性及准确性,开展装备腐蚀效应的监测技术研究,研究了在盐雾环境模拟试验、湿热试验等模拟试验中腐蚀效应的定量测试和监测技术。将试验环境参数测试与腐蚀效应相结合,研制了环境参数和腐蚀效应的定量实时在线监测装置。该装置实现了环境参数和腐蚀效应的智能化检测,实时动态采集环境参数和金属材料腐蚀的过程信息,为研究环境因素与腐蚀效应的作用机理及规律,提供可靠的数据支撑。

为满足军用装备实验室环境模拟试验要求和腐蚀效应检测需求,监测装置设计需要以下几项功能要求:

(1)定量实时测量电偶腐蚀电流、环境相对湿度和温度参数。
(2)设备可连续巡航。
(3)高灵敏度腐蚀电流测量,最小监测电流可达 10^{-9} A。
(4)腐蚀测试传感器可更换且便于维护。
(5)传感器及配件材料采用军用铝合金、高强钢等防腐蚀材料。

▶ 8.2.1 腐蚀效应检测系统的原理

腐蚀监测仪是研究金属材料薄液膜下大气腐蚀性的电化学方法之一,其根据薄层电解质液膜下电化学电池的电流信号来反映大气环境腐蚀性强弱,目前已成为一种比较成功的大气环境腐蚀研究方法,同时可记录现场金属表面的溶湿时间等环境参数。虽然发生在金属表面上伴随有大气污染的可见和不可见电解液液膜下的电化学腐蚀与金属在本体溶液中的电化学腐蚀有着差别,但其反应历程又与金属在溶液中的电化学腐蚀一般情况相同,即腐蚀反应分别在阴、阳两极进行,并伴有电流产生。电偶腐蚀电流测试原理图如图 8-1 所示。电偶腐蚀电流测试技术具有真实地再现薄液膜下金属环境腐蚀过程,以及可以方便、快捷地连续监测金属的随机时刻的环境腐蚀情况等优点。

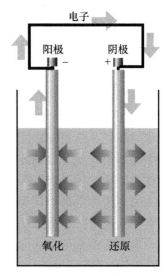

图 8-1 电偶腐蚀电流测试原理图

▶ 8.2.2 电路设计与开发

为满足沿海湿热地区大气环境、盐雾环境模拟试验、湿热试验等特殊环境的环境参数和腐蚀效应的智能化检测,实时检测环境参数和金属材料腐蚀的过程信息的设计目标,腐蚀监测装置需要对功能电路及程序做出相应的设计。图 8-2 所示为测试电路组成框图,表 8-1 所示为电路设计改进表。

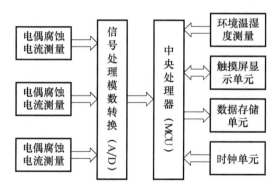

图 8-2　测试电路组成框图

表 8-1　电路设计改进表

序号	选择技术	技术优点
1	A/D 转换 24 位	Σ-Δ 抑制工频干扰
2	Ⅱ代运算放大器	低电压失调、低失调漂移、高增益精度
3	测量方式系统连续续航	不间断连续巡航,完全掌握腐蚀过程信息
4	外置耐盐雾等特殊环境的温湿度传感器	便于测量封闭空间内环境温湿度,可抗盐雾等特殊环境

▶ 8.2.3　机箱及工作界面的设计

为方便设备对特殊环境温湿度的测试,该腐蚀效应监测装置设计了 3 个外置腐蚀测量通道和 1 个外置温湿度测量通道,将这 4 个测量通道设计在仪器前面板。而设备开关、电源接口和存储 U 盘结果设计在后面板。如图 8-3 所示,设备工作界面设计有开机界面和一系列操作界面。

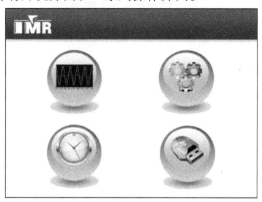

图 8-3　操作主界面

操作主界面中按照功能来划分,分为 4 项,包括测试、测量参数设置、时间校准和存储检测。图 8-4 所示为每项对应的二级界面,通过点击触摸屏进入其对应子界面。

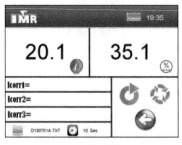

(a) 测试界面

(b) 参数设置界面

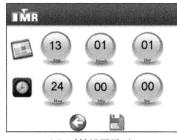

(c) 时钟设置界面　　　　　　(d) 存储检测界面

图 8-4　操作界面设计

为方便快捷可视化显示腐蚀效应结果,开发了专用的数据处理软件,数据处理软件功能包括,数据导入、各种监测参数成图(温度、湿度、腐蚀通道一、腐蚀通道二和腐蚀通道三)、超限设定和统计,以及曲线编辑功能等。

8.3　腐蚀环境传感器

8.3.1　腐蚀效应测试传感器

1. 设计原理

腐蚀测试传感器采用了不同材质偶合,构成电偶接触型或外加电压的原电池。在这种电偶腐蚀原电池中,两种不同腐蚀电位的材料,在电介质中,直接或经过其他导体间接形成电连接,使电流从一种材料经过电介质流向另一种材料,致使电位较低的材料(军用铝合金、高强钢等)由于和腐蚀电位较高的材料偶合而产生阳极极化,其结果是阳极发生溶解,而电位较高的材料由于和电位较低的材料(对电极材料)偶合而发生阴极极化,结果溶解得到抑制,从而受到保护。

2. 对电极材料选择

首先,分别测试电极材料(军用铝合金)和被选对电极材质(多种不锈钢和铜)在研究盐雾环境模拟试验中(5%NaCl水溶液)的动态开路电位,并和稳定的开路电位进行对比,测试结果如图8-5所示。从测试结果可以看出,Cu、304L和2205不锈钢均可作为军用铝合金腐蚀传感器的对电极材料,且不锈钢材料作为对电极时,与研究电极具有约0.5~0.7V的电位差,腐蚀监测效果更好。

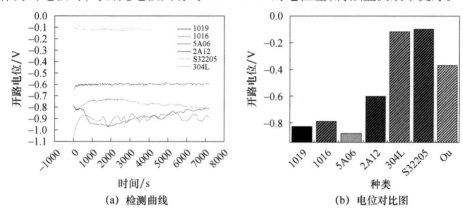

(a) 检测曲线　　(b) 电位对比图

图8-5　各材质在5%NaCl水溶液中的开路电位(见书末彩图)

3. 腐蚀传感器结构设计及加工

腐蚀传感器包括两种不同材质的金属电极、电缆、电子灌封胶和探头外壳组件。优选的,金属电极结构为梳齿状或若干长条状,每个金属电极分别连接一根导线,连接好导线的金属电极按照 ACAC……顺序平行排列于所述探头外壳组件内部,相邻金属电极间距为0.3~0.8mm,预留金属电极的上端面外露出电子灌封胶作为工作面,其余部分用电子灌封胶填充,电子灌封胶完全填充金属电极、导线和探头外壳组件之间的孔隙,起到封装和绝缘的作用。腐蚀传感器结构如图8-6所示。

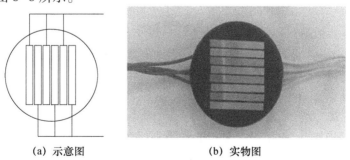

(a) 示意图　　(b) 实物图

图8-6　腐蚀传感器结构

为适应传感器在盐雾等特殊环境中的应用,传感器外壳组件优选亚克力材质制成,包括外壳、封装环、锁线器和防尘盖。所用电缆和电子灌封胶均使用防霉材料。

4. 腐蚀传感器加工工艺

腐蚀测试传感器采用了不同材质偶合,构成电偶接触型或外加电压的原电池。腐蚀测试传感器主要由测试金属试样、探头封装环、探头外壳、防尘盖、测试电缆线、U231 电缆锁紧器和 O 形接线端子组成。

腐蚀测试传感器的制作过程有以下几个步骤和注意事项。

1) 金属试片制备

选择 4mm 厚的研究金属板(军用铝合金、高强钢等)及对电极材料(铜或不锈钢材料),线切割成 $20(l)\,\text{mm}\times2.5(d)\,\text{mm}\times4(h)\,\text{mm}$ 金属样块。切割完成后,逐个分别试块用油纸包裹存放,防止腐蚀。

图 8-7 所示为传感器的探头封装环、探头外壳、防尘盖的加工图。部件加工材质均为黑色亚克力。

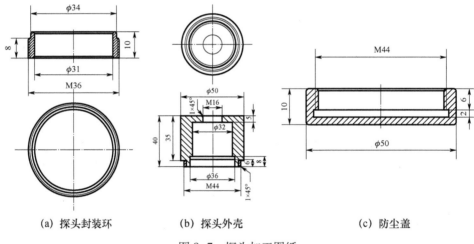

(a) 探头封装环　　　　(b) 探头外壳　　　　(c) 防尘盖

图 8-7　探头加工图纸

部件加工要求:部件加工所用材料不允许有气孔、夹渣、裂纹等缺陷;部件不允许有碰伤、划伤等破坏;未注尺寸公差处按照 IT12 制造;部件锐角边需要倒钝;加工完成后用丙酮酒精清洗去除油污和加工碎屑。

2) 点焊焊接片

在预先加工好的金属试样的 $20(d)\,\text{mm}\times2.5(h)\,\text{mm}$ 一侧点焊 $15\text{mm}\times2.5\text{mm}$ 的焊接片一片,留另一平行面作为测试面。黏接前用丙酮酒精超声清洗金属试样。

3) 试块黏接

将预先加工好的不同材质的金属试样采用 0.35mm 厚度的不导电双面胶进行黏接,每组探头为两种金属,每种金属各 4 块试样,共 8 块金属试样,按照 ACAC 顺序进行黏接。异种金属试样黏接示意图如图 8-8 所示。务必要将各金属试块对齐。

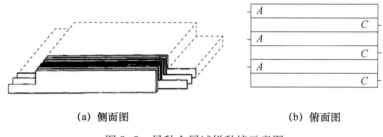

(a) 侧面图　　　　　　　　(b) 俯面图

图 8-8　异种金属试样黏接示意图

4) 焊线

准备 30cm 长的柔性 10 芯或多于 10 芯的电缆,电缆直径为 $\phi5\sim\phi8$mm,两端去除绝缘皮约 5mm,并剪去多于的绿色和肉色线芯。其余线芯按照线色两两分组,共分 8 组(线色分别为棕、红、橙、黄、紫、灰、白、黑),每组线对应焊接一个焊片,共接 8 个焊片相对应 8 块金属电极试样。要求无虚焊、断路,并且异种金属无短路。全部样品用万用表检测通路情况。线色与金属试样材质按表 8-2 所示对应焊接。

表 8-2　线色与金属试样材质对应表

线色	金属试样材质
棕、红、橙、黄	研究材料
紫、灰、白、黑	对电极材料

5) 镶嵌

采用 AB 胶液-液型环氧树脂,按照 5∶1 勾兑,并微加热去气泡,适当可加入少量消泡剂。焊接好的试样块固定于探头封装环中心位置,将调好的环氧树脂注入探头封装环内,静置 24h,待环氧完全密封后揭起,查看试样周围是否有气泡,如果有气泡就需要对气泡进行补镶。

6) 研磨

待探头镶嵌完成后,在研磨机上对测试平面进行研磨,采用 200 号、400 号、800 号、1000 号 Al_2O_3 砂纸依次研磨,直至研磨到探头金属试样表面均匀为止。研磨时要避免大力按压或用力不均。

7）传感器组装

待传感器研磨合格后，即可进行探头的组装。电缆锁紧器先和探头外壳拧紧，电缆从电缆缩紧器由内向外穿出，并拧紧探头封装环和探头外壳处螺纹，而后将电缆锁紧。电缆另一端焊接两个不同颜色的 O 形接线端子，连接相同材质的线色焊接在同一个 O 形接线端子上，一般对电极连接黑色的 O 形接线端子，其他研究电极连接红色型接线端子。

▶ 8.3.2 温湿度测试传感器

盐雾环境模拟试验现场要求能耐盐雾等特殊环境的外置温湿度测试传感器，传感器要小型化，同时具有较高的互换性和稳定性；本章研制传感器测温范围为 $-40 \sim +60℃$，精度为 $±0.5℃$；测湿度范围为 $0\% \sim 99\%RH$，标准偏差为 $+/-2\%RH@55\%RH$；高耐盐雾等特殊环境和化学环境。

1. 湿度传感器

根据需要，选择 HM1500 作为外置湿度传感器。HM1500 湿度传感器的结构如图 8-9 所示。HM1500 湿度传感器体积小；不受水浸影响；可靠性高、长期稳定性好；湿度影响极小，高湿后迅速恢复；响应速度快，完全互换性；有一定的耐化学腐蚀性。$55\%RH$ 时修正精度在 $±2\%RH$ 以内，湿度范围为 $0\% \sim 99\%RH$；工作温度为 $-30 \sim 60℃$。

图 8-9　HM1500 湿度传感器的结构

2. 温度传感器

设备选用 Pt1000 热敏电阻型传感器作为温度传感器，测温范围为 $-80 \sim 500℃$；精度为 $+/-(0.15+0.002|t|)℃$。铂电阻温度传感器精度高，稳定性好，应用温度范围广，是中低温区最常用的最成熟的一种温度检测器，被广泛应用于工业测温。而且被制成各种标准温度计供计量和校准使用。温度传感器安装 316L 奥氏体不锈钢保护管，可抗无机酸、有机酸、碱和海洋性气候环境。Pt1000 温度传感器的结构如图 8-10 所示。

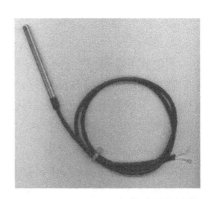

图 8-10　Pt1000 温度传感器的结构

3. 测试

温湿度传感器在盐雾环境中进行测试,测试试验箱设定温度为35℃,浓度为5%±1%NaCl溶液,沉降量为1~3mL/(80cm^2·h),连续喷雾24h。温度测试曲线如图8-11所示。由测试曲线可知,温度测试数据正常。

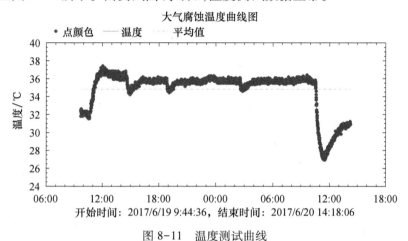

图8-11 温度测试曲线

湿度传感器采用防护后,在24h喷雾试验内没出现异常情况,且湿度传感器具有较高的测量灵敏度,可监测到开箱过程中的湿度下降,湿度测试曲线如图8-12所示。

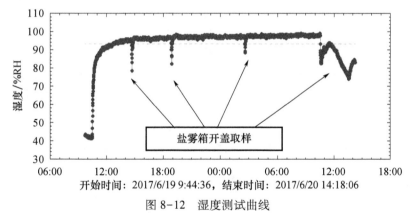

图8-12 湿度测试曲线

8.4 腐蚀效应监测系统测试

腐蚀传感器是设备的核心传感器,要重点验证和考核。首先验证腐蚀传感器在盐雾环境模拟试验和湿热试验中的敏感性和可靠性;其次研究腐蚀传感器探头在盐雾环境模拟试验干湿交替过程中腐蚀电流的变化特点和湿热试验过程中铝合金材料腐蚀电流的变化特点;最后在考核盐雾条件下,研究挂片失重与时间、腐蚀电流与时间的对应关系,分析两种试验方法的相关性。

8.4.1 腐蚀传感器敏感性和可靠性测试

1. 绝缘膜厚度对腐蚀传感器可靠性影响

腐蚀传感器的制造是一项十分困难和复杂的加工过程,绝缘膜厚度对其影响尤为重要。使用的绝缘膜厚度越小,使用和制作中发生短路的概率就越大,对于绝缘膜厚度小的电池在镶嵌、电极表面研磨、抛光过程中会出现短路的现象,所以绝缘膜不宜太薄。根据制作经验,绝缘膜适宜厚度应大于 0.3mm。

采用盐雾环境中干湿交替方法对不同绝缘膜厚度的腐蚀传感器工作状态进行检测,绝缘膜厚度分别为 0.35mm、0.5mm、0.8mm。研究电极材料为 5A06 铝合金。试验参照 GJB 150.11A 标准中的盐雾环境模拟试验执行。检测在整个盐雾环境模拟试验测试过程中,腐蚀传感器是否会因为盐雾、结露或腐蚀产物导致电极短路现象。

对绝缘膜厚度为 0.35mm、0.5mm、0.8mm 的腐蚀传感器进行干湿交替盐雾测试。每种传感器 2~3 个。试验结束后,测试清除结盐前传感器中电极均未发现短路、断路现象;清除结盐后再次测试传感器电极,同样均未发现短路、断路现象。从而表明这几种绝缘层厚度的传感器均可在监测盐雾环境中正常工作。腐蚀试验后传感器电极形貌如图 8-13 所示。

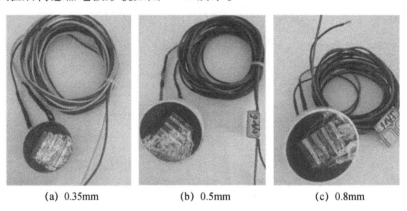

(a) 0.35mm   (b) 0.5mm   (c) 0.8mm

图 8-13 腐蚀试验后传感器电极形貌

2. 腐蚀传感器对盐雾环境下的敏感性

在执行 GJB 150.11A 盐雾环境模拟试验中,检测各绝缘膜厚度的腐蚀传感器在喷雾阶段的腐蚀电流大小,研究不同的腐蚀传感器对盐雾环境的敏感性。

研究 5A06 铝合金绝缘膜厚度与腐蚀电流的对应关系,根据实验数据拟合绘制曲线图,验证腐蚀传感器(5A06)对盐雾环境下的敏感性。

测试结果如图 8-14 所示,在干燥间断(湿度较小的环境中),腐蚀电流随电极间绝缘层厚度增大而降低;当传感器处于喷雾阶段(湿度较高的环境中),绝缘层厚度为 0.5mm 的传感器测得腐蚀电流最大,0.8mm 的传感器次之,这与传感器表面和介质接触面积及两个相邻异种金属电极间的间隔有关,接触面积越大,整个传感器上的有效电解质越多,则其腐蚀电流将越高;而两个相邻异种金属间电极间隔越大,电子流过的路径越长,腐蚀电流越小。

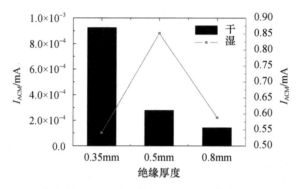

图 8-14 不同厚度传感器在不同湿度环境下的腐蚀电流值对比图

3. 腐蚀传感器在可见薄液膜下的敏感性

环境模拟试验腐蚀效应监测系统对整个试验测试过程中腐蚀传感器的腐蚀电流进行监测,在湿润间断电极表面先会形成液膜,随着干燥阶段进行液膜厚度会随蒸发逐渐减薄,分析试验过程中电池腐蚀电流变化,研究其在可见液膜下的敏感性。

试验用腐蚀传感器材质为 2A12 铝合金,金属电极间绝缘间隔厚度为 0.35mm。在腐蚀传感器的金属电极表面覆盖 0.3μm 厚的质量分数为 5%NaCl 水溶液薄液膜后在烘箱内烘干。将烘干后的腐蚀传感器放入设定好程序的干湿箱内进行测试。在试验过程中,环境温度在 30~60℃ 范围内变化,湿度在 85%~95%RH 范围内变化。在 0~2h 内升温到 60℃,随后 2~8h 内恒高温 60℃,此过程中湿度均为 95%RH;而后 8~16h 内温度降低到 30℃,相对湿度随之下降到 85%RH;在 16~24h 内保持恒温 30℃、恒湿 85%RH。

试验测试结果如图 8-15 所示,在升温阶段 0~2h 内,腐蚀电流随着金属电极表面液膜增厚及温度的升高而迅速增大,当温度到达 60℃ 时,此时腐蚀电流达到最大值,约为 0.25mA。在恒高温 2~8h 过程中,腐蚀电流有所降低,可能与腐蚀产物的形成有关。在降温降湿阶段(8~16h)内,腐蚀电流随着金属电极表面液膜减薄及温度的降低逐渐降低,最后在恒低温低湿过程中腐蚀电流保持一个在较低的相对稳定值,此时腐蚀电流约为 10^{-5} mA。试验表明,该腐蚀监测设备及腐蚀传感器能够很好地、有效地跟踪电极表面由薄液膜的变化引起的金属电极腐蚀变化情况,且对金属电极表面液膜厚度具有较高的敏感性。

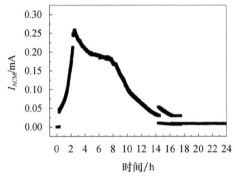

图 8-15　试验测试结果

8.4.2　干湿交替过程中腐蚀电流的变化特点

在恒温恒湿环境中,测试腐蚀传感器表面薄层液膜的干湿交替过程引起的电池腐蚀电流的变化特点,分析电池在不同厚度薄液层环境下的干湿过程中腐蚀电流的变化特点。材料选用 5A06 铝合金。传感器电极间绝缘膜厚度分别为 0.35mm、0.5mm 和 0.8mm。试验参照 GJB 150.11A 标准中的盐雾环境模拟试验执行。

腐蚀电流测试结果如图 8-16 所示。在喷雾期间,腐蚀电流较高,可达到 0.6~1.0mA,在干燥阶段腐蚀电流降低到 10^{-5} mA。在环境由湿到干的转换过程中,监测结果如图 8-17 所示,腐蚀电流随着湿度的降低过程而连续减小,当环境稳定后,腐蚀电流最终达到相对稳定值;在环境由干到湿的转换过程中,监测结果如图 8-18 所示,腐蚀电流随着湿度的升高过程而连续增大,当环境稳定后,腐蚀电流最终达到相对稳定值。本试验充分验证了环境模拟试验腐蚀效应监测系统可以很好地跟踪监测环境变化引起的材料腐蚀效益变化情况,且具有较高的敏感性。

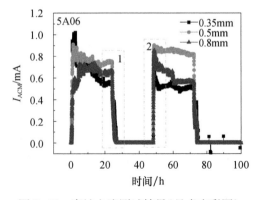

图 8-16　腐蚀电流测试结果(见书末彩图)

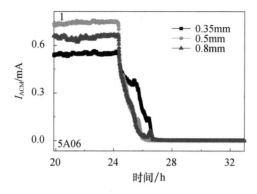

图 8-17 喷雾转干燥阶段电流监测曲线(见书末彩图)

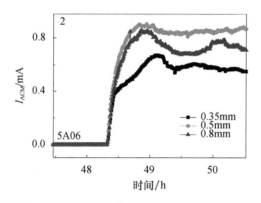

图 8-18 干燥转喷雾阶段电流监测曲线(见书末彩图)

8.4.3 湿热试验中腐蚀电流的变化特点

试验参照 GJB 150.9A,试验中腐蚀测试传感器材质为 2A12 铝合金,金属电极间绝缘间隔为 0.35mm。探头表面状态分为两种:一种为普通(干燥清洁)状态;另一种为涂盐状态。涂盐状态的传感器测量敏感元件涂抹 0.3μm 厚的 5%NaCl 盐溶液液膜后,在烘箱内烘干。在试验过程中,测试两种传感器在湿热试验环境中的腐蚀电流。

图 8-19~图 8-21 所示分别为环境模拟试验腐蚀效应监测系统对温湿度、不涂盐传感器腐蚀电流、涂盐传感器腐蚀电流的测量结果。从图 8-19 中可以看出,温度曲线与图 8-20 温度变化示意图基本一致,测量的湿度变化曲线与试验设定湿度变化规律基本相同,表明该环境模拟试验腐蚀效应监测系统可以很好地测量并记录环境温度参数。从图 8-20 中可以看出,不涂盐传感器腐蚀电流随着环境温度的周期性变化而周期性规律变化。当温度、湿度升高时,腐蚀

电流随之升高,并当温湿度达到最大值时,此时腐蚀电流出现一个脉冲式升高并达到最大值,最大腐蚀电流约为 10^{-4} mA;当保持恒高温高湿状态,腐蚀电流首先出现快速回落随后稳定在约为 2×10^{-5} mA;当温湿度降低时,腐蚀电流随之降低,直到温度降低到约 40℃时,腐蚀电流超出最小测量范围。

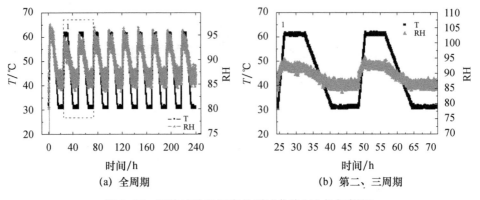

图 8-19　湿热试验温湿度的测试曲线(见书末彩图)

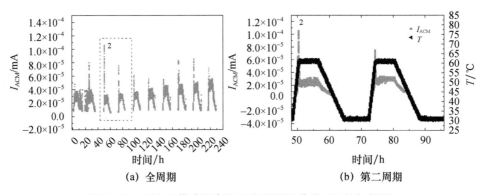

图 8-20　不涂盐传感器腐蚀电流的测试曲线(见书末彩图)

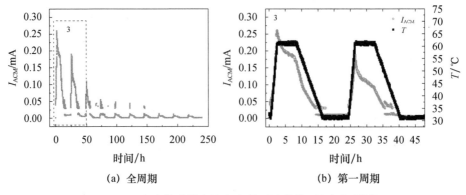

图 8-21　涂盐传感器腐蚀电流的测试曲线(见书末彩图)

从图 8-21 中可以看出,在传感器涂盐状态下腐蚀电流同样随着环境温度的周期性变化而周期性规律变化。但单个周期内腐蚀电流测试最大值随着周期的延长而降低,腐蚀电流最大值从第一周期时的 0.26mA 降低到底 10 周期时的 10^{-3}mA。在单个测试周期内,当温度、湿度升高时,腐蚀电流随之升高,并当温湿度达到最大值时,此时腐蚀电流出现一个脉冲式升高并达到最大值;当保持恒高温高湿状态时,腐蚀电流首先出现快速回落随后缓慢降低;当温湿度降低时,腐蚀电流随之降低,直到温度、湿度达到试验设定最低值时;在恒低温、低湿度阶段,腐蚀电流维持在一个相对较低且稳定的状态,此时腐蚀电流值为 $10^{-5} \sim 10^{-4}$mA。

8.4.4 挂片质量损失和腐蚀电流与时间的相关性

执行 GJB 150.11A 盐雾环境模拟试验,电极材料选择 5A06 铝合金、2A12 铝合金。在试验过程中,除了腐蚀传感器,还设置有与研究材质同材质的腐蚀挂片样品,腐蚀挂片尺寸为 50mm×40mm×4mm,挂片试验的取样周期为 4h、8h、16h、24h。每组测试设置 3 个平行试样。

分析试验进程中 4h、8h、16h、24h 内环境模拟试验腐蚀效应监测系统测得的腐蚀电流数据,计算出 4h、8h、16h、24h 内的腐蚀速率。并分析同步腐蚀挂片数据,得出两种方法获得的腐蚀速率与腐蚀时间的关系,并将两种测试方法获得的腐蚀速率进行比对,获得两种测试方法的相关性。

环境腐蚀测量仪测试的腐蚀电流图谱如图 8-22 所示。从图 8-22 中可以看出,在喷雾过程中 2A12 材质的腐蚀电流值要高于 5A06 材质,这表明 2A12 材质的腐蚀更为严重。根据环境模拟试验腐蚀效应监测系

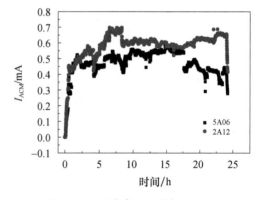

图 8-22 环境腐蚀测量仪测试的腐蚀电流图谱(见书末彩图)

统所测腐蚀电流 i_g,分别计算两种材质的腐蚀失重 ΔM_{i_g},i_g-t 曲线下积分面积乘以电化学当量 $2E_q$,就是 t 时间内,传感器上阳极材料腐蚀质量损失。

$$\Delta M_{i_g} = E_q \int_0^t i_{a1} \mathrm{d}t = 2E_q \int_0^t i_{\text{corr}1} \mathrm{d}t = 2E_q \int_0^t i_g \mathrm{d}t \qquad (8-1)$$

式中:电化学当量 $E_q = M_{Al}/nF = 9.3 \times 10^{-5}$(g/C);Al 原子量为 27g/mol,电荷转移数为 3,法拉第常数 F 取 96500C/mol。

$$\Delta M_{i_g} = 1.86 \times 10^{-4} \int_0^t I_g \mathrm{d}t \tag{8-2}$$

探头的阴、阳极曝露总面积均为 $2.0\mathrm{cm}^2$,那么单位时间(h)和单位面积(cm^2)上的腐蚀质量损失(g)则等于:

$$v = \frac{\Delta M_{i_g}}{A_1 t} = \frac{0.93 \times 10^{-4} \int_0^t I_g \mathrm{d}t}{t} \tag{8-3}$$

分析试验进程中 4h、8h、16h、24h 内环境模拟试验腐蚀效应监测系统测得的腐蚀电流数据,如表 8-3 所列,并计算出 50mm×40mm 面积内(挂片迎雾面面积)的等效腐蚀质量损失。

表 8-3 各试验周期内的腐蚀电量数据

材质	试验周期/h	腐蚀电量/C	等效腐蚀质量损失(5cm×4cm)/g
2A12 铝合金	4	6.53976	0.0122
	8	15.28704	0.0284
	16	32.70132	0.0608
	24	50.35032	0.0937
5A06 铝合金	4	5.8122	0.0108
	8	12.717	0.0237
	16	27.999	0.0521
	24	41.00472	0.0763

挂片腐蚀形貌,如图 8-23 和图 8-24 所示。由两种材料的腐蚀形貌可知,2A12 铝合金材质较 5A06 铝合金腐蚀严重,这与环境腐蚀测量仪测得结果一致。对于 2A12 铝合金材质来说,随着腐蚀周期的延长,样品表面腐蚀明显加重。挂片腐蚀失重数据如表 8-4 所列,比较挂片腐蚀失重结果与环境腐蚀测量仪测量结果,如图 8-25 和图 8-26 所示。

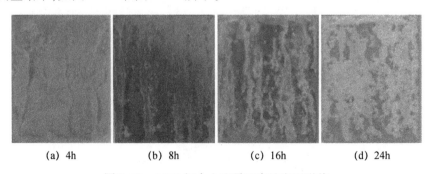

(a) 4h   (b) 8h   (c) 16h   (d) 24h

图 8-23 2A12 铝合金迎雾面腐蚀宏观形貌

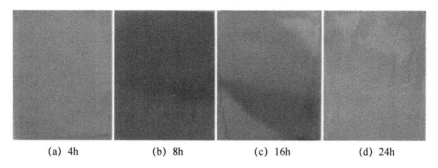

(a) 4h　　(b) 8h　　(c) 16h　　(d) 24h

图 8-24　5A06 铝合金迎雾面腐蚀宏观形貌

表 8-4　挂片腐蚀质量损失数据

材质	2A12				5A06			
周期/h	4	8	16	24	4	8	16	24
腐蚀质量损失/g	0.0056	0.0204	0.0556	0.1168	0.0035	0.0053	0.006	0.0055

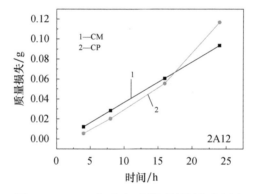

图 8-25　2A12 铝合金两种测量结果对比图

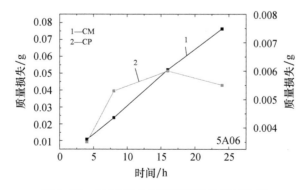

图 8-26　5A06 铝合金两种测量结果对比图

从图 8-25 和图 8-26 中可以看出,两种材料的腐蚀质量损失均随腐蚀时间的延长基本呈线性增加趋势,环境模拟试验腐蚀效应监测系统测得的结果较挂片失重法检测的结果线性度更好。从 2A12 铝合金的测量结果上看,两种测量方法所得结果基本一致;对于 5A06 铝合金而言,环境模拟试验腐蚀效应监测系统测量结果与挂片腐蚀结果相差一个数量级,但腐蚀趋势是基本相同的。

第 9 章

盐雾环境腐蚀效应仿真分析技术

虚拟仿真试验数据丰富和试验实施不受时间、地域限制等优势,能够为装备实装试验提供有力支撑。本章采用腐蚀仿真软件 Corrosionmaster 对特定的 2A12 铝板和 Fe-Al 模型进行仿真分析,分别计算它们在 GJB 150.11A—2009 《军用装备实验室环境试验方法 第 11 部分:盐雾环境模拟试验》和沿海典型地域环境下的腐蚀情况,评估铝板和特定零部件模型的腐蚀情况,分析盐雾环境模拟试验参数变量对腐蚀效应的影响规律和不同结构模型盐雾环境模拟试验与自然环境的相关性,为环境试验的剪裁提供支撑。

9.1 试验设计

采用腐蚀仿真软件模拟铝板和 Fe-Al 模型在不同 NaCl 浓度、温度、沉降率等环境参数下盐雾环境模拟试验的腐蚀情况,研究盐雾环境模拟试验环境参数对金属腐蚀速率的影响。

▶ 9.1.1 仿真分析的基本原理

腐蚀仿真软件 CorrosionMaster 是一款专注于电偶腐蚀和均匀腐蚀的仿真软件,能够精确地评估不同材料、不同防护层、不同结构设计方案和外界环境等各类因素对腐蚀防护效果的影响。CorrosionMaster 基于有限元算法(FEM)进行仿真计算,腐蚀过程采用薄液膜理论用以仿真大气环境下的电偶腐蚀与均匀腐蚀,仿真模型为稀溶液环境下的多离子传输与反应模型。CorrosionMaster 基于有限元分析,可解决复杂结构力学问题有限元方法求解过程。

(1) 结构的离散化(图 9-1),将连续体离散为单元组合体。

(2) 选择位移模式单元力学特性分析,建立平衡方程(9-1)、几何方程式(9-2)、物理方程式(9-3)和虚功原理得到单元节点力和节点位移之间的力

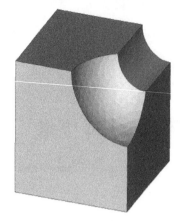 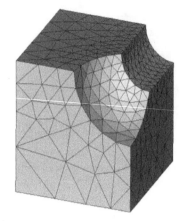

图 9-1 结构离散化示意图

学关系,并建立结构的总体刚度矩阵。

$$\begin{cases} \dfrac{\partial \sigma_x}{\partial x}+\dfrac{\partial \tau_{yx}}{\partial y}+\dfrac{\partial \tau_{zx}}{\partial z}+X=0 \\ \dfrac{\partial \tau_{xy}}{\partial x}+\dfrac{\partial \sigma_y}{\partial y}+\dfrac{\partial \tau_{zy}}{\partial z}+Y=0 \\ \dfrac{\partial \tau_{xz}}{\partial x}+\dfrac{\partial \tau_{yz}}{\partial y}+\dfrac{\partial \sigma_z}{\partial z}+Z=0 \end{cases} \quad (9-1)$$

$$\begin{cases} \varepsilon_x=\dfrac{\partial u}{\partial x} & \gamma_{xy}=\dfrac{\partial v}{\partial x}+\dfrac{\partial u}{\partial y} \\ \varepsilon_y=\dfrac{\partial v}{\partial y} & \gamma_{yz}=\dfrac{\partial w}{\partial y}+\dfrac{\partial v}{\partial z} \\ \varepsilon_z=\dfrac{\partial w}{\partial z} & \gamma_{zx}=\dfrac{\partial u}{\partial z}+\dfrac{\partial w}{\partial x} \end{cases} \quad (9-2)$$

$$\begin{cases} \sigma_x=\lambda e+2G\varepsilon_x & \tau_{xy}=G\gamma_{xy} \\ \sigma_y=\lambda e+2G\varepsilon_y & \tau_{yz}=G\gamma_{yz} \\ \sigma_z=\lambda e+2G\varepsilon_z & \tau_{zx}=G\gamma_{zx} \end{cases} \quad (9-3)$$

(3)边界条件,设置应力边界条件式(9-4)和应力边界条件式(9-5),排除结构发生整体刚性位移的可能性。

$$\begin{cases} l\sigma_x+m\tau_{yx}+n\tau_{zx}=\overline{X} \\ l\tau_{xy}+m\sigma_y+n\tau_{zy}=\overline{Y} \\ l\tau_{xz}+m\tau_{yz}+n\sigma_z=\overline{Z} \end{cases} \quad (9-4)$$

$$u = \bar{u} \quad v = \bar{v} \quad w = \bar{w} \tag{9-5}$$

(4) 求解线性方程组,方程组有唯一解,即得到结构中各节点的位移,单元内部位移通过插值得到,最后分析计算结果。

1. 薄液膜腐蚀理论

金属设备周围环境如温度、相对湿度等存在一定的差异,导致在金属设备表面出现冷凝沉积形成液膜的现象。液膜的形成为金属腐蚀发生中必要条件:离子通道。通过液膜,阳极离子和电子与液膜内的氧或阴极发生氧化还原反应,从而发生腐蚀。金属液膜的形成分为 3 种类型,分别为可见水膜、不可见水膜和吸附凝聚。

图 9-2 所示为液膜腐蚀原理。

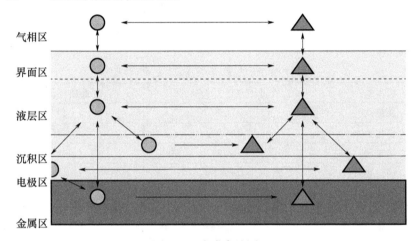

图 9-2 液膜腐蚀原理

1) 可见水膜

可见水膜是因为金属表面温度差造成的凝露水膜,水膜厚度为 1~1000μm。6℃的温度差变化在相对湿度为 65%~70%时即可形成水膜;17.5℃的温度差变化可在 25%的相对湿度下形成水膜。

图 9-3 所示为温差、相对湿度与液膜的形成关系。

2) 不可见水膜

不可见水膜又称为毛细凝聚,曲率半径越小,凝聚蒸汽压力越小;间隙、缝隙、腐蚀产物和镀层空隙,材料裂缝,灰尘缝隙等都具有毛细特征,可在低湿度条件下形成水膜。

3) 吸附凝聚

吸附凝聚是由于固体表面对水有一定的吸附作用,会导致固体表面凝聚一层水膜。根据吸附机理可分为化学凝聚和物理凝聚。

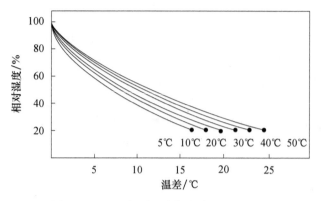

图 9-3 温差、相对湿度与液膜的形成关系

（1）化学凝聚。当金属表面存在吸水型盐粒时，会加速金属表面形成电解质水膜。表 9-1 所示为常见吸水性盐粒成膜条件。

表 9-1 常见吸水性盐粒成膜条件

吸水盐	水蒸气压力/kPa	平衡相对湿度/%
氯化锌	233.3	10
氯化钙	819.9	35
硝酸锌	918.2	42
硝酸铵	1565.2	67
硝酸钠	1683.2	77
氯化钠	1817.2	78
氯化铵	1855.8	79
硫酸钠	1893.1	81
硫酸铵	1895.8	81
氯化钾	2005.2	86
硫酸镉	2219.2	89
硫酸锌	2123.8	91
硝酸钾	2167.8	93
硫酸钾	2306.5	99

（2）物理凝聚。金属固体表面和水蒸气分子间的分子引力作用力能吸附水汽，研究表明，当相对湿度为 55% 时，铁表面能吸附 15 个水分子层；当相对湿度为 100% 时，能吸附 90 个水分子层。

如图 9-4 所示为铁表面相对湿度与分子层数的关系。

2. 液膜厚度的计算方法

努塞尔特在 1916 年首次成功实验证实薄层液膜冷凝生成方法，并为以后

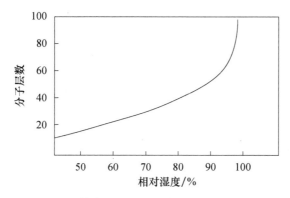

图 9-4　铁表面相对湿度与分子层数的关系

竖直板上薄液膜冷凝研究提供了新的方法。努塞尔特实验描述了如何在静止水雾环境下在竖直平板上冷凝生成薄层液膜。在薄膜冷凝过程中,初期水雾中的小水滴将快速碰撞,并在平板表面形成薄层液膜,薄液膜将在重力的作用下下落,同时有新的冷凝液体补充液膜,从而使整个薄液膜保持均一。在努塞尔特实验中,有以下 4 个假设:

(1) 水雾是均一的,并且其温度为饱和温度。
(2) 重力是作用在薄液膜上的唯一外力。
(3) 薄液膜流动特性保持恒定,不受外界影响。
(4) 水雾是静止的,忽略其对薄液膜流动性影响。

虽然努塞尔特实验是在竖直板上进行的,但在平板倾斜角度足以使薄液膜自由流动时,努塞尔特实验的实验结论仍然成立。在努塞尔特实验中,薄液膜的厚度可通过下式得到。

$$\delta = \left[\frac{4\mu_L k_L z (T_{\text{sat}} - T_w)}{\rho_L (\rho_L - \rho_G) g h_{LG}}\right]^{1/4} \qquad (9-6)$$

式中:δ 为薄液膜厚度(m);T 为饱和温度(℃);ρ 为质量密度(kg·m^{-3});μ 为液体黏度(kg·m^{-1}·s^{-1});g 为重力加速度(m·s^{-2});k 为热传导率(W·m^{-1});z 为 z 轴坐标(m);h 为潜热(kJ·kg^{-1})。

在倾斜的平板上,薄液膜原作用力重力 g 被 $g\sin\alpha$ 所代替,其中 α 为平板相对水平面的夹角。此时,薄液膜厚度表达式则为

$$\delta = \left[\frac{4\mu_L k_L z (T_{\text{sat}} - T_w)}{\rho_L (\rho_L - \rho_G) g \sin\alpha h_{LG}}\right]^{1/4} \qquad (9-7)$$

如图 9-5 所示,水雾在平板上冷凝后在重力的作用下流动,并形成薄液膜。在水雾冷凝的热交换过程与液膜的流动达到平衡后,薄液膜厚度将保持恒定不

变。尽管从平板顶部到底部，薄液膜的厚度会因高度有所变化，但实验表明薄液膜厚度的变化量 $\Delta\delta$ 相对于平板的长度是微乎其微的。

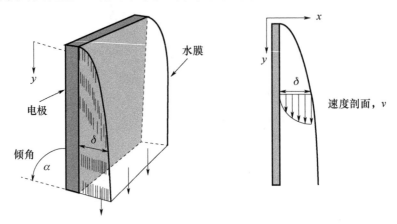

图 9-5　平板上薄液膜生成及流动示意图

努塞尔特实验证实了平板上生成可控薄液膜的可行性，并且指出了控制薄液膜厚度的两个关键因素：水雾的冷凝液化速率及平板的倾斜角度。

在液膜生成的开始阶段，伴随着水雾的冷凝液化，水雾、平板与环境存在着大量热交换，但随着热交换的进行，各部分之间的温差逐步缩小，水雾的冷凝液化速率也趋于恒定值。因此，通过控制水雾量和温度即可调整冷凝液化速率的大小。

对于平板倾斜角度，不同的倾斜角度会对薄液膜产生不同的外力作用，外力控制薄液膜流速。外力越大，则薄液膜更易流动，薄液膜厚度则越薄；反之，外力越小，薄液膜流动动力变小，薄液膜则变厚。因此，调大平板倾角更易得到更薄的薄液膜，调小平板倾角更易得到更厚的薄液膜。图 9-6 描述了平板倾角为 30° 时，薄液膜从生成到稳定的过程。

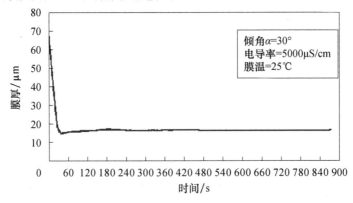

图 9-6　薄液膜厚度随时间稳定的过程

9.1.2 仿真模型的选择与盐雾环境模拟试验设计

CorrosionMaster 采用薄液膜腐蚀理论,模拟计算金属材料在大气环境下的腐蚀情况,其采用的仿真模型为多离子传输与反应模型。盐雾环境模拟试验根据 GJB 150.11A—2009《军用装备实验室环境试验方法 第 11 部分:盐雾环境模拟试验》的相关规定来进行设计。

1. 仿真模型

CorrosionMaster 采用的计算模型是稀溶液环境下的多离子传输与反应模型:

$$\frac{\partial c_k}{\partial t} + \overline{v} \cdot \overline{\nabla} c_k = z_k F \overline{\nabla} \cdot (u_k c_k \overline{\nabla} U) + \overline{\nabla} \cdot (D_k \overline{\nabla} c_k) \quad (k=1,2,\cdots,N) \quad (9-8)$$

式中:$\frac{\partial c_k}{\partial t}$ 为粒子浓度随时间的变化;$\overline{v} \cdot \overline{\nabla} c_k$ 为对流相,对流对粒子浓度变化的贡献;$z_k F \overline{\nabla} \cdot (u_k c_k \overline{\nabla} U)$ 为迁移相,带电粒子在电场下迁移对粒子浓度变化的贡献;$\overline{\nabla} \cdot (D_k \overline{\nabla} c_k)$ 为扩散相,由粒子扩散运动对粒子浓度变化的贡献。

方程(9-8)解释了溶液中粒子浓度随时间的变化等于负的对流相,加迁移相,加扩散相。这个方程适用于所有粒子种类。但在式(9-8)中,c_k 和 U 都是未知的,就需要 $k+1$ 个方程求解,因此需要联立式(9-8)和电中性方程

$$\sum_{k=1}^{N} z_k c_k = 0 \quad (9-9)$$

进行求解。但在实际的建模仿真计算中,根据实际环境做如下假定。

(1)金属表面的液膜通常为稀电解质溶液,因此假定该液膜中的溶液是混合均一的,不存在电解质浓度差异。

(2)假定液膜是静止的,液膜中不存在溶液的对流。

(3)假定金属的电化学腐蚀过程为稳态过程,因此粒子浓度不会随时间而变化。

在以上 3 个假定的基础上,式(9-8)可化简为

$$z_k F \overline{\nabla} \cdot (u_k c_k \overline{\nabla} U) = 0 \quad (k=1,2,\cdots,N) \quad (9-10)$$

将各参量乘积看成一个新的常量——电导率,就可以得到拉普拉斯方程:

$$\overline{\nabla} \cdot (-\sigma \overline{\nabla} U) = 0 \quad (9-11)$$

其中,

$$\overline{J} = -\sigma \overline{\nabla} U \quad (9-12)$$

即为欧姆定律。

将仿真计算模型与实际研究得到的腐蚀数据进行对比验证,校准模型相关

计算参数,从而提高仿真计算精度。

图 9-7 所示为腐蚀仿真软件技术体系。

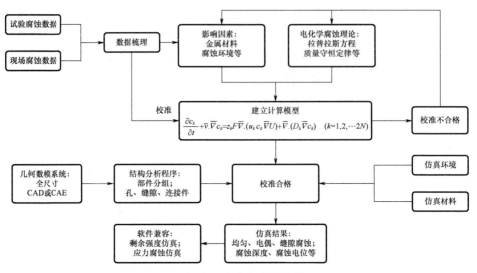

图 9-7 腐蚀仿真软件技术体系

2. 盐雾环境模拟试验设计

根据 GJB 150.11A—2009《军用装备实验室环境试验方法 第 11 部分:盐雾环境模拟试验》的规定,试验件在试验箱内在(35±2)℃、(5±1)%氯化钠、pH 值为 6.5~7.2 条件下喷雾 24h(相对湿度大于 95%)后,在室内干燥 24h(相对湿度不大于 50%),试验周期为 10 天。

图 9-8 所示为盐雾环境模拟试验相对湿度随时间的变化。

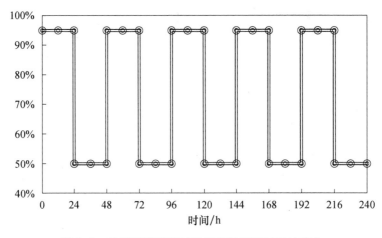

图 9-8 盐雾环境模拟试验相对湿度随时间的变化

第9章 盐雾环境腐蚀效应仿真分析技术

因此,在仿真计算中可将相对湿度视为试验过程中的唯一变量,其余环境参数如温度、大气压力、离子浓度等均未发生变化。

用于盐雾环境模拟试验的金属材料为常用的铝材和高强度钢,本次仿真计算铝材选用2A12、高强度钢选用30CrMnSiNi2A,分别计算这两种材料在不同温度、NaCl浓度和沉降率条件下的盐雾腐蚀情况。

表9-2所示为盐雾环境模拟试验方案。

表9-2 盐雾环境模拟试验方案

试验方案	温度/℃	NaCl浓度/%	沉降量/(80cm²·h)	周期/2天
1	25	3.5	1mL	1~5
2		3.5	2mL	1~5
3		3.5	3mL	1~5
4		5	1mL	1~5
5		5	2mL	1~5
6		5	3mL	1~5
7		6.5	1mL	1~5
8		6.5	2mL	1~5
9		6.5	3mL	1~5
10	30	3.5	1mL	1~5
11		3.5	2mL	1~5
12		3.5	3mL	1~5
13		5	1mL	1~5
14		5	2mL	1~5
15		5	3mL	1~5
16		6.5	1mL	1~5
17		6.5	2mL	1~5
18		6.5	3mL	1~5
19	35	3.5	1mL	1~5
20		3.5	2mL	1~5
21		3.5	3mL	1~5
22		5	1mL	1~5
23		5	2mL	1~5
24		5	3mL	1~5
25		6.5	1mL	1~5
26		6.5	2mL	1~5
27		6.5	3mL	1~5

9.1.3 仿真分析流程

CorrosionMaster 大致可通过模型导入、环境参数设置、材料参数设置、仿真报告信息输入和求解设置、结果可视化 6 个步骤实现金属腐蚀仿真计算,详细仿真流程如图 9-9 所示。

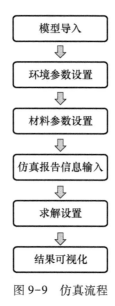

图 9-9　仿真流程

9.2　基础数据测试

基础数据测试包括金属理化数据测试、金属极化曲线测试和环境数据测试三部分。

9.2.1 测试过程

1. 金属理化数据测试

首先确定需要测试铝材 2A12 和高强度钢 30CrMnSiNi2A 的理化数据,包括摩尔质量、密度、主要化合价及电阻率等参数。

2. 金属极化曲线测试

金属极化曲线测试技术按所控制的变量分类,可将金属极化曲线测量技术分为控制电流法和控制电位法。

(1) 控制电流法是以电流为自变量,电位为因变量的技术。在测试时,遵循规定的电流变化程序并测定相应的电极电位随电流变化的函数关系。该方法可使用较为简单的仪器,且易于控制,主要用于一些不受扩散控制的电极过程或电极表面状态不发生很大变化的体系。

(2) 控制电位法是以电位为自变量,电流为因变量的技术。在测试时,按规定的程序控制电位的变化并测定极化电流随电位变化的函数关系。

为测定极化曲线,需要同时测定流过研究电极的电流和电极电位,为此常采用经典三电极体系。由极化电源(最常用的是恒电位仪)、电解池与电极系统,以及实验条件控制设备组成。金属极化曲线测试最基本的极化电源是恒电位仪。恒电位仪可自动调节流经研究电极的电流,从而使得参比电极与研究电极之间的电位差严格地等于一个"给定电位"。恒电位仪的给定电位在一定范围内是连续可调的,可根据试验需要将研究电极的电位分别恒定在不同的给定电位上,并测定相应的极化电流,从而完成极化曲线的测量。

如图9-10所示为采用控制电位法的三电极实验系统。

工作电极:研究对象。

参比电极:确定工作电极电位。

对电极(辅助电极):传导电流。

三电极体系包含两个回路:一个回路由工作电极和参比电极组成,用来测试工作电极的电化学反应过程;另一个回路由工作电极和辅助电极组成,起传输电子形成回路的作用。其中通过多孔试管在底部不断鼓入空气,保证电解液的均一,同时避免腐蚀产物在工作电极表面沉积。

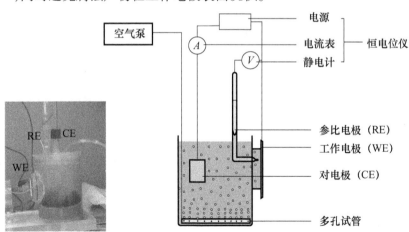

图9-10 采用控制电位法的三电极实验系统

在大气腐蚀环境中,金属因表面附着一层薄电解液而发生腐蚀,薄液膜条件下金属极化曲线不同于体相液体中金属的极化行为,因此体相中测得的极化曲线并不适合应用于仿真模拟。但目前通过实验方法直接获得薄液膜条件下的金属极化曲线仍然比较困难,因此可以通过旋转电极用体相液体模拟薄液膜条件。如图9-11(b)、(c)所示,通过旋转电极,用空气通过湍流区向滞留层的扩散过程来模拟空气通过气液两相界面向金属表面扩散的过程。

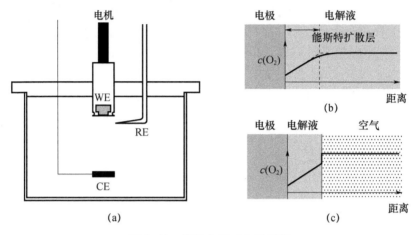

图 9-11　旋转电极三电极系统

在进行模拟薄液膜环境极化曲线实验测定时,除了需要带有旋转圆盘电极的三电极系统,其索面范围一般较宽,具体说明如表 9-3 所列。

表 9-3　极化曲线测定实验说明

项目	说明
实验设备	三电极系统(旋转圆盘电极),电化学工作站
参比电极	SCE,Ag/AgCl
电解液	3.5%NaCl,20~30℃,中性(pH=6.5~7.5)
工作电极	旋转圆盘电极,100γ/min
稳定 OCP	溶液中浸泡 2~12h,直到达到稳定 OCP
极化曲线扫描	阳极:OCP—0.5V(SCE); 阴极:OCP—-1.8V(SCE) 如果在扫描电势范围内电流密度超出±20A/m^2 范围之外,就可以提前停止扫描
扫描速率	OCP±250mV 范围内:0.02~0.05mV/s 此范围之外:0.2mV/s
样本试片	使用前保持清洁

采用上述三电极体系分别测得了 2A12 和 0CrMnSiNi2A 在 3.5%、5%和 6.5% NaCl 浓度下的极化曲线。

3. 环境数据测试

腐蚀仿真软件 CorrosionMaster 的环境数据测试分为宏观环境数据测试和微观环境数据测试两部分。

（1）宏观环境数据：包含最高温度、最低温度、平均温度、相对湿度、服役环境压力、下雨天数、冬天时长、滨海环境等数据信息，宏观环境数据可通过各地气象站收集的气象信息来获取。

（2）微观环境参数：包含电导率、液膜厚度、氧浓度和氧扩散系数等环境参数，这些参数可将宏观气象信息通过相应的经验公式转化得到，也可以通过现场检测来获取。在进行仿真计算时由微观环境参数参与腐蚀计算，即电导率、液膜厚度、氧浓度和氧扩散系数。

9.2.2 测试数据与处理

在完成数据测试工作后，需要对金属极化曲线数据和试验环境数据进行相应的处理，建立材料和环境数据库，使测得的数据能导入腐蚀仿真软件中进行仿真计算。

1. 极化曲线处理

CorrosionMaster 在模拟仿真均匀腐蚀时，是以 Curve Analyzer（图 9-12）作为前处理器将极化曲线分解为其基元电极反应、金属氧化反应、氧的还原反应和析氢反应。

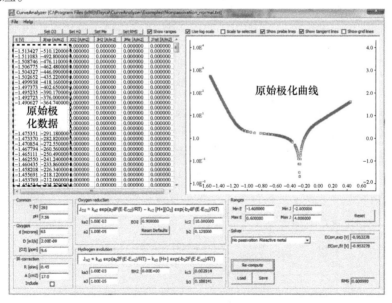

图 9-12 Curve Analyzer 界面

Curve Analyzer 分析工具具有以下功能：
(1) 可直接从 text 文档读入线性扫描伏安(LSV)数据。
(2) 算法快速准确，可快速地将极化曲线分解为基元电极反应。
(3) 根据用户定义的电势拟合不同的反应参数。
(4) 自动修正工作电极和参比电极间电解质溶液的欧姆降。
(5) 使用半对数坐标表示极化曲线。
(6) 以均方根(RMS)值显示解析曲线与原始极化曲线的匹配度，比较实验和拟合腐蚀电位。
(7) 自动生成可输入 CorrosionMaster 的数据文件。

极化曲线分析工具 Curve Analyzer 的使用方法如下。
(1) 将金属极化曲线导入 Curve Analyzer。
(2) 定义极化曲线的实验温度以及溶液 pH 值，定义电解质溶液扩散层厚度、扩散系数、氧气浓度。参数输入界面如图 9-13 所示。

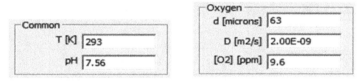

图 9-13　参数输入界面

对于充分搅拌或鼓入空气的溶液，可以认为溶解的氧气处于饱和水平(对于室温下的水为 10ppm)。如果极化曲线实验不是在确定的水动力学条件获得的，那么液膜厚度仍可在随后调整。

(3) 选择基材类型。基材分为 6 类：第一类是无钝化活泼金属(no passivation reactive metal)，如镁；第二类是一大类无钝化标准基材(no passivation standard metal)，其中钢铁(非不锈钢)是最普遍的一种；第三类是无钝化贵族金属(no passivation noble metal)，包括银、金和铂等；第四类是有钝化活泼金属(passivation reactive metal)，如 Zn；第五类是有钝化标准基材(passivation standard metal)，如 Cd；第六类是有钝化贵族基材(passivation noble metal)，如不锈钢、超级合金(超耐热不锈钢)。基材类型选择如图 9-14 所示。

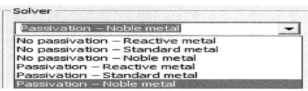

图 9-14　基材类型选择

(4) 按"Re-compute"按钮进行极化曲线解析计算,计算结果如图9-15所示。

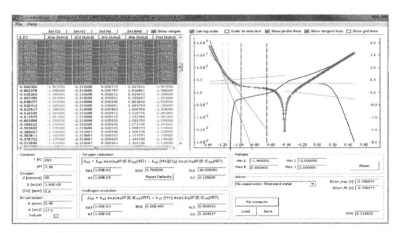

图 9-15　极化曲线解析

2. 极化曲线数据库建设

将测得的 2A12 和 30CrMnSiNi2A 极化曲线使用 Curve Analyzer 进行解析后,将得到的解析数据与极化曲线一并放入 CorrosionMaster 的极化曲线数据库(图 9-16),供仿真计算使用。

Aluminium	2019/11/11 14:11	文件夹	Al-huayin3.5	2019/5/29 15:44	文本文档
Copper	2019/10/14 15:48	文件夹			
Insulator	2019/6/6 14:47	文件夹	Al-huayin3.5_uc	2019/5/30 10:22	文本文档
Iron	2019/11/11 14:51	文件夹			
Steel	2019/7/12 17:43	文件夹	Al-huayin5.0	2019/5/29 15:18	文本文档
Titanium	2019/7/12 17:46	文件夹			
Zinc	2019/9/9 15:21	文件夹	Al-huayin5.0_uc	2019/5/29 15:46	文本文档

图 9-16　极化曲线数据库

3. 金属理化信息数据库建设

将 2A12 和 30CrMnSiNi2A 的摩尔质量、密度、主要化合价及电阻率等数据放入金属理化信息数据库(图 9-17),完成理化信息数据库的建设。

9.2.3　导入分析软件

导入分析软件后,需要进行环境参数、材料参数以及求解参数设置后即可进行仿真计算。

```
#corrosionmaster file version 1.0
14
Aluminium    1       26.98      2.70E+06 3           2.65E-08
Copper    1          63.5       8.96E+06 2           1.67E-08
Iron      1          55.8       7.80E+06 2           1.50E-07
Magnesium 1          24.3       1.70E+06 2           4.45E-08
Insulator 1          1          1.00E+10 1           1.00E-08
Zinc      1          65.38      7.14E+06 2           5.9E-08
Steel     1          55.8       7.80E+06 2           1.50E-07
Nickel    1          58.71      8.90E+06 2           6.84E-08
ZiNi      1          65.40      7.10E+06 2           5.9E-08
Cadmium   1          112.41     8.68E+06 2           2.0E-07
MgAlloy   1          24.3       1.70E+06 2           4.45E-08
Chromium  1          52.0       7.2e+006 6           1.29e-007
Gold      1          196.97     1.93e+007           2           2.35e-008
Titanium  1          47.90      4.5e+006 2           4.2e-007
```

图 9-17　金属理化信息数据库

1. 导入数模

首先，将处理后的数模导入软件 CorrosionMaster，检查数模是否正常。图 9-18 所示为仿真数模信息。

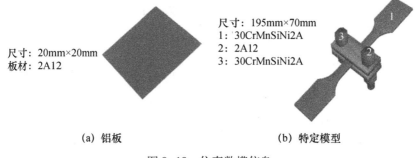

(a) 铝板　　　　　　　　　　　　　(b) 特定模型

图 9-18　仿真数模信息

2. 环境参数设置

在参数输入向导(Input Wizard)窗口中的"Environment Selection"选项卡下将环境参数温度、雨天天数、冬天天数、相对湿度、滨海环境、氧扩散系数、大气压等参数，以及电导率、薄液膜厚度和薄液膜电导率等参数输入(图 9-19)。

3. 材料及极化曲线设置

在输入向导(Input Wizard)窗口中的"Material Selection"选项卡下设置金属材料类型、极化曲线与防腐层等参数，材料数据设置如图 9-20 所示。

4. 网格精度及计算参数设置

在输入向导(Input Wizard)窗口中的"Solver Settings"选项卡下设置网格精

第9章 盐雾环境腐蚀效应仿真分析技术

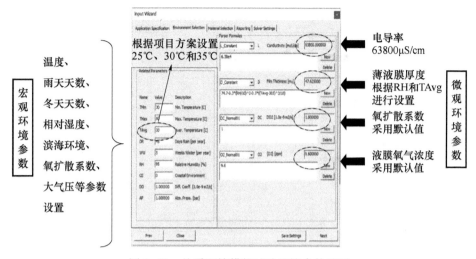

图9-19 盐雾环境模拟试验环境参数设置

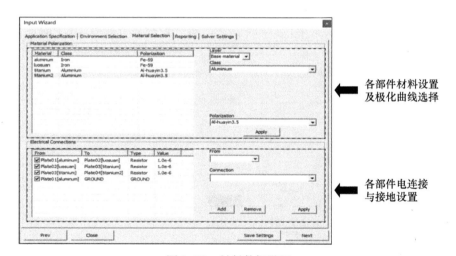

图9-20 材料数据设置

度及相关计算参数等。完成参数设置后,单击"Solve"按钮即可启动仿真计算。此外,计算时选中"Shape Change"复选框即可进行腐蚀形貌的计算(图9-21)。

5. 依时性仿真计算

本次仿真的盐雾环境模拟试验按照 GJB 150.11A—2009《军用装备实验室环境试验方法 第11部分:盐雾环境模拟试验》进行,为完全模拟试验环境,需进行分步依时计算。

操作步骤如下:

245

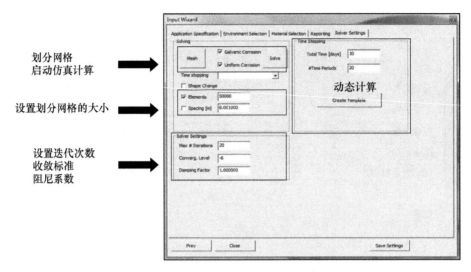

图 9-21　网格精度及计算参数设置

（1）创建时间步长文本，总时间（total time）设置为 10 天，10 个时间周期（time periods），单击"Create Template"按钮打开"Select Parameters"窗口，选择变量为相对湿度（RH），然后创建 A.txt 时间文本（图 9-22）。

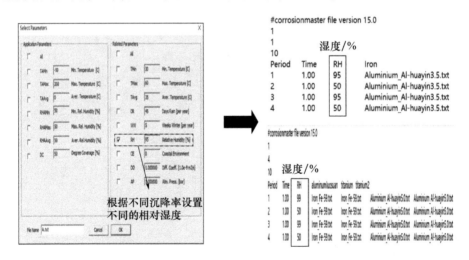

图 9-22　创建 A.txt 时间步长文本

（2）时间步长文本生成后，会自动弹出其所在的文件夹，然后将文本中的时间段按照盐雾环境模拟试验的环境变化进行相应的更改。注意，A.txt 和 A_uc.txt 分别为对应电偶腐蚀和均匀腐蚀，并且一并完成修改。

(3) 生成时间步长文本后,返回"Solver Setting"界面进行仿真计算,图 9-23 所示为 log 文件中反应不同时间的环境参数变化部分。

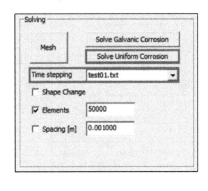

图 9-23　log 文件中反应不同时间的环境参数变化部分

9.3　铝板仿真分析

按照试验方案设计和 9.2 节导入分析的步骤,使用 CorrosionMaster 对铝板进行 5 个周期的腐蚀仿真计算,铝板仿真计算结果如表 9-4 所示。

表 9-4　铝板仿真计算结果

试验方案	浓度/%	沉降率/[mL/(80cm²·h)]	温度/℃	腐蚀深度/μm				
				1 周期	2 周期	3 周期	4 周期	5 周期
1	3.5	1	25	0.1511	0.3022	0.4533	0.6044	0.7555
2			30	0.1591	0.3181	0.4772	0.6362	0.7953
3			35	0.1672	0.3343	0.5015	0.6686	0.8358
4		2	25	0.1511	0.3023	0.4534	0.6045	0.7556
5			30	0.1591	0.3182	0.4772	0.6363	0.7954
6			35	0.1672	0.3343	0.5015	0.6687	0.8359
7		3	25	0.1511	0.3023	0.4534	0.6046	0.7557
8			30	0.1591	0.3182	0.4773	0.6364	0.7955
9			35	0.1672	0.3344	0.5016	0.6688	0.8360

续表

试验方案	浓度/%	沉降率/[mL/(80cm²·h)]	温度/℃	腐蚀深度/μm				
				1周期	2周期	3周期	4周期	5周期
10	5	1	25	6.3706	12.7413	19.1119	25.4825	31.8531
11			30	6.7059	13.4118	20.1178	26.8237	33.5296
12			35	6.9397	13.8795	20.8192	27.7589	34.6987
13		2	25	6.4095	12.8189	19.2284	25.6379	32.0474
14			30	6.7468	13.4936	20.2404	26.9872	33.7341
15			35	6.9838	13.9676	20.9513	27.9351	34.9189
16		3	25	6.4500	12.9000	19.3500	25.8000	32.2500
17			30	6.7895	13.579	20.3684	27.1579	33.9474
18			35	7.0297	14.0594	21.0891	28.1188	35.1485
19	6.5	1	25	5.9012	11.8024	17.7036	23.6048	29.5061
20			30	6.3706	12.7413	19.1119	25.4825	31.8531
21			35	6.5927	13.1855	19.7782	26.371	32.9637
22		2	25	5.9372	11.8744	17.8116	23.7488	29.686
23			30	6.4095	12.8189	19.2284	25.6379	32.0474
24			35	6.6346	12.2914	19.9038	26.5383	33.1729
25		3	25	5.9747	11.9495	17.9242	23.899	29.8737
26			30	6.4500	12.9000	19.3500	25.800	32.2500
27			35	6.5179	13.0358	19.5537	26.0716	32.5900

9.3.1 温度对铝板腐蚀速率的影响

在 NaCl 浓度和沉降率相同的情况下,铝板腐蚀深度随温度的变化情况如图 9-24 所示。

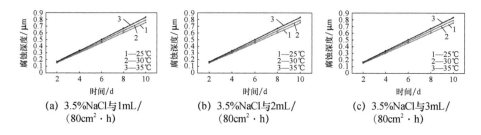

(a) 3.5%NaCl与1mL/(80cm²·h) (b) 3.5%NaCl与2mL/(80cm²·h) (c) 3.5%NaCl与3mL/(80cm²·h)

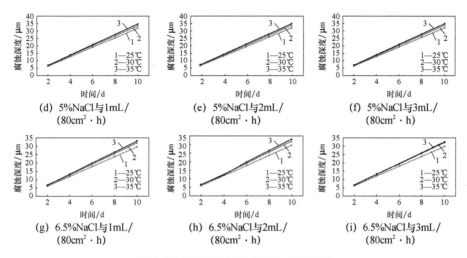

图 9-24 温度对铝板腐蚀速率的影响

由图 9-24 可知,在 NaCl 浓度和沉降率相同的情况下,当温度从 25℃ 向 35℃ 变化时,铝板的腐蚀速率逐渐增加。

9.3.2 NaCl 浓度对铝板腐蚀速率的影响

在试验温度和沉降率相同的条件下,NaCl 浓度对铝板腐蚀深度的影响如图 9-25 所示。

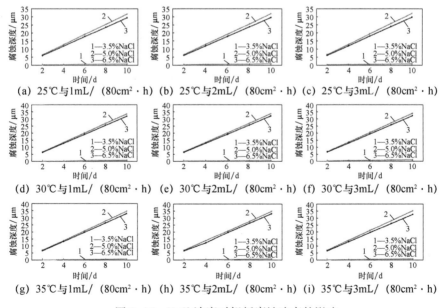

图 9-25 NaCl 浓度对铝板腐蚀速率的影响

由图 9-25 可知,在温度和沉降率相同的条件下,3.5%NaCl 浓度下腐蚀速率明显低于 5%与 6.5%浓度下的腐蚀速率,并且 6.5%NaCl 浓度下的腐蚀速率略微小于 5%NaCl 浓度下的腐蚀速率。

9.3.3 沉降率对铝板腐蚀速率的影响

在 NaCl 浓度和温度相同的条件下,沉降率对铝板腐蚀速率的影响如图 9-26 所示。

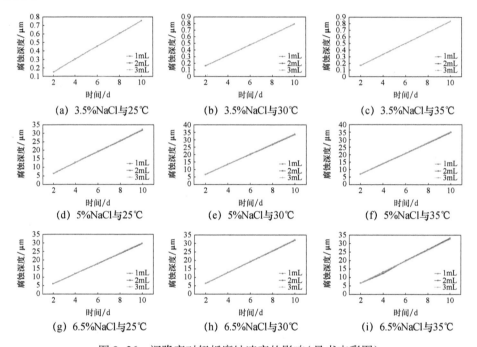

图 9-26 沉降率对铝板腐蚀速率的影响(见书末彩图)

由图 9-26 可知,在 NaCl 浓度和温度相同的情况下,随着沉降率的变化对铝板的腐蚀速率几乎没有发生变化。

图 9-27 所示为 27 个方案及其试验周期下铝板的腐蚀速率统计。由图 9-27 可知,在中性盐雾环境模拟试验条件下,通过对比 5 个周期后铝板腐蚀深度,可以发现腐蚀速率前三的试验方案为方案 18>方案 15>方案 12,经过 5 个周期后最大腐蚀深度为 35.1485μm。

如图 9-28 所示,方案 18 中经过 5 个周期后铝板的可视化的腐蚀深度、蚀速率、腐蚀电位和腐蚀电流密度,由于铝板是产生均匀腐蚀,可视化数据看不出明显区别。

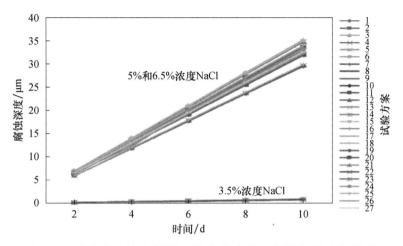

图 9-27　各方案及其试验周期下铝板的腐蚀速率统计(见书末彩图)

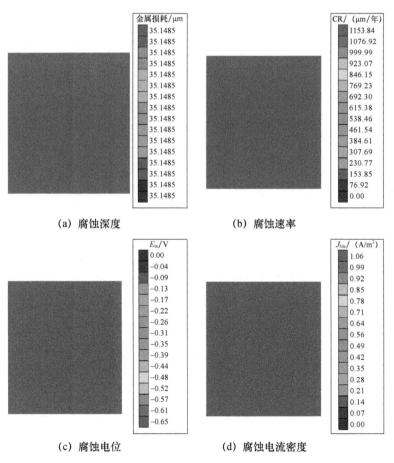

图 9-28　方案 18 中铝板各腐蚀数据(见书末彩图)

9.4 Fe-Al 模型的腐蚀仿真分析

按照试验方案设计和导入分析的步骤,使用 CorrosionMaster 对 Fe-Al 模型进行 5 个周期(10 天)的腐蚀仿真计算,计算结果如表 9-5 所列。

表 9-5 Fe-Al 模型中铝板仿真计算结果

试验方案	浓度/%	沉降率/[mL/(80cm² · h)]	温度/℃	腐蚀深度/μm				
				1 周期	2 周期	3 周期	4 周期	5 周期
1	3.5	1	25	23.27	42.16	63.27	84.36	105.75
2		1	30	24.61	49.54	74.31	100.71	124.21
3			35	26.8	53.2	80.86	106.69	133.37
4		2	25	23.49	43.64	63.85	86.26	106.83
5			30	24.83	50.34	74.79	101.04	125.39
6			35	26.96	54.11	81.84	107.88	136.09
7		3	25	24.04	45.72	67.63	92.69	114.93
8			30	25.18	51.09	75.44	102.93	127.3
9			35	27.37	54.62	82.23	110.05	137.37
10	5	1	25	27.89	54.91	82.49	108.65	136.55
11			30	29.81	58.81	89.17	118.88	148.56
12			35	32.14	64.13	96.26	129.06	160.95
13		2	25	28.67	56.04	84.48	112.32	143.06
14			30	30.17	59.46	90.03	120.02	150.01
15			35	32.42	64.96	97.68	129.82	162.687
16		3	25	29.24	58.41	87.46	116.29	148.1
17			30	30.37	60.17	91.34	121.21	152.24
18			35	32.74	65.46	98.41	131.36	164.93
19	6	1	25	26.41	52.55	79.9	104.24	132.21
20			30	27.57	55.42	84.24	110.28	136.41
21			35	31.01	59.26	87.64	117.06	146.38
22		2	25	26.8	53.55	80.24	107.07	133.89
23			30	27.51	55.04	82.53	110.24	137.59
24			35	27.82	55.18	82.18	111.14	143.64
25		3	25	27.21	54.67	81.86	108.53	137.42
26			30	27.77	55.6	83.09	110.57	138.5
27			35	28.31	56.08	84.73	112.14	140.99

9.4.1 温度对 Fe-Al 模型腐蚀速率的影响

在 NaCl 浓度与沉降率相同的条件下,温度对 Fe-Al 模型腐蚀速率的影响如图 9-29 所示。

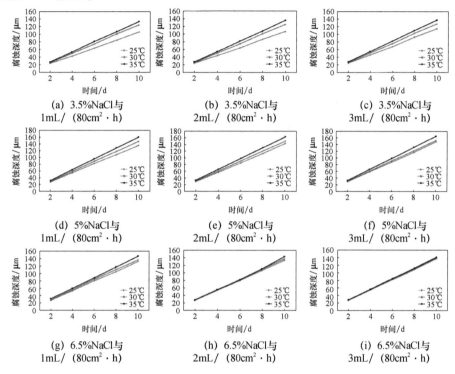

图 9-29 温度对 Fe-Al 模型腐蚀速率的影响(见书末彩图)

由图 9-29 可知,在 NaCl 浓度与沉降率相同的条件下,Fe-Al 模型的腐蚀速率随温度的增大而逐渐增加。

9.4.2 NaCl 浓度对 Fe-Al 模型腐蚀速率的影响

在试验温度与沉降率相同的情况下,Fe-Al 模型的腐蚀深度随 NaCl 浓度的变化如图 9-30 所示。

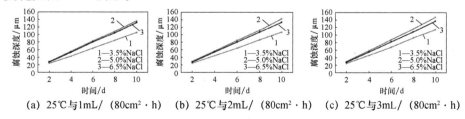

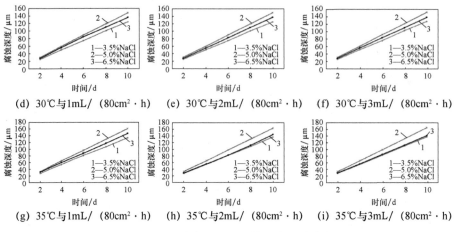

(d) 30℃与1mL/（80cm²·h）　　(e) 30℃与2mL/（80cm²·h）　　(f) 30℃与3mL/（80cm²·h）

(g) 35℃与1mL/（80cm²·h）　　(h) 35℃与2mL/（80cm²·h）　　(i) 35℃与3mL/（80cm²·h）

图 9-30　NaCl 浓度对 Fe-Al 模型腐蚀速率的影响

由图 9-30 可知，在试验温度与沉降率相同条件下，Fe-Al 模型的腐蚀深度由大到小分别为 5.0%NaCl>6.5%NaCl 浓度>3.5%NaCl 浓度。

9.4.3　沉降率对 Fe-Al 模型腐蚀速率的影响

在 NaCl 浓度与试验温度相同的条件下，试验沉降率对 Fe-Al 模型腐蚀速率的影响如图 9-31 所示。

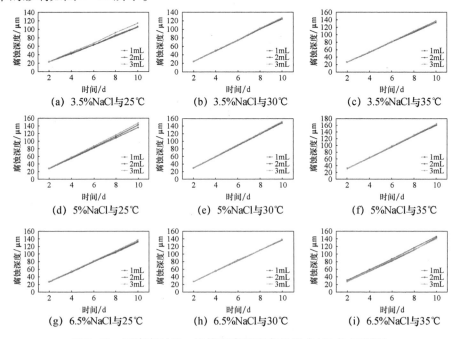

(a) 3.5%NaCl与25℃　　(b) 3.5%NaCl与30℃　　(c) 3.5%NaCl与35℃

(d) 5%NaCl与25℃　　(e) 5%NaCl与30℃　　(f) 5%NaCl与35℃

(g) 6.5%NaCl与25℃　　(h) 6.5%NaCl与30℃　　(i) 6.5%NaCl与35℃

图 9-31　沉降率对 Fe-Al 模型腐蚀速率的影响（见书末彩图）

由图9-31可知,在NaCl浓度和温度相同的条件下,3mL/(80cm²·h)的沉降率对Fe-Al模型的腐蚀速率最大,但影响幅度比较轻微。

如图9-32所示为Fe-Al模型在各试验方案下的腐蚀速率统计。对比5个周期后Fe-Al模型的腐蚀深度可以发现,腐蚀速率前三的试验方案为方案18>方案15>方案12,经过5个周期后最大腐蚀深度为164.93μm。

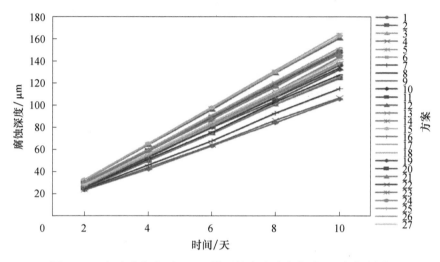

图9-32 各试验方案下Fe-Al模型的腐蚀速率统计(见书末彩图)

如图9-33所示为方案18中经过5个周期仿真计算后可视化的Fe-Al模型的各项腐蚀深度、腐蚀速率、腐蚀电位和腐蚀电流密度。图9-34是模型拆解后各部分可视化的腐蚀深度。结合图9-33和图9-34可知,结构件产生不均匀腐蚀现象,这是由于在特定的结构条件下产生了电偶腐蚀和缝隙腐蚀现象,在Fe和Al接触部位,Al产生明显的腐蚀现象,接触Fe的腐蚀明显减弱,在未与Al接触部位,Fe还有明显的腐蚀现象产生。因此,盐雾环境模拟试验腐蚀评价过程如果两种电位差别较大的材料接触或形成特性的缝隙结构是要重点关注的,检查是否会产生明显的腐蚀现象。

9.4.4 标准试验环境下的腐蚀情况对比

(1)在NaCl浓度和沉降率相同的情况下,当温度从25℃向35℃变化时,铝板和Fe-Al模型的腐蚀速率逐渐增加。这是因为随着温度的升高,使金属表面液膜中阴阳离子的传导逐渐加快,从而加速了铝材的腐蚀。

(2)在温度和沉降率相同的条件下,3.5%NaCl浓度下的腐蚀速率明显低于5%与6%浓度下的腐蚀速率,而且5%与6%NaCl浓度下的腐蚀速率基本相

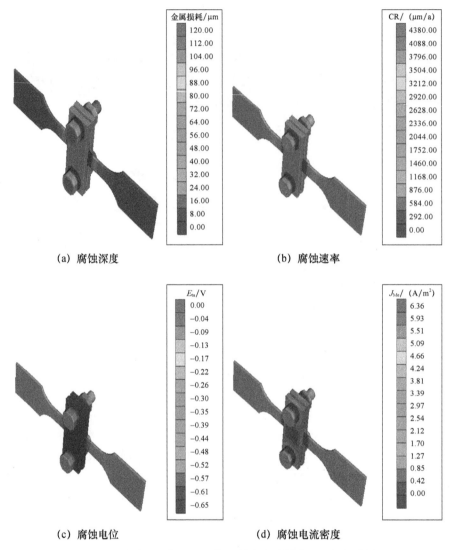

(a) 腐蚀深度　　(b) 腐蚀速率

(c) 腐蚀电位　　(d) 腐蚀电流密度

图 9-33　方案 18 中 Fe-Al 模型的各腐蚀数据（见书末彩图）

同。这是因为随着 NaCl 浓度的提高，金属表面液膜中的 Cl^- 浓度越大，液膜的导电性能越好，从而加速铝材的腐蚀；5% 和 6% NaCl 浓度下腐蚀速率基本一致，这是因为液膜中 Cl^- 浓度过大会导致氧浓度降低，从而抑制金属的腐蚀。

（3）在温度和 NaCl 浓度相同的条件下，沉降率的大小对铝板的腐蚀速率几乎没有影响。这是因为在 $1\sim3mL/(80cm^2 \cdot h)$ 沉降率下，形成了一定厚度的液膜，导致空气中的氧气扩散至金属表面的距离较大，使氧气到达铝板基体的难度增大，从而表现出腐蚀速率无明显增加。

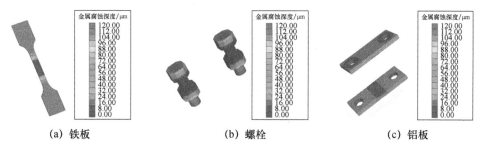

(a) 铁板　　　　　　　　(b) 螺栓　　　　　　　　(c) 铝板

图 9-34　方案 18 中 Fe-Al 模型各部件的腐蚀深度(见书末彩图)

（4）盐雾环境模拟试验温度为 35℃，浓度为 5%±1%，沉降率为 1~3mL/(80cm²·h)，经过 5 个试验周期铝板的腐蚀深度为 35.1485μm，Fe-Al 模型的腐蚀深度为 164.93μm，即在相同 NaCl 浓度、沉降率、温度和试验周期条件下，Fe-Al 模型的腐蚀深度明显高于铝板。这是受板材和结构的影响，在盐雾环境下铁板与铝板之间通过表面的电解质液膜形成耦合效应而发生电偶腐蚀，铝板成为保护铁板的阳极而不断消耗，导致腐蚀速率明显增大；铁板和铝板在搭接部位存在一定的缝隙，为缝隙腐蚀的产生和发展提供了条件，促进了腐蚀速率的增加。

9.5　沿海典型地域盐雾腐蚀仿真分析

通过腐蚀仿真软件 CorrosionMaster 仿真计算铝板和 Fe-Al 模型在海南万宁环境下的腐蚀状态，找到各环境项对铝板和 Fe-Al 模型腐蚀速率的影响。评估铝板和 Fe-Al 模型的腐蚀效应，并与标准盐雾环境模拟试验对比分析。

9.5.1　自然环境数据分析

氯离子是组成可溶性无机盐最重要的阴离子，在海水中占阴离子总量的 99% 以上，是典型的保守元素。随着海水的蒸发和人类工业化的发展，氯离子也成为海洋大气中的重要组成部分；当天气下雨时，大气中的氯离子会随着雨水一道附着在金属表面，加速金属腐蚀的发生。

由此可知，室外金属结构件腐蚀的发生是在雨雪天气下产生，而降雨的发生又与当地的温度、相对湿度、地理位置和季节变化等有很大联系。

海南万宁地区 1 月至 12 月的气象信息如表 9-6 所列，因为需要分别计算模型在 1 月至 12 月的腐蚀情况，再结合 9.4 节的液膜厚度计算公式，本次仿真调用每月的氯离子浓度、平均温度和平均相对湿度进行 1 月至 12 月的腐蚀仿真计算；又因为只有在降雨天气下才会产生液膜，得到的仿真结果需根据雨天天数进行相应的折算。

将收集到的海南万宁气象数据转化为 CorrosionMaster 的环境参数输入后,分别计算铝板和 Fe-Al 模型经过 12 月后的腐蚀状态。

表 9-6　海南万宁地区 1 月至 12 月的气象信息

气象类别	1月	2月	3月	4月	5月	6月	7月	8月	9月	10月	11月	12月
最高温度/℃	25.4	28.6	30.9	32.5	35.8	35.4	36.9	35.9	35.5	32.9	29.2	26.8
最低温度/℃	10.2	12.9	19.6	15.1	23.8	23.9	23.4	23.4	23.3	23.4	14.6	14.2
平均温度/℃	19.3	20.5	25.2	25.5	29.6	29.7	29.1	28.2	27.9	27.1	23.9	21.5
最大相对湿度/%	98	98	98	98	96	95	99	99	98	98	98	98
最小相对湿度/%	45	63	61	52	51	52	51	54	50	58	55	56
平均相对湿度/%	85	89	88	84	81	80	81	87	82	85	87	85
雨/(d/月)	5	5	3	6	4	5	6	9	11	16	9	7
雾/(d/月)	17	19	15	12	9	4	5	5	10	7	13	13
露/(d/月)	15	20	15	12	11	8	4	7	14	6	12	12
降水总量/mm	34.9	100.5	63.1	167.9	36.7	141.8	318.8	301.3	167.2	307	29.6	114.6
氯离子浓度/[mg/(100cm^2·d)]	0.28	0.42	0.33	0.54	0.51	0.28	0.39	0.16	0.45	0.49	0.54	0.43

▶ **9.5.2　铝板在万宁环境下的腐蚀仿真**

仿真计算铝板在万宁海洋环境下 1 月至 12 月的腐蚀状态,仿真结果如图 9-35 所示。

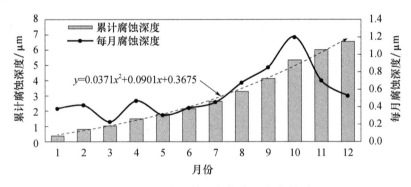

图 9-35　万宁环境下铝板腐蚀仿真结果

由图 9-35 可知,铝板每月腐蚀深度随着时间的推移呈现先增大后减小的趋势;累计腐蚀深度随着时间的推移腐蚀速率逐渐增大;铝板在 10 月时腐蚀速率最大,在 3 月时腐蚀速率最小。铝板详细腐蚀信息如表 9-7 所列。

表 9-7 铝板详细腐蚀信息

月份	氯离子浓度/[mg/(100cm² · d)]	雨天数/(d/月)	每月腐蚀深度/μm	累计腐蚀深度/μm
1	0.28	5	0.3742	0.3742
2	0.42	5	0.4145	0.7887
3	0.33	3	0.2246	1.0133
4	0.54	6	0.4640	1.4773
5	0.51	4	0.2993	1.7765
6	0.28	5	0.3865	2.1630
7	0.39	6	0.4489	2.6119
8	0.16	9	0.6737	3.2856
9	0.45	11	0.8504	4.1361
10	0.49	16	1.1975	5.3336
11	0.54	9	0.6962	6.0298
12	0.43	7	0.5239	6.5537

9.5.3 Fe-Al 模型在万宁环境下的腐蚀仿真

仿真计算 Fe-Al 模型中铝板在万宁环境下 1 月至 12 月的腐蚀状态,仿真结果如图 9-36 所示。

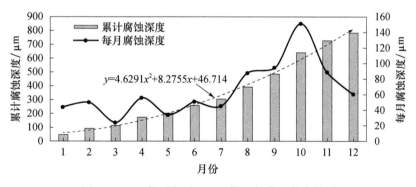

图 9-36 万宁环境下 Fe-Al 模型的腐蚀仿真结果

由图 9-36 可知,Fe-Al 模型中铝板每月腐蚀深度随着时间的推移呈现先增大后减小的趋势;累计腐蚀深度随着时间的推移腐蚀速率逐渐增大;Fe-Al 模型在 10 月份时腐蚀速率最大,在 3 月份时腐蚀速率最小。虽然一年内 Fe-Al

模型和铝板的腐蚀趋势大体一致,但 Fe-Al 模型的腐蚀深度远远大于铝板的腐蚀深度,约为 100 倍。Fe-Al 模型的详细腐蚀信息如表 9-8 所列。

表 9-8 Fe-Al 模型的详细腐蚀信息

月份	氯离子浓度/ [mg/(100cm^2·d)]	雨天数/(d/月)	每月腐蚀深度/μm	累计腐蚀深度/μm
1	0.28	5	43.9290	43.9290
2	0.42	5	49.6411	93.5701
3	0.33	3	24.2874	117.8575
4	0.54	6	55.7560	173.6135
5	0.51	4	33.9497	207.5632
6	0.28	5	50.5167	258.0799
7	0.39	6	44.6632	302.7431
8	0.16	9	87.5148	390.2579
9	0.45	11	94.3837	484.6416
10	0.49	16	150.9213	635.5629
11	0.54	9	88.1880	723.7509
12	0.43	7	59.6761	783.4270

9.5.4 仿真结果分析

图 9-37 和图 9-38 所示为万宁海洋大气环境下 Fe-Al 模型的腐蚀情况仿真图示,经过 12 个月的腐蚀周期后,铝板和 Fe-Al 模型的每月腐蚀深度随着时间的推移呈现先增大后减小的趋势;累计腐蚀深度随着时间的推移腐蚀速率逐渐增大。铝板和 Fe-Al 模型在 10 月份的腐蚀速率最大,在 3 月份的腐蚀速率最小。这是因为万宁地区 3 月份降雨天数只有 3 天,且氯离子浓度为 0.33mg/(100cm^2·d),造成金属表面形成液膜的时间少,且液膜中电导率处于中等偏下水平,腐蚀环境较好,因此未发生严重的腐蚀;10 月份的降雨天数处于年度最高水平,达到 16 天,且氯离子浓度为 0.49mg/(100cm^2·d),这会使金属表面形成液膜的时间较长,形成的液膜中氯离子浓度处于中等偏上水平,使液膜的电导率较高,腐蚀环境恶劣,从而发生较为严重的腐蚀。

Fe-Al 模型中铝板的腐蚀深度远远高于钢板,这是因为 Fe-Al 模型为钢铝连接件,当金属表面形成液膜时,铁板和铝板会形成耦合效应,造成电偶腐蚀的发生。又因为钢的自腐蚀电位高于铝的自腐蚀电位,在发生电偶腐蚀时,铝板作为钢板的牺牲阳极保护钢板不被腐蚀,从而提高了自身的腐蚀速率。

(a) 腐蚀深度　　　　　(b) 腐蚀电位　　　　　(c) 腐蚀电流密度

图 9-37　万宁海洋大气环境下 Fe-Al 模型腐蚀信息

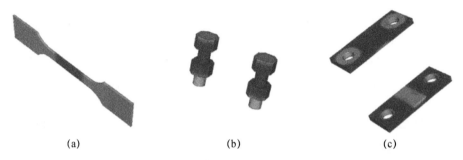

(a)　　　　　　　　　(b)　　　　　　　　　(c)

图 9-38　万宁海洋大气环境下 Fe-Al 模型各部件展示

利用 GJB 150.11A—2009 中规定的试验条件，以 2A12 铝合金为研究对象，盐雾环境模拟试验约 1 个循环相当于万宁室外曝露 1 年的腐蚀程度。以 Fe-Al 模型为钢铝连接件的研究对象，盐雾环境模拟试验约 5 个循环相当于万宁室外曝露 1 年的腐蚀程度。

第 10 章

综合加速盐雾腐蚀试验设计

目前,考核装备腐蚀效应的试验以盐雾环境模拟试验为主,主要是执行 GJB 150.11A 中的推荐程序,没有针对武器装备部署区域的气候条件设计试验。单一地选择一个或两个循环的腐蚀程序,装备的腐蚀效应不能有效地曝露,鉴定后在高温高湿海洋、大气环境中使用的装备环境适应性差。我国自然环境有其独特性,参考美军 810F 对我军武器装备的环境适应性进行考核不尽合理。盐雾环境模拟试验的设定程序和实际环境腐蚀效应的相关性研究数据缺失,不利于盐雾环境模拟试验剖面的设计。

本章借鉴已有研究成果和方法,通过对比实验室盐雾腐蚀时间和自然环境腐蚀,研究盐雾环境模拟试验与自然环境大气腐蚀的相关性,以便为面向特定地区的盐雾环境模拟试验的剪裁、设计提供依据。

10.1 基本原理和分析步骤

▶ 10.1.1 综合加速腐蚀试验设计的基本原理

(1) 加速腐蚀试验环境谱必须针对具体的装备的结构关键部位及对象,包含装备服役时该部位实际环境产生腐蚀(老化)的主要因素及作用情况,从而再现实际服役过程中出现的腐蚀损伤形式。

(2) 实验室加速腐蚀老化环境谱应以自然环境谱为依据,并结合 GJB 150.11A,针对具体试验对象,根据其腐蚀敏感的几种主要环境因素确定环境谱块的组成,再现实际使用中出现的腐蚀损伤形式与特征。

(3) 加速腐蚀试验环境谱必须使实际环境下的腐蚀历程所需时间大大缩短,从而使加速试验的周期和费用减少到可以接受的范围之内;实验室加速腐蚀老化环境谱允许出现过设计以加速试验历程,即试验参数的量值大小高于实际使用环境。

（4）实验室加速腐蚀老化环境谱不应出现欠设计,即试验参数的量值、作用时间不应低于实际使用环境;必须能通过合理的准则和方法建立加速试验环境谱与实际地面气候环境之间的当量加速关系。

▶ 10.1.2 相关性评价原则和方法

相关性是随着室内模拟加速试验的发展而提出的。相关性主要是指自然环境试验与相应采用的室内模拟加速试验之间的关系。相关性就是某个室内模拟加速试验多少小时(天),相当于某个自然试验多少年(月),能真实地再现试样在实际环境条件下的失效规律。这个问题看似简单,但实际上要建立一个合理而实用的相关性非常困难。因为相关性有一个显著特点,即不确定性。不同的方法、装置有不同的相关性,相同的方法、不同的材料有不同的相关性,环境不同出入也很大。因此这成为相关性研究中的最大难题,难以推广应用。尽管如此,各工业发达国家都致力于相关性研究,投入大量的人力、物力,目前仍是环境试验领域研究的热点。

一般认为,若要自然环境试验与室内模拟加速试验的方法具有良好的相关性,应遵循以下原则。

1. 模拟性

评价盐雾腐蚀加速试验和海洋地区自然暴露试验的模拟性主要考虑两种试验方法的腐蚀过程和电化学特性及机理、两种试验形成的腐蚀产物特性(宏观、微观腐蚀形貌、组成结构和腐蚀的次生过程及其阻滞特性)、两种腐蚀试验的环境作用机理及液膜干湿循环过程特点一致;两种试验方法同时试验多组参比试样时,腐蚀速度的变化规律是否一致等。评价模拟性一般采用定性和定量评价相结合的方法。定量法有动力学模型对比法、相关系数法和灰色关联度法。

定性评价主要是腐蚀机理对比法和图表法,定性评价是定量评价的基础。

（1）腐蚀机理对比法:在查阅过的大量国外资料中很少考虑腐蚀机理间的比较,而我国通过系统研究认识到,腐蚀(劣化)机理的一致才是本质的相关,必须保证前面提出的前4个一致,才可能建立良好的相关性。

（2）图表法:图表法是相关性研究中最早采用的一种直观比较方法。具体做法是选择试验参数,并将两种试验获得的数据与时间对应列入适当的表格或作图(折线图或框图),比较图/表中的数据,确定性能变化趋势,判断其相关性好坏。

定量评价的方法主要有 Spearman 秩相关系数(rho_s)法和灰色关联分析,灰色关联分析一般是用于灰色体系的优势分析,在此将其引入相关性分析中,获得了满意的效果。该方法主要适用于多个室内模拟加速试验的相互比较,以择优选择试验方法。以自然环境试验数据作为母系列,各室内模拟加速试验数据作为子系列,计算出的各灰色关联度 r_i 按大小排序,最大的为相关性最好的试验方法。分析综合加速腐蚀试验与自然环境试验的相关性时,可采用秩相关系数法,如需要对设计试验更为深入的分析时可采用灰色关联分析。

Spearman 秩相关系数(rho_s)法是属非参数线性相关分析,主要用于参比试样经两种试验方法,数据排序后之间的相互比较。这种方法虽属趋势性评价,但方法简单,易于掌握,实用性强。具体计算方法如下:

设 X_i、Y_i 分别为自然环境试验与室内模拟加速试验后测得的性能数据, x_i、y_i 分别为 X_i、Y_i 的秩, d_i 为秩差。计算如下:

秩:两种方法试验后测得的数据分别按大小统一排序,每个数据对应的序数为它的秩。

秩差:
$$d_i = x_i - y_i$$

$$rho_s = 1 - 6\sum_{i=1}^{n} d_i^2 (n^3 - n) \qquad (10-1)$$

式中:rho_s 为秩差;n 为参比试样组数。

rho_s 越接近 1 说明相关性越好,即两种方法的试样结果对材料(或装备)优劣顺序的差异规律是基本一致的。

2. 加速性

室内模拟加速试验应在模拟性良好的基础上具有高的加速比,特别是初期的加速倍率尽可能大。加速性评价主要有加速因子(AF)法和加速转换因子(ASF)法。

加速因子(AF)法是属于点相关评价方法,在高分子材料老化的相关性研究中应用较多。试验首先规定该材料(或装备)试验终止性指标,如高分子材料一般终止性能指标为原始值的 50%,当用两种方法试验达到终止性能指标时,加速倍率就是 AF。例如,某高分子材料,通过自然暴露试验 3 年保留率达到 50%,而通过光老化试验 3 个月保留率也达到 50%,则 AF 等于 12,即加速倍率为 36/3 等于 12 倍。很明显加速因子(AF)法不适合本试验。

加速转换因子(ASF)法是由加速因子(AF)法发展而来的,由于 AF 只表明某一点的加速倍率,不能反映整个寿命内的加速性,因此引入了 ASF 的概念。ASF 表示某材料(或装备)的某项性能参数,经某个室内模拟加速试验的性能对应于某地区自然环境试验的性能随时间变化的加速倍率。

在 ASF 计算时,首先以时间为横坐标,以参数性能为纵坐标作时间响应曲线,并对两条曲线进行拟合,取不同性能值,得到相对应的室内模拟加速试验时间和自然环境试验时间,如图 9-1(Ⅰ为自然环境试验曲线;Ⅱ为模拟环境试验曲线)所示。如果所拟合的两种曲线置信度高,那么时间 t(或 T)可通过拟合的两个方程计算;如果置信度不高,那么可直接从图上取各 T(或 t)值。再以 t 为横坐标,以 T/t 为纵坐标作图[图 10-1(b)],或者通过回归分析,得到 ASF 随时间 t 的变化规律,即 $ASF=f(t)$。

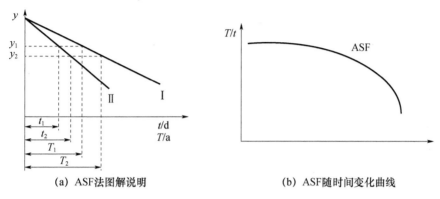

(a) ASF 法图解说明　　　　　(b) ASF 随时间变化曲线

图 10-1　加速转换因子法的原理图

3. 重现性

在相同加速试验条件下,两次及两次以上的重复试验结果重现性好。评价重现性采用方差分析或 t 检验法。

10.2　基于印制电路板的综合加速盐雾腐蚀试验

根据一年期万宁沿海气候环境数据,编写自然环境谱,并依据自然环境谱设计万宁加速环境谱,同时应用加速环境谱对试验样品进行加速试验,检测不同周期加速试验后样品的外观及电性能(介质耐电压、绝缘电阻、品质因素及损耗角正切),评价试验样品的环境适应性。

10.2.1　自然环境谱

万宁试验站 2016 年的大气数据如表 10-1 所列,依据大气数据可编制自然环境谱。

表 10-1　万宁试验站 2016 年的大气数据

参数	1月	2月	3月	4月	5月	6月	7月	8月	9月	10月	11月	12月
平均温度/℃	19.3	20.5	25.2	25.5	29.6	29.7	29.1	28.2	27.9	27.1	23.9	21.5
极端最高温度/℃	25.4	28.6	30.9	32.5	35.8	35.4	36.9	35.9	35.5	32.9	29.2	26.8
极端最低温度/℃	10.2	12.9	19.6	15.1	23.8	23.9	23.4	23.4	23.4	23.4	14.6	14.2

续表

参数	1月	2月	3月	4月	5月	6月	7月	8月	9月	10月	11月	12月
平均相对湿度/%	85	89	88	84	81	80	81	87	82	85	87	85
最大相对湿度/%	98	98	98	98	96	95	99	99	98	98	98	98
最小相对湿度/%	45	63	61	52	51	52	51	54	50	58	55	56
雨/(天/月)	5	5	3	6	4	5	6	9	11	16	9	7
雾/(天/月)	17	19	15	12	9	4	5	5	10	7	13	13
露/(天/月)	15	20	15	12	11	8	4	7	14	6	12	12

1. 温度-湿度谱

以5℃为一个温度间隔、10%为一个相对湿度间隔,交互统计温度-湿度区间的作用时间,形成温度-湿度谱。温度-湿度区间作用时间的统计宜以整点温湿度数据为基础,一个整点温湿度数据按1h进行统计。温度区间和湿度区间的范围可根据具体地域的实际情况进行调整,调整后的温度区间和湿度区间必须涵盖该地域的温湿度极值,绘制出温度-湿度谱。

表10-2所列为2016年万宁温度-湿度谱。

表10-2 2016年万宁温度-湿度谱

湿度/%	作用时间/年						
	温度/℃						
	<15	15~20	20~25	25~30	30~35	>35	合计
<60	0	0	0.0087	0.0122	0.0487	0.0209	0.0904
60~70	0.0010	0.0063	0.0383	0.0783	0.0817	0.0035	0.2090
70~80	0.0017	0.0077	0.0522	0.0591	0.0313	0.0007	0.1527
80~90	0.0243	0.0730	0.0452	0.1461	0	0	0.2887
90~100	0.0661	0.0417	0.1183	0.0278	0	0	0.2539
合计	0.0932	0.0932	0.2626	0.3235	0.1617	0.0250	1

2. 盐雾谱

统计2016年万宁大气中 Cl^- 沉降量随月份的变化规律,形成表10-3所列的盐雾谱。

表10-3 2016年万宁盐雾谱

月份	1月	2月	3月	4月	5月	6月	年平均值
Cl^-沉降率/[mg/(100cm²·d)]	0.58	0.82	0.35	0.26	0.21	0.22	0.51
月份	7月	8月	9月	10月	11月	12月	
Cl^-沉降率/[mg/(100cm²·d)]	0.12	0.87	0.27	0.87	0.81	0.72	

10.2.2 加速环境谱

编制加速环境谱首先要分析电子元器件三防漆涂层材料所面对的环境因素,可以分为化学因素、物理因素和生物因素三大类。化学因素主要包括氧、臭氧、水分、化学介质和腐蚀性气体等;物理因素主要有光、热、电磁、辐射和机械应力等;生物因素主要有微生物等。在自然大气环境中,影响涂层材料老化的因素主要有光、氧、臭氧、温度、水分等。

首先,确定加速腐蚀试验中的环境应力水平。每种环境因素的量值水平应在自然环境谱中对应环境因素的监测数据范围内。温度的应力水平推荐采用整点温度的年极值,相对湿度的应力水平推荐采用月均值或年极值,Cl^-浓度推荐采用年极值。若改变,则需说明。

其次,要确定环境应力的作用时间。在一个加速试验周期内,每种环境因素的作用时间比例按照自然环境谱中的作用时间比例来确定,也可用当量折算法计算。加速试验的持续时间不能仅采用自然环境与加速试验环境中的累积应力来简单换算,还应采用参考材料进行验证,用参考材料在两种环境作用下出现相同程度环境效应的时间来确定。

最后,确定环境应力的施加顺序。若采用各个环境应力顺序施加的方式来体现每种环境应力的影响。通过分析自然环境的特点及其对装备的影响,按照对装备的影响程度的重要性进行排序,重要性越高,排列次序越靠前。

根据以上讨论,可把加速试验环境谱确定为湿热环境模拟试验和盐雾环境模拟试验。

1. 湿热环境模拟试验

由表 10-1 可知,该地域温度变化不大,极端最高温度、极端最低温度分别为 36.9℃ 和 10.2℃。万宁最大相对湿度、最小相对湿度分别为 99% 和 45%。其中,自然环境谱中的潮湿空气(相对湿度在 70% 以上)作用时间比例为 70%,干燥空气(相对湿度为 70% 及 70% 以下)作用时间比例为 30%。原则上应设定实验室加速试验的高温高湿试验条件为温度 35℃±2℃,相对湿度为 95%±5%,时间占比为 70%,高温低湿试验条件为温度 35℃±2℃,相对湿度为 45%±5%,时间占 30%。但按此方法加速环境谱时间较长,故提高严酷度,将高温高湿试验条件定为温度 85℃±2℃,相对湿度为 90%±5%,高温低湿试验条件不变,增加温度差破坏印制电路板涂层。雾、露对装备造成的影响为表面产生连续水膜,与湿热试验合并。

利用当量折算法计算湿热试验时间,根据经验工程公式计算折算系数,即

$$K = \frac{t_2}{t_1} = \frac{\mathrm{e}^{-C/(\theta_1\varphi_1)}}{\mathrm{e}^{-C/(\theta_2\varphi_2)}}$$

式中：K 为时间折算系数；$\theta_1\varphi_1$ 为实际暴露的温度和湿度；$\theta_2\varphi_2$ 为加速试验的温度和湿度；$\theta_2 \leqslant 60℃$ 时，$C=46.1$。

试验采用高温高湿试验（温度 85℃±2℃，相对湿度 90%±5%），即 $\theta_2=85℃$，$\varphi_2=90\%$，获得不同温湿度的折算系数，如表 10-4 所列。

表 10-4 不同温湿度的折算系数

湿度/%	折算系数				
	温度/℃				
	20	25	30	35	40
80	0.102	0.182	0.268	0.352	0.433
90	0.141	0.235	0.332	0.423	0.508

根据表 10-2 和表 10-4，将不同温度和湿度的作用时间等效为 85℃、90% 的湿热作用的时间，一年中，温度为 20℃、25℃、30℃、35℃、40℃ 对应的湿热时间（温度不足 20℃ 按 20℃ 算，湿度在 90% 以上计为盐雾气氛，不考虑，湿度在 70% 以下为干燥空气，不考虑）$t_{20}=128.6\mathrm{h}$，$t_{25}=176.3\mathrm{h}$，$t_{30}=563.7\mathrm{h}$，$t_{35}=96.5\mathrm{h}$，$t_{40}=2.7\mathrm{h}$，总时间 $t=128.6+176.3+563.7+96.5+2.7=967.8\mathrm{h} \approx 40\mathrm{d}$。

2. 盐雾环境模拟试验

盐雾环境模拟试验条件为：NaCl 质量分数为 5%，pH 为 6.5~7.5，环境温度为 35℃±2℃。当相对湿度>90% 时，认为出现盐雾。由表 10-3 可知，盐雾环境模拟试验作用时间占 25%，即盐雾、湿热的循环时间比例为 1:3。因此，盐雾环境模拟试验时间为 13.3 天。

由于每个模块试验时间较长，为便于开展试验及观察，分为 5 个循环测试，高温高湿试验一次循环为 8 天，盐雾环境模拟试验一次循环为 3 天，高温低湿试验为 1 天。加速环境谱 5 个循环相当于印制电路板在万宁服役一年。首先进行高温高湿试验，然后进行盐雾环境模拟试验，最后进行高温低湿试验。因为相对湿度是最大的影响因素之一，印制电路板表面上形成的水膜为金属的溶解提供了前提条件，导致印制电路板短路或断路；之后进行盐雾环境模拟试验，温度变化加速破坏印制电路板表面涂层，同时在涂层表面形成侵蚀性的氯离子电解质液膜，加速腐蚀；最后进行高温低湿试验，这与高温高湿试验形成干湿交替环境。一方面腐蚀印制电路板，另一方面一定程度地重现大气环境。

综合以上环境因素的分析，编制万宁印制电路板大气试验加速环境谱，如图 10-2 所示。模拟棚下试验的加速试验环境谱包括湿热和盐雾环境模拟试验,12 天一周期,共循环 5 次,其中一次循环中盐雾环境模拟试验为 3 天,高温高湿试验为 8 天,高温低湿试验为 1 天。

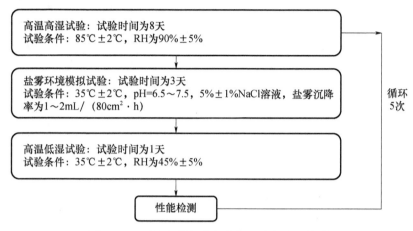

图 10-2　万宁印制电路板大气试验加速环境谱

10.2.3　试验方案

根据加速环境谱进行印制电路板的人工加速试验,一年的加速试验共需要进行 5 组测试,每组检测 3 个,进行外观评级和电性能检测,另准备 1 个空白样品,空白样品与试验样品相同,作对照,共计 16 个印制电路板样品。试验前和每次加速周期后都需进行印制电路板的外观评级和电性能测试。试验结束后统计试验结果。

根据 SJ 20671—1998《印制板组装件涂覆用电绝缘化合物》及委托方要求检测印制电路板的外观及防护涂层的各种劣化现象,样品外观主要考察针孔、白斑、起泡、褶皱、裂缝、分离、遮蔽或破坏鉴别标志、印制导线和基材褪色、腐蚀等现象。

电性能测试包括介质耐电压、绝缘电阻、损耗角正切及品质因素,各测试按照 SJ 20671—1998《印制板组装件涂覆用电绝缘化合物》及委托方要求进行试验。介质耐电压检测条件为:试验电压为 AC1500V、50Hz;测试部位为带导线的焊盘之间;试验时间为 1min。检查样品应无飞弧(表面放电)、火花(空气放电)或击穿(击穿放电);放电电流额定值应不超过 10mA。如图 10-3 所示为介质耐电压检测照片。

绝缘电阻检测条件:试验电压为 DC500V;测试部位为带导线的焊盘之间;试验时间为通电 1min 后用高阻仪进行测试。记录绝缘电阻的测试结果,图 10-4 所示为绝缘电阻检测照片。

图 10-3　介质耐电压检测照片

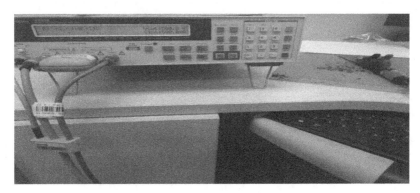

图 10-4　绝缘电阻检测照片

品质因素和损耗角正切检测条件为：检测频率为 1MHz 及 50MHz。记录品质因素及损耗角正切的测试结果。图 10-5 所示为品质因素及损耗角正切检测照片。

图 10-5　品质因素及损耗角正切检测照片

表 10-5 所列为试验流程及说明。表 10-6 所列为检测设备名称及仪器型号。

表 10-5　试验流程及说明

组号	序号	试验项目	试验日期	检测样品编号	
1	1	外观检查	2017.11.07	对照样	
	2	介质耐电压	2017.11.07		
	3	绝缘电阻	2017.11.07		
	4	品质因素及损耗角正切	2017.11.07		
2	1	加速试验 12 天	2017.11.08~2017.11.20	1-1 1-2 1-3	
	2	外观检查	2017.11.21		
	3	介质耐电压	2017.11.21		
	4	绝缘电阻	2017.11.21		
	5	品质因素及损耗角正切	2017.11.21		
3	1	加速试验 24 天	2017.11.20~2017.12.02	2-1 2-2 2-3	
	2	外观检查	2017.12.03		
	3	介质耐电压	2017.12.03		
	4	绝缘电阻	2017.12.03		
	5	品质因素及损耗角正切	2017.12.03		
4	1	加速试验 36 天	2017.12.02—2017.12.14	3-1 3-2 3-3	
	2	外观检查	2017.12.15		
	3	介质耐电压	2017.12.15		
	4	绝缘电阻	2017.12.15		
	5	品质因素及损耗角正切	2017.12.15		
5	1	加速试验 48 天	2017.12.14—2017.12.26	4-1 4-2 4-3	
	2	外观检查	2017.12.27		
	3	介质耐电压	2017.12.27		
	4	绝缘电阻	2017.12.27		
	5	品质因素及损耗角正切	2017.12.27		
6	1	加速试验 60 天	2017.12.26~2018.01.07	5-1 5-2 5-3	
	2	外观检查	2018.01.08		
	3	介质耐电压	2018.01.08		
	4	绝缘电阻	2018.01.08		
	5	品质因素及损耗角正切	2018.01.08		

表 10-6　检测设备及仪器

序号	设备名称	仪器型号
1	高低温湿热试验箱	DFR-10kA
2	盐雾腐蚀试验箱	CEEC-YW020
3	耐压测试仪	CS2672C
4	HIGH RESISTANCE METER	4339B
5	阻抗分析仪	6500B

10.2.4　外观检查

按照 SJ 20671—1998《印制板组装件涂覆用电绝缘化合物》及委托方要求进行试验。目检样品涂层有无针孔、白斑、起泡、褶皱、裂缝、分离、遮蔽或破坏鉴别标志、印制导线和基材褪色、腐蚀等现象。

样品外观检查结果如表 10-7 所列。

表 10-7　样品外观检查结果

样品编号	检查结果
对照试样	无明显变化
1-1	表面有轻微破损,无明显变化
1-2	表面有轻微破损,有气泡
1-3	表面有轻微破损,有气泡
2-1	表面有轻微破损,有腐蚀、变色,有气泡
2-2	表面有轻微破损,有腐蚀、变色
2-3	表面有轻微破损,有腐蚀
3-1	表面有轻微破损,有腐蚀、变色,有气泡,数字标识不清晰
3-2	表面有轻微破损,有腐蚀、变色,有气泡
3-3	表面有轻微破损,有腐蚀、变色,有气泡,数字标识不清晰
4-1	表面有轻微破损,有腐蚀、变色,有气泡,数字标识不清晰
4-2	表面有轻微破损,有腐蚀、变色,有气泡,数字标识不清晰
4-3	表面有轻微破损,有腐蚀、变色,有气泡,数字标识不清晰
5-1	表面有轻微破损,有腐蚀、变色,有气泡,数字标识不清晰
5-2	表面有轻微破损,有腐蚀、变色,有气泡,数字标识不清晰
5-3	表面有轻微破损,有腐蚀、变色,有气泡,数字标识不清晰

10.2.5 测试分析和评估

在试验中,样品均无飞弧(表面放电)、火花(空气放电)和击穿(击穿放电);放电电流额定值均不超过 10mA。统计不同周期加速试验后,样品的绝缘电阻、品质因素及损耗角正切,将同一周期下不同样品的数据去除坏点后取均值,结果如表 10-8 所列。

表 10-8　样品的绝缘电阻、品质因素及损耗角正切的统计数据

试验时间	绝缘电阻/Ω	品质因素		损耗角正切	
		1MHz	50MHz	1MHz	50MHz
未试验(对照样)	$6.26×10^{13}$	54.0326	73.5821	0.01850	0.01359
1 周期	$2.475×10^{11}$	32.9048	48.4245	0.03061	0.02066
2 周期	$1.635×10^{12}$	26.5151	43.8401	0.03822	0.02286
3 周期	$1.63×10^{11}$	25.6935	44.9774	0.03909	0.02228
4 周期	$2.065×10^{11}$	41.1231	85.9685	0.02433	0.01163
5 周期	$1.575×10^{11}$	19.4093	42.0945	0.05342	0.02380

样品的绝缘电阻、品质因素及损耗角正切参数变化趋势如图 10-6 所示。

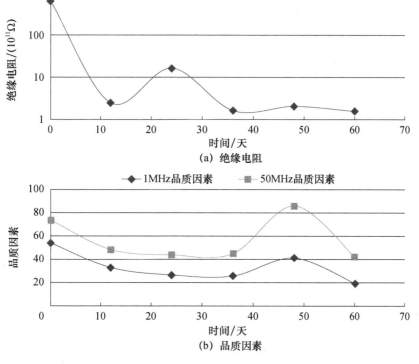

(a) 绝缘电阻

(b) 品质因素

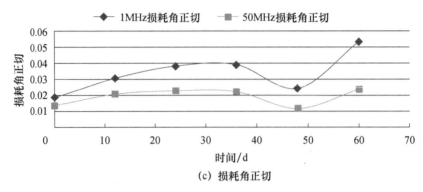

(c) 损耗角正切

图 10-6 样品的绝缘电阻、品质因素及损耗正切参数变化趋势

（1）随着加速试验时间的延长，印制电路板慢慢出现腐蚀、气泡、变色、数字标识不清晰等现象，样品涂层慢慢被破坏。

（2）介质耐电压测试显示样品正常，符合标准要求，样品均无飞弧（表面放电）、火花（空气放电）和击穿（击穿放电），放电电流额定值均不超过 10mA。

（3）绝缘电阻呈现先上升、后下降、再上升、再下降……总体呈现下降趋势。根据 SJ 20671—1998《印制板组装件涂覆用电绝缘化合物》的规定，聚氨脂树脂 UR 型涂层任一样品的绝缘电阻值应不低于 $5×10^9\Omega$，样品测试结果符合标准要求。

（4）品质因素呈现先下降、后上升、再下降的趋势，整体呈下降趋势，损耗角正切为品质因素的倒数，其规律与品质因素相反。

（5）在本次加速试验中，聚氨酯树脂涂层对样品有一定的保护作用，随着试验周期的延长，涂层出现老化、表面变色、气泡等损伤现象，外在的腐蚀介质通过破损涂层进入印制电路板腔体内部，内引线和外引线组成腐蚀原电池，导致电性能下降。

10.3 基于防护涂层体系的综合加速盐雾腐蚀试验

10.3.1 加速试验谱设计

海洋大气环境的主要特点是高温、高湿、高盐雾、强太阳辐射和干湿交替。根据以往研究结果，影响涂层体系老化的环境因素主要是太阳辐射、日照时间、温度变化、湿度变化和 Cl^- 等。有机涂层一旦暴露于东南沿海大气户外环境中，受太阳辐射的影响作用，有机涂层物理、化学、应力和生物等多种因素的综合作用被加速，聚氨酯树脂涂层一旦吸收相应的光波，聚氨酯树脂高分子链会发生断裂,表面大分子降解为小分子,形成易挥发的小分子产物与亲水性基团;同时,在含 Cl⁻ 海洋大气环境中,局部 Cl⁻ 逐渐积累并与潮湿气氛共同作用,一方面亲水性基团溶于水并离开涂层表面;另一方面 Cl⁻ 通过涂层中的宏观和微观缺陷渗透与扩散到涂层/金属基体表面,导致涂层表面变得粗糙,造成涂层性能的劣化,涂层物理屏蔽性能迅速下降,出现失光、变色、粉化等各种缺陷。

因此,试验设计应优先考虑我国海洋环境中温度、湿度、太阳辐射、降雨量以及 Cl⁻ 等典型自然环境因素条件比较严酷的、最具典型的海洋环境气候特点的东南沿海大气环境。表 10-9 列出了东南沿海的万宁、西沙和厦门 3 个地方的主要环境因素。由表 10-9 可知,3 个地方的相对湿度大,年降雨量多,平均温度高,太阳辐射强,同时万宁试验站存在 Cl⁻ 含量高的特点。

表 10-9 万宁试验站、西沙试验站和厦门试验站主要环境因素数据

试验站	年均气温/℃	年平均相对湿度/%	年日照时数/h	太阳辐射总量/(MJ/m²)	年降雨量/mm	空气中氯离子含量/[mg/(100cm²·d)]
万宁站	24.6	86	2454	4826	1942	3.5
西沙站	27.0	82	2532	6096	1600	—
厦门站	21.3	80	1500~2100	5825	1100~2000	0.03

有机涂层暴露于海洋大气户外环境中,对其老化影响显著的是温度、湿度、太阳辐射、降雨量以及 Cl⁻ 等环境因素,因此有机涂层循环组合试验模块设计应主要考虑温度、湿度、盐雾、太阳辐射和干湿交替的影响作用。万宁试验站存在高温、高湿、高盐雾等特点,因此,本次试验设计以万宁试验站环境因素为基础,开展实验室加速腐蚀试验设计。

根据气候环境、装备特点开展加速腐蚀试验设计,可选择湿热试验+盐雾环境模拟试验+太阳辐射试验组合试验。理论分析和文献分析表明,从对环境因素进一步整合,在太阳辐射试验的无光照阶段引入高湿环境因素,并与盐雾环境模拟试验组成的综合组合试验和海洋大气环境暴露试验结果更接近,加速速度更快。因此,设计综合组合试验为主,开展相关性研究。图 10-7 是实验室模拟户外暴露综合组合试验流程图。下面分别讨论各参数设计依据。

(1) 太阳辐射模块光源选择:因金属卤素灯在 290~3000nm 光谱范围和太阳光谱非常相似,同时金属卤素灯也是 GJB 150.7A—2009 中推荐的光源之一。因此,从模拟性和通用性考虑,太阳辐射试验模块选择金属卤素灯作为光源。

(2) 太阳辐射模块温度设置:试验箱空气温度为 44℃ 时。万宁暴露场的实际最高温度为 37℃,但考虑试验的加速性,在不超过样品允许使用温度情况下,本方法中的温度主要采用自然界中的极值温度。参照 GJB 150.7A—2009 中推荐的极值温度选取,在万宁户外暴露场的夏季,不同颜色、材料的样品表面最高

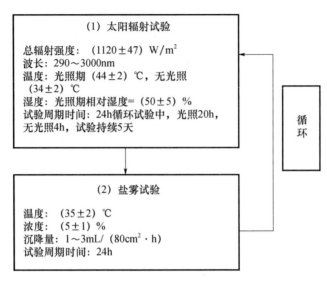

图 10-7 实验室模拟户外暴露综合组合试验流程图

温度为 60℃ 左右。通过实际测试,在金属卤素灯照射下,试验箱空气温度为 44℃ 时,样品表面最高温度可达 60℃ 左右;在试验箱空气温度为 49℃ 时,样品表面最高温度可能超过 70℃。

(3) 太阳辐射模块相对湿度设置:万宁试验站最大相对湿度为 100%,无光照过程为湿润过程,相对湿度为 $(95\pm5)\%$;光照过程为干燥过程,相对湿度为 $(50\pm5)\%$,模拟海洋大气环境中干湿交替过程。

(4) 太阳辐射模块时间设置:多因子协同试验每连续试验 5 天后,进入下一个试验程序。多因子协同试验时间主要以光辐射量为标准计算,本方法试验 5 天,辐射量相当于户外暴露 1 个月的平均辐射量。组合试验中采用万宁站 10 年年均太阳总辐射量($5000MJ/m^2$)计算实验室太阳辐射试验所需时间,具体计算方法如下:

实验室太阳辐射试验涂层接收 $5000MJ/m^2$ 能量所需时间为:$(5000\times10^6)/(1120\times20\times3600)=63$ 天(相当于户外暴露试验 1 年的辐射量),为便于和自然暴露试验样品对比,实验室太阳辐射试验每连续试验 5 天后,进入盐雾环境模拟试验阶段(实验室平均 5 天接收的辐射量相当于户外 1 个月的辐射量)。

(5) 盐雾环境模拟试验模块设置:参照 GJB 150.11A—2009《军用装备实验室环境试验方法第 11 部分:盐雾环境模拟试验》设置盐雾环境模拟试验条件。盐雾条件为 5% NaCl,中性盐雾 pH 为 6.5~7.2,试验温度为 $(35\pm2)℃$,盐雾沉积量为 $1\sim3mL/80cm^2 \cdot h$。考虑到影响涂层老化最主要因素为光照,因此,盐雾环境模拟试验时间所占整个循环试验的比例不应过大,而由前面分析可知,多因子协同试验时间为 5 天,为了提高多因子协同试验在整个循环试验中的时间比例,将盐雾环境模拟试验时间设计为 24h,即喷雾 24h。

10.3.2 老化行为对比分析

表 10-10 是镁合金涂层体系和铝合金涂层体系的海洋大气环境暴露试验 1 年的外观评级。表 10-11 是这两种合金涂层体系实验室加速腐蚀试验 72 天的外观评级。从表 10-10 和表 10-11 中可以看出,两种涂层体系的两种试验过程中均发生了变色现象。其中,镁合金涂层体系实验室加速腐蚀试验 30 天发生 1 级变色,试验 42 天发生 1 级起泡,试验 48 天发生 2 级变色;铝合金涂层体系实验室加速腐蚀试验 18 天发生 1 级变色,试验 42 天发生 2 级变色。镁合金涂层体系海洋大气环境暴露试验 3 个月发生 1 级变色,试验 9 个月发生 2 级变色,试验 12 个月发生 1 级起泡;铝合金涂层体系海洋大气环境暴露试验 2 个月发生 1 级变色,试验 9 个月发生 2 级变色。

同时,镁合金涂层体系实验室加速腐蚀试验 42 天和海洋大气环境试验 12 个月,涂层体系表面均出现了起泡现象;但铝合金涂层体系实验室加速腐蚀试验和海洋大气环境试验期间,涂层体系表面均未见起泡现象。

表 10-10 海洋大气环境试验外观评级

涂层体系	试验时间/月	变色	粉化	开裂	起泡	长霉	生锈	剥落	综合等级
镁合金涂层体系	2	0	0	0	0	0	0	0	0
	3	1	0	0	0	0	0	0	0
	6	1	0	0	0	0	0	0	0
	9	2	0	0	0	0	0	0	0
	12	2	0	0	1	0	0	1	1
铝合金涂层体系	1	0	0	0	0	0	0	0	0
	2	1	0	0	0	0	0	0	0
	6	1	0	0	0	0	0	0	0
	9	2	0	0	0	0	0	0	0
	12	2	0	0	0	0	0	0	0

表 10-11 实验室加速腐蚀试验外观评级

涂层体系	试验时间/天	变色	粉化	开裂	起泡	长霉	生锈	剥落	综合等级
镁合金涂层体系	18	0	0	0	0	0	0	0	0
	30	1	0	0	0	0	0	0	0

续表

涂层体系	试验时间/天	变色	粉化	开裂	起泡	长霉	生锈	剥落	综合等级
镁合金涂层体系	42	1	0	0	1	0	0	0	1
	48	2	0	0	1	0	0	0	1
	72	2	0	0	1	0	0	0	1
铝合金涂层体系	12	0	0	0	0	0	0	0	0
	18	1	0	0	0	0	0	0	0
	36	1	0	0	0	0	0	0	0
	42	2	0	0	0	0	0	0	0
	48	2	0	0	0	0	0	0	0
	72	2	0	0	0	0	0	0	0

10.3.3 老化规律对比分析

镁合金涂层体系实验室加速腐蚀试验72天和海洋大气环境暴露试验1年的失光率和色差变化曲线如图10-8所示。由图10-8可知，在两种试验过程中，镁合金涂层体系均出现增光和变色现象。其中，实验室加速腐蚀试验72天，涂层体系增光达到最大，失光率为-128%，色差变化为4.8，变色等级为2级；海洋大气环境暴露1年，失光率为-64%，色差变化为4.9，变色等级也为2级。

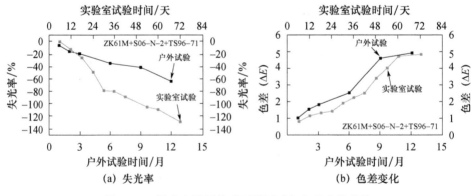

图10-8 镁合金涂层体系两种试验与色差变化趋势

铝合金涂层体系实验室加速腐蚀试验72天和海洋大气环境暴露试验1年的失光率和色差变化曲线如图10-9所示。从图10-9中可以看出，在两种试验过程中，铝合金涂层体系也均出现增光和变色现象。其中，实验室加速腐蚀试验 72 天,失光率为-13%,色差变化为 5.2,变色等级为 2 级;海洋大气环境暴露 1 年,失光率为-9%,色差变化为 4.9,变色等级也为 2 级。

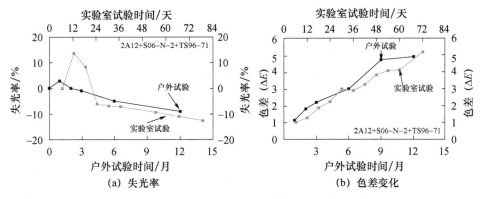

(a) 失光率　　　　　　　　　(b) 色差变化

图 10-9　铝合金涂层体系两种试验失光率与色差变化趋势

镁合金涂层体系和铝合金涂层体系实验室加速腐蚀试验 72 天和海洋大气环境暴露试验 1 年附着力数据如表 10-12 所示。由表 10-12 可知,两种涂层体系两种试验前后附着力等级均未发生变化,但镁合金涂层体系原始附着力比铝合金涂层体系差。

表 10-12　两种涂层体系两种试验附着力数据

试验类型	试验时间	镁合金涂层体系	铝合金涂层体系
	原始	2	1
实验室加速试验	36 天	2	1
	72 天	2	1
自然环境试验	6 个月	2	1
	1 年	2	1

▶ 10.3.4　红外谱图对比分析

镁合金涂层体系与铝合金涂层体系实验室加速腐蚀试验和海洋大气环境暴露试验的红外谱图如图 10-10 所示。由图 10-10 可知,尽管两种涂层体系面漆一致,但其红外谱图存在区别。

由图 10-10(a)可知,1732cm^{-1}、1525cm^{-1}、1453cm^{-1}、1384cm^{-1} 附近为涂层特征吸收峰。与原始涂层相比,实验室加速腐蚀试验 60 天和海洋大气环境暴露试验 1 年的特征峰强度均有一定程度下降,试验前,1732cm^{-1} 峰与 1082cm^{-1} 无机峰比值为 0.73;实验室试验 60 天,1732cm^{-1} 峰与 1082cm^{-1} 无机峰比值为

0.29；户外暴露试验 1 年，1732cm^{-1} 峰与 1082cm^{-1} 无机峰比值为 0.23。

由图 10-10(b)可知，1764cm^{-1}、1686cm^{-1}、1460cm^{-1}、1213cm^{-1} 附近为涂层特征吸收峰。与原始涂层相比，实验室加速腐蚀试验 60 天和海洋大气环境暴露试验 1 年的特征峰强度均有一定程度下降，试验前，1764cm^{-1} 峰与 1071cm^{-1} 无机峰比值为 0.35，1686cm^{-1} 峰与 1071cm^{-1} 无机峰比值为 0.45；实验室试验 60 天后，1764cm^{-1} 峰与 1071cm^{-1} 无机峰比值为 0.24，1686cm^{-1} 峰与 1071cm^{-1} 无机峰比值为 0.31；户外暴露试验 1 年，1764cm^{-1} 峰与 1071cm^{-1} 无机峰比值为 0.22，1686cm^{-1} 峰与 1071cm^{-1} 无机峰比值为 0.27。

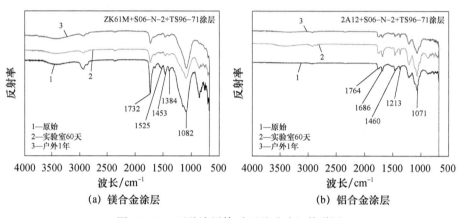

图 10-10　两种涂层体系两种试验红外谱图

10.3.5　模拟性分析

1. 铝合金涂层体系失光率模拟性分析

采用灰色关联法计算涂层体系失光率在实验室加速腐蚀试验和海洋大气环境暴露试验间的相关性。

将海洋大气环境暴露试验所得的铝合金涂层体系的失光率序列 x_0 作为母系列，实验室加速腐蚀试验所得的失光率序列 x_1 作为子系列，计算母系列与子系列之间的灰色关联系数和关联度。关联度越大，模拟性越好。

1) 母系列

海洋大气环境暴露试验：$x_0=(3.0, 0, -1.0, -5.0, -9.0)$

2) 子系列

实验室加速腐蚀试验：$x_1=(13.6, 8.2, -5.9, -7.3, -11.1)$

（1）无量纲化处理：采用初值化方法进行处理。

海洋大气环境暴露试验：$x_0=(1.00, 0, -0.33, -1.67, -3.00)$

实验室加速腐蚀试验:$x_1 = (1.00, 0.61, -0.43, -0.54, -0.82)$

(2) 计算数列的差系列、最大差、最小差。

$$\Delta_1(k) = (0, 0.61, 0.10, 1.13, 2.18)$$

$$\min_1 \min_k \Delta_2(k) = 0, \max_1 \max_k \Delta_2(k) = 2.18$$

(3) 计算关联系数和关联度。

关联系数按下式计算:

$$\zeta_i(k) = \frac{\min_i \min_k \Delta_i(k) + 0.5 \max_i \max_k \Delta_i(k)}{\Delta_i(k) + 0.5 \max_i \max_k \Delta_i(k)} \quad (10-2)$$

其中,$\xi_1 = (1, 0.64, 0.92, 0.49, 0.33)$。

关联度按下式计算:

$$r_i = \frac{1}{n} \sum_{k=1}^{n} \zeta_i(k) \quad (10-3)$$

铝合金涂层体系实验室加速腐蚀试验对海洋大气环境暴露试验的失光度关联度为:$r_1 = 0.68$。

2. 镁合金涂层体系失光率相关性分析

将海洋大气环境暴露试验所得的镁合金涂层体系的失光率序列 x_0 作为母系列,实验室加速腐蚀试验所得的失光率序列 x_1 作为子系列,计算母系列与子系列之间的灰色关联系数和关联度。关联度越大,模拟性越好。

1) 母系列

海洋大气环境暴露试验:$x_0 = (-16.0, -20.0, -35.0, -42.0, -64.0)$

2) 子系列

实验室加速腐蚀试验:$x_1 = (-13.2, -26.3, -79.0, -105.3, -128.8)$

(1) 无量纲化处理:采用初值化方法进行处理。

海洋大气环境暴露试验:$x_0 = (1.00, 1.25, 2.19, 2.63, 4.00)$

实验室加速腐蚀试验:$x_1 = (1.00, 1.99, 5.98, 7.98, 9.76)$

(2) 计算数列的差系列、最大差、最小差

$$\Delta_1(k) = (0, 0.74, 3.78, 5.35, 5.76)$$

$$\min_1 \min_k \Delta_2(k) = 0, \max_1 \max_k \Delta_2(k) = 5.76$$

(3) 计算关联系数和关联度

关联系数按式(10-2)计算:

$$\xi_1 = (1, 0.80, 0.43, 0.35, 0.33)$$

关联度按式(10-3)计算:

镁合金涂层体系实验室加速腐蚀试验对海洋大气环境暴露试验的失光度关联度为:$r_1 = 0.58$。

3. 铝合金涂层体系色差相关性分析

将海洋大气环境暴露试验所得的铝合金涂层体系的色差序列 x_0 作为母系列,实验室加速腐蚀试验所得的色差序列 x_1 作为子系列,计算母系列与子系列之间的灰色关联系数和关联度。关联度越大,模拟性越好。

1) 母系列

海洋大气环境暴露试验: $x_0 = (1.1, 1.8, 2.2, 3.0, 4.7, 4.9)$

2) 子系列

实验室加速腐蚀试验: $x_1 = (1.00, 1.26, 1.88, 2.98, 3.24, 5.18)$

(1) 无量纲化处理:采用初值化方法进行处理。

海洋大气环境暴露试验: $x_0 = (1.00, 1.64, 2.00, 2.73, 4.27, 4.45)$

实验室加速腐蚀试验: $x_1 = (1.00, 1.26, 1.88, 2.98, 3.24, 5.18)$

(2) 计算数列的差系列、最大差、最小差

$$\Delta_1(k) = (0, 0.38, 0.12, 0.25, 1.03, 0.73)$$

$$\min_{1}\min_{k}\Delta_2(k) = 0, \max_{1}\max_{k}\Delta_2(k) = 1.03$$

(3) 计算关联系数和关联度。

关联系数按式(10-2)计算:

$$\xi_1 = (1, 0.78, 0.73, 0.63, 0.40, 0.40)$$

关联度按式(10-3)计算:

铝合金涂层体系实验室加速腐蚀试验对海洋大气环境暴露试验的色差关联度为: $r_1 = 0.84$。

4. 镁合金涂层体系色差模拟性分析

将海洋大气环境暴露试验所得的镁合金涂层体系的色差序列 x_0 作为母系列,实验室加速腐蚀试验所得的色差序列 x_1 作为子系列,计算母系列与子系列之间的灰色关联系数和关联度。关联度越大,相关性越好。

1) 母系列

海洋大气环境暴露试验: $x_0 = (1.0, 1.5, 1.8, 2.5, 4.6, 4.9)$

2) 子系列

实验室加速腐蚀试验: $x_1 = (0.82, 1.13, 1.31, 1.90, 2.48, 4.80)$

(1) 无量纲化处理:采用初值化方法进行处理。

海洋大气环境暴露试验: $x_0 = (1.00, 1.50, 1.80, 2.50, 4.60, 4.90)$

实验室加速腐蚀试验: $x_1 = (1.00, 1.38, 1.60, 2.32, 3.02, 5.85)$

(2) 计算数列的差系列、最大差、最小差

$$\Delta_1(k) = (0, 0.12, 0.20, 0.18, 1.58, 0.95)$$

$$\min_{1}\min_{k}\Delta_2(k) = 0, \max_{1}\max_{k}\Delta_2(k) = 1.58$$

（3）计算关联系数和关联度。
关联系数按式(10-2)计算：
$$\xi_1 = (1, 0.69, 0.62, 0.51, 0.44, 0.46)$$
关联度按式(10-3)计算：
镁合金涂层体系实验室加速腐蚀试验对海洋大气环境暴露试验的色差关联度为：$r_1 = 0.83$。

10.3.6 加速性分析

1. 铝合金涂层体系失光率变化加速性分析

采用加速转换因子(ASF)法，以涂层老化失光率试验数据为表征参数，计算铝合金涂层体系实验室加速腐蚀试验相对于海洋大气环境暴露试验的加速倍率。

铝合金涂层体系两种试验的失光率数据如表 10-13 所示。

表 10-13　铝合金涂层体系两种试验的失光率数据

实验室加速腐蚀试验		海洋大气环境暴露试验	
试验时间/天	失光率/%	试验时间/月	失光率/%
0	0	1	0
6	13.64	2	3
12	8.2	3	0
18	-5.92	6	-1
24	-6.9	9	-5
30	-7.26	12	-9
48	-9.39	—	—
60	-11.05	—	—
72	-12.7	—	—

针对表 10-13 中铝合金涂层体系实验室加速腐蚀试验与海洋大气环境暴露试验的失光率数据，以试验时间为横坐标、失光率为纵坐标进行拟合，结果如下式：

$$\begin{cases} y_{户外} = -77.2059 \times e^{T/99.6214} + 77.9302, R^2 = 0.92 \\ y_{多因子组合} = 14.5037 \times e^{-t/42.1234} - 14.1574, R^2 = 0.98 \end{cases} \quad (10\text{-}4)$$

式中：$y_{户外}$ 为海洋大气环境暴露试验失光率；$y_{多因子组合}$ 为实验室多因子循环组合试验失光率；T 为海洋大气环境暴露试验时间(天)；t 为实验室加速腐蚀试验时间(天)。

根据式(10-4),计算不同试验方法达到相同失光率的时间,如表 10-14 所列。

表 10-14　不同试验方法达到相同失光率的时间

试验方法	达到相同失光率的时间/天								
	-9	-8.2	-7.4	-6.6	-5.8	-5.0	-4.2	-3.4	-2.6	-1
海洋大气环境暴露试验	360	327	300	270	240	213	186	156	126	66
实验室加速腐蚀试验	39	34	29	24	20	17	13	10	7	2

以实验室多因子循环组合试验时间 t 为横坐标,以达到相同色差海洋大气环境暴露试验时间与实验室加速腐蚀试验时间比值 T/t 为纵坐标作图,铝合金涂层体系失光率 ASF 随时间变化曲线如图 10-11 所示,并进行回归分析,得到 ASF 随多因子循环组合试验时间 t 的变化规律。

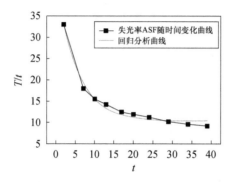

图 10-11　铝合金涂层体系失光率 ASF 随时间变化曲线

由图 9-26 进行回归分析,得到

$$\text{ASF}_{户外多因子} = 10.3014 + 32.0543 \times e^{-t/5.5492}, R^2 = 0.98 \quad (10\text{-}5)$$

式中:$\text{ASF}_{户外多因子}$为以涂层失光率为评定依据的实验室多因子循环组合试验对应于海洋大气环境暴露试验的加速倍率;t 为实验室加速腐蚀试验(天)。

可以看出,随着试验时间的延长,实验室加速腐蚀试验的铝合金涂层体系失光率对应于海洋大气环境暴露试验的加速倍率逐渐变小,并趋于稳定,其加速倍率范围为(9.2~33.0)倍。

2. 镁合金涂层体系失光率变化加速性分析

采用加速转换因子(ASF)法,以涂层老化失光率试验数据为表征参数,计算镁合金涂层体系实验室加速腐蚀试验相对于海洋大气环境暴露试验的加速倍率。

镁合金涂层体系两种试验的失光率数据如表 10-15 所列。

表 10-15　镁合金涂层体系两种试验失光率数据

实验室加速腐蚀试验		海洋大气环境暴露试验	
试验时间/天	失光率/%	试验时间/月	失光率/%
6	0	1	−7
12	−13.16	2	−16
18	−26.32	3	−20
24	−49.34	6	−35
30	−82.89	9	−42
36	−80.26	12	−64
42	−88.82	—	—
54	−105.27	—	—
60	−109.21	—	—
72	−128.8	—	—

针对表 10-15 中镁合金涂层体系实验室加速腐蚀试验与海洋大气环境暴露试验的失光率数据,以试验时间为横坐标、失光率为纵坐标进行拟合,结果见下式:

$$\begin{cases} y_{户外} = 210.6873 \times e^{T/34.8162} - 213.1165, R^2 = 0.99 \\ y_{多因子组合} = 189.9942 \times e4^{t/1.1365} - 159.334, R^2 = 0.97 \end{cases} \quad (10-6)$$

式中:$y_{户外}$ 为海洋大气环境暴露试验失光率;$y_{多因子组合}$ 为实验室加速腐蚀试验失光率;T 为海洋大气环境暴露试验时间(天);t 为实验室多因子循环组合试验时间(天)。

根据式(10-6),计算不同试验方法达到相同失光率的时间,如表 10-16 所列。

表 10-16　不同试验方法达到相同失光率的时间

试验方法	达到相同失光率的时间/天									
	−64	−59	−54	−48	−43	−37	−32	−28	−23	−13
海洋大气环境暴露试验	360	333	294	255	225	189	156	135	108	54
实验室加速腐蚀试验	29	27	25	22	20	18	17	15	14	11

以实验室加速腐蚀试验时间 t 为横坐标,以达到相同色差海洋大气环境暴露试验时间与实验室加速腐蚀试验时间比值 T/t 为纵坐标作图,镁合金涂层体系失光率 ASF 随时间变化曲线如图 10-12 所示,并进行回归分析,得到 ASF 随多因子循环组合试验时间 t 的变化规律。

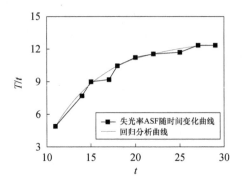

图 10-12　镁合金涂层体系失光率 ASF 随时间变化曲线

由图 10-12 进行回归分析,得到

$$\text{ASF}_{\text{户外多因子}} = 12.7161 - 54.5020 \times e^{-t/5.6884}, R^2 = 0.99 \quad (10-7)$$

式中:$\text{ASF}_{\text{户外多因子}}$ 为以涂层失光率为评定依据的实验室多因子循环组合试验对应于海洋大气环境暴露试验的加速倍率;t 为实验室加速腐蚀试验(天)。

可以看出,随着试验时间延长,实验室加速腐蚀试验的镁合金涂层体系失光率对应于海洋大气环境暴露试验的加速倍率逐渐变大,并趋于稳定,其加速倍率范围为 4.9~12.4 倍。

3. 铝合金涂层体系色差变化加速性分析

采用加速转换因子(ASF)法,以涂层老化色差试验数据为表征参数,计算铝合金涂层体系实验室加速腐蚀试验相对于海洋大气环境暴露试验的加速倍率。

铝合金涂层体系两种试验的色差数据,如表 10-17 所列。

表 10-17　铝合金涂层体系两种试验的色差数据

实验室加速腐蚀试验		海洋大气环境暴露试验	
试验时间/天	色差	试验时间/月	色差
6	0.99965	1	1.1
12	1.26193	2	1.8
18	1.8755	3	2.2
24	2.22097	6	3
30	2.97821	9	4.7
36	2.88852	12	4.9
42	3.24061	—	—
48	3.81834	—	—
54	4.04335		

续表

实验室加速腐蚀试验		海洋大气环境暴露试验	
试验时间/天	色差	试验时间/月	色差
60	4.13245	—	—
72	5.18421	—	—

针对表 10-17 中铝合金涂层体系实验室加速腐蚀试验与海洋大气环境暴露试验的色差数据,以试验时间为横坐标,色差为纵坐标进行拟合,结果见下式:

$$\begin{cases} y_{户外} = -7.1486 \times e^{-T/12.377} + 7.7590, R^2 = 0.96 \\ y_{循环组合} = 9.0956 \times e^{-t/104.0696} + 9.53416, R^2 = 0.96 \end{cases} \quad (10-8)$$

式中:$y_{户外}$ 为海洋大气环境暴露试验色差;$y_{循环组合}$ 为实验室加速腐蚀试验色差;T 为海洋大气环境暴露试验时间(天);t 为实验室加速腐蚀试验时间(天)。

根据式(10-8),计算不同试验方法达到相同色差的时间,如表 10-18 所示。

表 10-18 不同试验方法达到相同色差的时间

试验方法	达到相同色差的时间/天								
	1.1	1.5	1.9	2.3	2.7	3.1	3.5	3.9	4.3	4.9
海洋大气环境暴露试验	30	48	75	99	126	159	192	228	270	339
实验室加速腐蚀试验	8	13	18	24	30	36	43	50	58	70

以实验室加速腐蚀试验时间 t 为横坐标,以达到相同色差海洋大气环境暴露试验时间与实验室加速腐蚀试验时间比值 T/t 为纵坐标作图,铝合金涂层体系色差 ASF 随时间变化曲线如图 10-13 所示,并进行回归分析,得到 ASF 随实验室加速腐蚀试验时间 t 的变化规律。

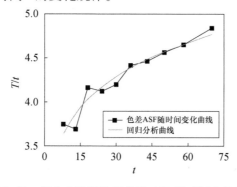

图 10-13 铝合金涂层体系色差 ASF 随时间变化曲线

由图 10-13 进行回归分析,得到

$$ASF_{户外多因子} = 2.80 \times t^{0.12}, R^2 = 0.93 \quad (10-9)$$

式中:$ASF_{户外多因子}$ 为以涂层色差为评定依据的实验室加速腐蚀试验对应于海洋大气环境暴露试验的加速倍率;t 为实验室加速腐蚀试验(天)。

可以看出,随着试验时间的延长,实验室加速腐蚀试验的 2A12+S06-N-2+TS96-71 涂层体系色差对应于海洋大气环境暴露试验的加速倍率逐渐变大,并趋于稳定,其加速倍率范围为 3.7~4.8 倍。

4. 镁合金涂层体系色差变化加速性分析

采用加速转换因子(ASF)法,以涂层老化色差试验数据为表征参数,计算镁合金涂层体系实验室加速腐蚀试验相对于海洋大气环境暴露试验的加速倍率。

镁合金涂层体系两种试验的色差数据,如表 10-19 所列。

表 10-19 镁合金涂层体系两种试验色差数据

实验室加速腐蚀试验		海洋大气环境暴露试验	
试验时间/天	色差	试验时间/月	色差
6	0.81915	1	1.0
12	1.13116	2	1.5
18	1.30567	3	1.8
24	1.40512	6	2.5
30	1.90249	9	4.6
36	2.22783	12	4.9
42	2.48207	—	—
48	3.36208	—	—
54	3.98304	—	—
60	4.69749	—	—
72	4.804	—	—

针对镁合金涂层体系实验室加速腐蚀试验与海洋大气环境暴露试验的色差数据,以试验时间为横坐标、色差为纵坐标进行拟合,结果如下式:

$$\begin{cases} y_{户外} = -23.8376 \times e^{-T/57.0779} + 24.4157, R^2 = 0.96 \\ y_{循环组合} = 5.3960 \times e^{t/112.9613} - 5.0181, R^2 = 0.95 \end{cases} \quad (10-10)$$

式中:$y_{户外}$ 为海洋大气环境暴露试验色差;$y_{循环组合}$ 为实验室加速腐蚀试验色差;T 为海洋大气环境暴露试验时间(天);t 为实验室加速腐蚀试验时间(天)。

不同试验方法达到相同色差的时间,如表 10-20 所列。

表 10-20　不同试验方法达到相同色差的时间

试验方法	达到相同色差的时间/天								
	1.0	1.4	1.9	2.3	2.7	3.1	3.5	3.9	4.3	4.9
海洋大气环境暴露试验	30	60	99	129	159	192	234	264	291	342
实验室加速腐蚀试验	12	20	28	34	40	46	52	57	62	69

以实验室加速腐蚀试验时间 t 为横坐标，以达到相同色差海洋大气环境暴露试验时间与实验室加速腐蚀试验时间比值 T/t 为纵坐标作图，镁合金涂层体系色差 ASF 随时间变化曲线如图 10-14 所示，并进行回归分析，得到 ASF 随多因子循环组合试验时间 t 的变化规律。

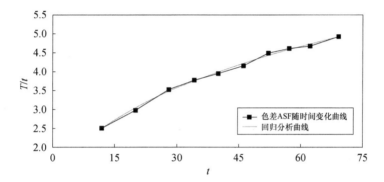

图 10-14　镁合金涂层体系色差 ASF 随时间变化曲线

由图 10-14 进行回归分析，得到下式：

$$\text{ASF}_{\text{户外多因子}} = 0.94 \times t^{0.39}, R^2 = 0.99 \qquad (10\text{-}11)$$

式中：$\text{ASF}_{\text{户外多因子}}$为以涂层色差为评定依据的实验室加速腐蚀试验对应于海洋大气环境暴露试验的加速倍率；t 为实验室加速腐蚀试验(天)。

可以看出，随着试验时间的延长，实验室加速腐蚀试验的镁合金涂层体系色差对应于海洋大气环境暴露试验的加速倍率逐渐变大，并趋于稳定，其加速倍率范围为 2.5~4.9 倍。

5. 总结

采用灰色关联法计算涂层体系的失光率与色差在实验室加速腐蚀试验和海洋大气环境暴露试验间的相关性，其中铝合金涂层体系两种试验的失光率和色差关联度分别为 0.68 和 0.84；镁合金涂层体系两种试验的失光率和色差关联度分别为 0.58 和 0.83。以失光率和色差为指标计算涂层体系实验室多因子循环组合试验和海洋大气环境暴露试验的加速性，相对于海洋大气环境暴露试验而言，铝合金涂层体系的实验室加速倍率分别为 9.2~33 倍和 3.7~4.8 倍，镁合金涂层体系的实验室加速倍率分别为 4.9~12.4 倍和 2.5~4.9 倍。镁合金涂层体系与铝合金涂层体系两种涂层体系实验室加速腐蚀试验和海洋大气环境暴露试验的老化模式和老化机理一致，两种试验的色差和失光率关联度较好、加速倍率较高，表明设计的实验室加速腐蚀试验方法合理，具有较好的模拟性和加速性。

10.4 系统级装备综合加速盐雾腐蚀试验分析

当前，随着军事训练实战化程度日益提高，军用装备"全天候、全疆域"运用需求不断凸显，这就要求装备必须经历多样、复杂、严酷的服役环境。然而，现阶段我军装备新老交替周期较长，将装备置于实际服役环境中进行全过程试验，试验周期过长，工程上只能采用实验室加速试验的方法，通过分析装备实际服役环境的特点，建立加速试验环境谱，强化关键腐蚀因素的影响效果，加速腐蚀效应进程，模拟装备服役一定时间后的腐蚀情况。利用该方法可实现对装备的环境适应性评价与服役寿命的预测，并制订合理的保养维修方案，实现对腐蚀耐久性的控制，降低腐蚀效应对装备使用造成的不利影响。

为了给系统级装备服役寿命预测、防护性能评估和维修保养方案的制订提供重要依据，根据装备服役的特点综合分析了沿海部署典型环境区中影响腐蚀过程的相关环境因素，建立以太阳辐射、湿热、盐雾为关键环境因素的系统级装备加速试验环境谱，明确了各因素的具体试验条件，提出了构建加速试验与实际服役环境腐蚀效应的当量加速关系分析法。

10.4.1 装备服役的特点及环境谱的基本构成

以沿海部署雷达装备为例，其处于服役阶段占比大，基本处于未开机阶段也暴露在大气环境中。目前环境室试验的被试装备关键功能部位大部分都密封，装备的损伤往往从表面开始，因此加速环境谱的编制，应重点考虑装备的涂层受到环境的影响。加速环境谱的编制还应考虑服役地区的气候环境总体特征，根据美国军标 MIL-STD-810H—2019《环境工程考虑和实验室试验》和 GJB 8893—2017《军用装备自然环境试验方法》、GJB 150A—2009《军用装备实验室环境试验方法》，沿海部署雷达装备的服役环境是沿海大气腐蚀环境。根据服役地区的大气环境特点，确定装备造成腐蚀性损伤的关键环境因素。在实际情况下的整个服役过程中，各种环境因素产生的腐蚀作用相互影响，较为复杂。为了在实验室环境下再现各种环境因素的腐蚀作用，必须对环境因素进行筛选，将对腐蚀贡献小的环境因素剔除，确定对腐蚀贡献大的关键环境因素。确定对装备造成腐蚀性损伤的关键因素包括湿度、温度、紫外线以及空气腐蚀性污染物(如氯化物、硫化物等)。

装备加速腐蚀试验,不对环境因素影响的全部历程进行描述,只针对已提取出的关键环境因素,结合装备服役过程中的环境腐蚀(或老化)历程,在确保典型部位的腐蚀效应和力学作用状态与实际环境下的使用情况相一致的基础上,合理确定各环境因素块的施加顺序,将腐蚀效应过程以"谱"的形式再现,从而真实全面地再现实际服役过程中装备出现的腐蚀效应的形式。根据对雷达装备服役特点的分析,以涂层为研究对象,确定装备加速试验环境谱的基本构成,可确认太阳辐射、湿热和盐雾3个环境块依次施加,为尽可能考核复合因素的影响,可采用涂层加速试验谱太阳辐射、盐雾组合设计为综合组合试验。

▶ 10.4.2 加速试验环境谱的分析

各环境块试验条件的确定,由装备服役地区的气候环境与平均服役时间决定,应以服役地区实际气候资料为基础进行分析确定。满足装备全疆域使用的要求,应选择腐蚀情况最为严重的地区作为模拟对象,故以沿海湿热地区为例编制车辆装备表面涂层加速试验环境谱。在编制过程中,应注意依据"全面性、一致性、经济性、可操作性、可靠性"的加速试验环境编制准则,制定出既可反映装备实际服役情况,又能缩短腐蚀历程,节约试验成本,且易于实现和操作的装备加速试验环境谱。

结合调研情况分析,装备的腐蚀发展速度呈现由沿海地区向内陆地区逐渐降低的趋势,东南沿海某些地区个别装备实际使用年限为1年,涂层就已出现分离、剥落等情况,需进行维修重涂,结合部队现实反应,认为此类装备的环境适应性不合格。因此,加速试验谱确定的环境因素折算基准至少1年。

▶ 10.4.3 当量加速关系的确定

利用加速试验环境谱,使装备在较短的时间达到与较长服役时间之间的对应关系,称为加速腐蚀当量关系(简称当量加速关系)。目前,计算当量关系的方法很多,但基本都是以某种材料体系计算。

(1)利用腐蚀监测仪,以基材腐蚀电流 I_c 作为基材腐蚀的表征参数,进行不同腐蚀环境之间的当量折算。在基材腐蚀过程中,I_c 随腐蚀作用的强弱呈谱状变化,在时间 t 内基材的腐蚀量为 Q。对同一结构,由选定的试验谱,在 t' 试验时间内的腐蚀量为 Q'。如果使 $Q=Q'$,即可建立起两种环境的当量关系。为了实现试验周期的缩短,一般利用提高试验温湿度、电解液浓度的方法提高 I'_c 值,从而缩短 t',即可得到当量折算系数。环境谱经等损伤当量折算后,试验时

间缩短 T 倍,从而实现实验室环境与装备实际服役环境的等腐蚀加速试验。

（2）在装备表面涂层加速试验中,涂层腐蚀破坏程度是一个随腐蚀程度不断增加的指标。基于腐蚀程度对比确定当量关系,其基本思路是:以起泡面积、失光率、粉化程度、剥落面积、膜厚变化等变量作为统计指标,建立构件实际腐蚀与加速试验腐蚀情况的数据库,将腐蚀程度参数化,利用统计学方法分析比较有关数据,初步确定加速关系,再结合扫描电子显微镜、傅里叶变换红外光谱分析,对实际损伤被试装备和加速试验被试装备涂层腐蚀产物进行形貌观察与分析比较,从腐蚀产物的生成量与化学成分角度验证对应关系的准确性。

第11章

装备腐蚀效应抑制与装备防腐蚀维护

科学、有效的腐蚀防护及控制流程是减缓腐蚀效应的关键措施。装备腐蚀防护及控制设计流程不仅能够有效指导装备在论证、研制、生产中的结构选材与防护工艺设计，还可有效指导装备使用、维护过程中的腐蚀防护与控制，避免腐蚀发展到严重程度而造成重大的经济损失和安全危害。

11.1 正确选材和发展新型耐蚀材料

装备结构设计选材前，首先应详细了解结构材料的预期使用环境，这些环境既包括装备可能服役的外部环境，如高原低气压环境、海洋大气环境、干热沙漠环境等，也包括装备不同部位所用材料遭遇的局部环境，如总体环境、外部环境、内部环境、舱内微环境等。同时，结构选材必须全面考虑材料的力学性能、耐蚀性能和工艺性能等综合要求，遵循适用性和可行性原则，主要包括以下几方面：

（1）优先选用耐蚀性优异的材料。
（2）所选材料能够满足装备指标要求。
（3）物理、力学和加工工艺性能等满足设计要求。
（4）材料耐蚀性能满足使用要求或预期寿命指标。
（5）优先选用环境试验验证、经多年工程应用证明可靠的材料。
（6）连接结构材料采用恰当的防电偶腐蚀措施。
（7）经济可承受性。
（8）所选材料的品种、规格等应尽量标准化，以利于系列管理和降低成本。

在选材过程中，在掌握不同结构材料耐蚀性指标与预期服役环境的基础上，设计人员首先应了解是否具有材料-环境腐蚀数据，若有这方面数据，则可直接对材料-环境耐蚀性进行排序，分析不同环境对材料耐蚀性影响，原则上优先选用耐蚀较好的材料作为结构设计材料。若没有相应材料-环境腐蚀数据，则应进行相应环境试验，考核不同环境对材料耐蚀性的影响，掌握材料在典型环境下的失效模式、失效机理、腐蚀规律等，对材料-环境的耐蚀性进行排序，在特定环境下优选耐蚀性较好的材料，并对不同结构材料的耐蚀性提出对策与建议。

11.2 合理采用防腐蚀表面技术

11.2.1 基本要求

在装备表面防护设计时，首先应掌握防护工艺可能的预期使用环境，这些环境既包括装备本身的局部使用环境，如敞开区、半封闭区和全封闭区，也包括装备服役的外部环境，如高原低气压环境、海洋大气环境、干热沙漠环境等，以及这些环境可能给装备本身局部使用环境带来的变化。在防护工艺优化设计时，必须全面考虑外部自然环境、装备局部环境、工艺性能等综合要求，所选防护工艺应能满足在严酷气候环境下抗老化防护能力，主要包括以下几方面：

（1）优先选用耐蚀性和功能性优异的防护工艺。
（2）所选防护工艺能够满足装备指标要求。
（3）环境、基材、防护体系视为一体，综合进行优选组合。防护涂层除考虑本身的防护性能之外，还应考虑与基材的附着力、涂层之间的配套相容性、与配套的密封剂相容和施工工艺性能等。
（4）所选基材应进行合适的表面处理，应便与防护涂层进行更好的适配。
（5）不同防护区域应根据预期使用环境选用合适防护体系，其中敞开区和半封闭区应涂底漆和面漆，全封闭区可只涂底漆。
（6）尽量采用绿色环保、无毒害的防护涂层。
（7）经济可承受性。

11.2.2 防护涂层的要求

底漆优选时应考虑以下要求：
（1）对基材表面有很好的附着力。
（2）底漆对涂装的表面有良好的湿润性，黏度不能太高。
（3）底漆中含有具有阴极保护的颜料，如锌粉等。
（4）底漆的基料和颜料具有屏蔽作用，能减少水、氧、离子的渗透。
面漆优选时应考虑以下要求：

(1) 所选面漆具有优异的抗老化性能,包括抗紫外、盐雾、湿热等。

(2) 面漆应与底漆具有良好的结合力。

11.2.3 特殊连接部位的防护要求

1. 异种金属连接部位

异种金属连接部位设计应考虑以下事宜:①异种金属连接部位设计时,当两者电位相差较大时,应完全绝缘隔离,如放置绝缘垫片,但绝缘垫片不允许采用吸湿性强的材料;②当异种金属不能被完全隔离时,应采用合适的表面处理技术,必要时应喷涂有机涂层,如铝合金与钛合金连接时,可在钛合金表面进行离子镀铝后与铝合金连接;③所有金属螺钉或螺栓在进入异种金属之前,接触面均应喷涂有机涂料或密封胶。

2. 焊接部位

焊接部位的焊接热影响区极易发生腐蚀,对于焊接部位应做好充分的防护处理。

(1) 对于钢焊接件而言,钢焊接后可采用镀层(镀镉、镀锌等)和化学氧化处理,再喷涂底漆和面漆进行防护;带内腔的焊接件,外部焊接件如起落架轮叉等,一般不采用电镀或磷化处理,而应直接涂漆。

(2) 对于铝合金焊接件而言,可采用阳极化处理后喷涂底漆和面漆,电焊件和滚焊接不能采用电镀和阳极化,应采用冷氧化并涂漆或磷化涂漆。

11.3 装备结构防腐蚀设计

11.3.1 防电偶腐蚀设计

应尽量避免电位相差较大(电位差大于 250mV)的异种金属材料或金属材料与导电非金属材料之间的直接连接,如碳纤维增强复合材料与铝合金连接。当必须连接时,接触部位应采取恰当的绝缘措施,利用金属镀层减少电位差,或者采用阳极氧化、化学转化膜、有机涂层等表面技术实现异种材料之间的有效隔离。避免大阴极小阳极的连接结构,尽量采用密封连接形式。

11.3.2 防缝隙腐蚀设计

设计中应避免出现缝隙,造成缝隙腐蚀。在条件允许的情况下,可采用无缝隙连接技术,如焊接代替铆接或螺接。对存在的缝隙应采用防水密封材料进行填充,避免潮气聚积和液体滞留。

11.3.3 防应力腐蚀设计

对于这类由应力和环境交互作用导致的腐蚀损伤,除了尽可能降低环境腐蚀的影响,设计中还应尽量使结构承载合理,截面尺寸变化均匀,避免锐角,以减少应力集中,将结构件最大许用应力合理控制在相应金属材料的应力腐蚀破裂的临界应力以下。

11.3.4 防潮排水设计

尽量采用密封结构,合理优化通风口、排水路径、排水孔、排水阀、排水沟的设计和布置,避免雨水和潮气的侵入、凝结、汇集。对于易积水的结构,应在最低位置开设排水孔。MIL-HDBK-1568《航空武器系统材料和工艺的腐蚀防护与控制》规定所有的排水管最小直径应达到9.525mm(0.375英寸)。

11.3.5 可检性、可达性、可修性设计

1. 结构腐蚀可检性设计

腐蚀损伤的早期检查很重要,可对结构进行及时修复,将损伤和昂贵的修理费用减至最低。对初始腐蚀和将要腐蚀的部位使用记号标出,便于进行预防性测量。在制造、试验和使用维护中,普遍性的检查基本上靠目视方法进行,也可广泛采用先进的无损检测方法。

在进行彻底检查时,必须具备良好的光线、适当的检查通道、良好的能见度,必要时可将检查表面清洗干净或除去涂层。

结构腐蚀损伤可检性和检测仪器可达性设计的基本要求如下:

(1) 保证结构的可检性,检测仪器和工具能可达,能采用先进的无损检测方法和装置。

(2) 检测时间最短、劳动量与费用最少、检测装置最少。

(3) 设置专用的检查通道。

(4) 提出要求检测的部位和重点检测监控部位。

2. 结构腐蚀可达性设计

结构腐蚀损伤可达性设计要求如下:

(1) 结构上各种维护口盖、舱门的尺寸、方向和位置等都要方便维修人员的工作,为维修人员的手或身体及基本维修工具提供必要的通路和活动空间。需要频繁开启的口盖尽可能设计为快速开启式。

(2) 对结构件按其可达性进行分类。凡是不可达的构件其防护体系应在规定的寿命期内有效;凡是在装备机使用寿命期内有可能损坏而需修理或更换零件的必须可达、可检。

(3) 需要检查、修理或定期更换的零部件,结构上应考虑使用不同的检测手段(包括污水检测或其他设备)进行检查的可能性,并为这些设备和人员提供足够的通路去接近、拆卸、修理或更换这些零部件。

(4) 腐蚀关键零部件必须是易于接近的。

3. 结构腐蚀可修性设计

(1) 提高易损件/易腐蚀件的标准化、互换性程度,凡是能采用标准件的应尽可能采用标准件,需要更换的零件应做到可以互换。

(2) 结构设计或更换件时,应注意所更换零件的继承性,尽量做到不同型号或同一型号的不同类型之间的零件能够互换。

(3) 所有接头,特别是大型锻件的接头应安装衬套和/或留有腐蚀修理余量,以免因接头的磨损和/或腐蚀造成整个接头/锻件的报废。

(4) 凡是在使用寿命期内可能出现故障的结构件,以及需要高级或中级维护的零部件和受到磨损的零件,必须是可修理的,并预计其修理方法。

11.4 改善装备局部使用环境

装备腐蚀与接触局部环境密切相关,因此改善装备局部使用环境,降低局部环境腐蚀严酷度是腐蚀控制的重要技术途径。改善环境可以从以下两方面入手:

(1) 控制或减缓环境尤其是局部环境中引起腐蚀的不利因素,如温度、湿度、氯离子等腐蚀介质浓度。装备(装备)在储存过程中,采取密封包装、干燥剂防潮、定期通干燥空气、抽真空或抽真空后充填惰性气体的方式排除潮气和氧、氯离子等腐蚀介质,保持微环境干燥,可以有效减轻或阻止腐蚀。采取恰当的降温措施将环境温度控制在一定范围内,可以降低腐蚀速率。

(2) 在腐蚀环境中加入缓蚀剂以减缓材料腐蚀。缓蚀剂技术是一种重要的改善环境腐蚀的方法,具有操作简单、见效快、经济效益较高等优点。

参考文献

[1] 张其勇,黄燕滨,巴国召,等.武器装备腐蚀控制再制造工程的探讨[J].中国表面工程,2006(z1):244-246.

[2] 曾凡阳,刘元海,丁玉洁.海洋环境下军用飞机腐蚀及其系统控制工程[J].装备环境工程,2013(6):77-81.

[3] 罗九林,张其勇,郭金茂,等.两栖装甲装备腐蚀规律探讨[J].车辆与动力技术,2005(1):55-59.

[4] 柯伟,王振尧,韩薇.大气腐蚀与装备环境工程[J].装备环境工程,2004(1):2-7.

[5] 王光雍,李晓刚,董超芳.材料腐蚀与装备环境工程[J].装备环境工程,2005,2(1):1-6.

[6] 牟子方,魏汝祥,袁昊劼,等.美军腐蚀防护与控制项目研究[J].情报杂志,2017(5):26,41-45.

[7] 闫凯,宋庆军,李秀娟,等.盐雾腐蚀及其试验中需要注意的几个问题分析[J].环境技术,2013(4):18-20.

[8] 秦晓洲,常文君.自然环境试验与武器装备发展[J].装备环境工程,2005(6):9-12.

[9] 苏艳.国内外自然环境试验标准体系探讨[J].中国标准化,2003(3):27-28.

[10] 祝耀昌,魏莱,程丛高.GJB 150/150A、GJB 4239 和 MIL-STD-810F/G 的特性和相互关系分析[J].航天器环境工程,2012,29(3):243-249.

[11] 祝耀昌,张建军.GJB 150A 的应用和剪裁[J].航天器环境工程,2012,29(6):608-615.

[12] 孙德强,吴忠国.雷达兵器腐蚀与防护技术的发展状况[J].材料保护,2003,26(10):42-44.

[13] 董艳,杨崇斌,朱庆洪,等.雷达天线腐蚀研究进展[J].装备环境工程,2013(3):69-71,82.

[14] 龚光福,应允熙.海洋环境腐蚀特征与雷达户外防蚀技术[J].雷达科学与技术,1994(3):40-47.

[15] 陈建军.高性能耐候钢周期浸润腐蚀试验系统设计与实现[D].沈阳:东北大学,2011.

[16] 王秀静,陈克勤,张炬,等.金属大气暴露与模拟加速腐蚀结果相关性探讨[J].装备环境工程,2012(1):99-103,109.

[17] 郑爱琴,宋新莉,曹宇,等.含铜低合金耐磨钢在盐雾环境中的腐蚀行为[J].腐蚀科学与防护技术,2018,31(3):279-284.

[18] 彭京川,郭赟洪,杨晓然.多因素综合海洋气候自然加速试验技术相关性和加速性验证[J].装备环境工程,2016(5):104.

[19] 朱蒙,李明,李刚,等.不同环境下微动开关腐蚀形貌及接触电阻变化对比分析研究[J].装备环境工程,2019,16(04):95-100.

[20] 王建刚,陈清华,吴宇,等.盐雾箱温度均匀度及饱和桶制热量的不确定度分析[J].环境技术,2019,(3):23.

[21] 曹辉.盐雾箱盐雾沉降率校准方法探讨[J].计量与测试技术,2012(12):11-12.

[22] 易杰. 盐雾试验箱的校准方法[J]. 计量技术,2019(9):47-50.

[23] 郭丽雯,张智,王益民. 机车车辆电子装置盐雾试验箱盐雾沉降率不确定度评定[J]. 机车电传动,2013(2):70-73.

[24] 王忠. 盐雾含量与盐雾沉降率测量计算及其相互关系分析[J]. 环境技术,2019(4):15-18.

[25] 林华新. 盐雾试验设备盐雾沉降率的不确定度评定[J]. 计量与测试技术,2015(7):98-99.

[26] 林华新. 盐雾试验设备温度偏差的不确定度评定[J]. 计量与测试技术,2015(8):66-67.

[27] 林军,林景星,刘萍,等. 盐雾环境模拟试验设备计量性能量值溯源方法研究[J]. 质量技术监督研究,2011(5):7.

[28] 姜海,黄胜勇,殷祥琪. 沿海装备腐蚀现状及防护措施[J]. 投资与合作,2012(4):304-304.

[29] 羊军,赵书平,李金国,等. 军用地面雷达装备环境工程探讨[J]. 装备环境工程,2015(2):103-106,111.

[30] 刘峰,宋弘清,黄政然,等. 沿海地区输电铁塔防护涂层耐腐蚀性能研究[J]. 装备环境工程,2015(4):88-93,100.

[31] 赵文德,温茂禄,孙协胜. 沿海地区军用车辆腐蚀原理分析[J]. 汽车运用,2003(7):46.

[32] 马长李,马瑞萍,白云辉. 我国沿海地区大气环境特征及典型沿海地区大气腐蚀性研究[J]. 装备环境工程,2017,14(8):65-69.

[33] 肖以德,李兴濂. 金属和保护涂(镀)层的腐蚀试验[J]. 防腐包装,1987(5):51-54.

[34] 胡滨,刘孟. 表面镀锌产品盐雾试验条件对试验结果的影响[J]. 山东工业技术,2018(23):38,44.

[35] 天华化工机械及自动化研究设计院. 腐蚀与防护手册 第1卷 腐蚀理论、试验及监测[M]. 北京:化学工业出版社,2008.

[36] 王俊芳,杨晓然. 军用防腐涂料涂装的发展探讨[J]. 装备环境工程,2005,2(6):45-47.

[37] 宋诗哲,王守琰,高志明,等. 图像识别技术研究有色金属大气腐蚀早期行为[J]. 金属学报,2002,38:893-896.

[38] 王守琰,高志明,宋诗哲. 实海试样腐蚀形貌图像特征提取及分析[J]. 腐蚀科学与防护技术,2001,13(增刊):461-463.

[39] 宋诗哲,王守琰,等. 小波图像分析研究有色金属大气腐蚀早期行为[C]. 全国腐蚀电化学进展与应用学术研讨会论文集,2000.

[40] 张其勇,黄燕滨,巴国召,等. 武器装备腐蚀控制再制造工程的探讨[J]. 中国表面工程,2006(z1):244-246.

[41] 曾凡阳,刘元海,丁玉洁. 海洋环境下军用飞机腐蚀及其系统控制工程[J]. 装备环境工程,2013(6):77-81.

[42] 杨杰,李乐. 基于机器视觉的表面粗糙度测量与三维评定[J]. 光学技术,2016,42(6):491-495.

[43] 纪钢. 材料外观腐蚀形貌特征机器视觉原值检测评价方法及装置:201310706409.0[P]. 2013-12-20.

[44] 赵卉,刘红兰,邬嫡波,等. 一种利用太赫兹时域光谱技术检测金属腐蚀的方法:201410373478.9[P]. 2014-07-31.

[45] 徐国强,汪金花,曹兰杰,等. 检测混凝土腐蚀产物的高光谱测试与分析方法:201710788317.X

[P]. 2017-09-04.

[46] 张血琴,高润明,郭裕钧,等. 基于激光诱导击穿光谱技术的绝缘子金具腐蚀检测方法:201811573081.9 [P]. 2018-12-21.

[47] GUPTA N K,ISAACSON B G. Real time in-service inspection of bare and insulated above-ground pipelines[J]. Materials Evaluation,1997,55(11):1219-1225.

[48] KANTOLA K,TENNO R. Machine vision in detection of corrosion products on SO_2 exposed ENIG surface and an in situ analysis of the corrosion factors[J]. Journal of Materials Processing Technology,2009(5): 2707-2714.

[49] MARTIN D,GUINEA D M,GARCÍA-ALEGRE et al. Multi-modal defect detection of residual oxide scale on a cold stainless steel strip[J]. Machine Vision and Applications,2010,21(5):653-666.

[50] CHOI C,PARK B,JUNG S. The design and analysis of a feeder pipe inspection robot with an automatic pipe tracking system. IEEE/ASME Transactions on Mechatronics,2010,15(5):736-745.

[51] MEDINA R,GAYUBO F,GONZÁLEZ-RODRIGO L M. Automated visual classification of frequent defects in flat steel coil. International Journal of Advanced Manufacturing Technology,2011,57(9-12):1087-1097.

[52] YAMMEN S,MUNEESAWANG P. An Advanced Vision System for the Automatic Inspection of Corrosions on Pole Tips in Hard Disk Drives[J]. IEEE Transactions on Components,Packaging and Manufacturing Technology,2014,4(9):1523-1533.

[53] WÓJCICKI T. Simulation model of surface heterogeneity,using gielis' superformula for adaptive methods of image analysis[J]. Solid State Phenomena,2015,237:89-94.

[54] ONG A T,MUSTAPHA A,IBRAHIM Z B,et al. Real-time automatic inspection system for the classification of PCB flux defects. American Journal of Engineering and Applied Sciences 2015,8(4):504-518

[55] STANKIEWICZ A,WINIARSKI J,STANKIEWICZ M,et al. Corrosion resistance evaluation of Ni-P\nano-ZrO_2 composite coatings by electrochemical impedance spectroscopy and machine vision method. Materials and Corrosion 2015,66(7):643-648.

[56] STANKIEWICZ A,STANKIEWICZ M,WINIARSKI J,et al. Machine vision system for corrosion detection as an additional tool beside EIS for evaluation of protective properties of electrolessly deposited Ni-P coatings[J]. Solid State Phenomena,2015,227:557.

[57] 童小燕. 海洋工程腐蚀损伤数据库与数字仿真技术[M]. 北京:科学出版社,2012.

[58] 陈群志,崔常京,王逾涯,等. 典型机场地面腐蚀环境数据库研究[J]. 装备环境工程,2006,3(3): 47-49.

[59] 王琦,王洁,杨美华. 环境工程标准与共享数据库的建立[J]. 装备环境工程,2011,08(1):82-85.

[60] 张锋,乔宁,王光耀. 材料腐蚀数据库(网络版)的设计与制作[J]. 腐蚀科学与防护技术,2004(3): 55-57.

[61] 王珊,萨师煊. 数据库系统概论[M]. 5版. 北京:高等教育出版社,2014.

[62] 童小燕,吕胜利,姚磊江,等. 海洋工程腐蚀损伤数据库与数字仿真技术[M]. 北京:科学出版社,2012.

[63] 陆鑫,张凤荔,陈安龙.数据库系统原理、设计与编程[M].北京:人民邮电出版社,2019.

[64] 明日科技.SQL Server 从入门到精通[M].北京:清华大学出版社,2012.

[65] 李久青,杜翠薇.腐蚀试验方法及监测技术[M].北京:中国石化出版社,2007.

[66] MANSFILD, KENKEL J V. Electrochemical monitoring of atmosphere corrosion phenomena[J]. corr. Sci., 1979,16(3):111.

[67] WATER C W. Laboratory Simulation of atmospheric corrosion by SO_2 electrochemical mass loss comparisons [J]. Corr. Sci. ,1991,32(12):1331.

[68] 王凤平,张学元,雷良才,等.二氧化碳在 A3 钢大气腐蚀中的作用[J].金属学报,2000,36(1):55.

[69] 文邦伟,朱玉琴.美军基于模拟仿真的加速腐蚀系统[J].装备环境工程,2011,8(1):48-53,58.

[70] 陈典斌,柯宏发,韩东霏.仿真技术在装备环境适应性试验与评价中的应用[J].中国设备工程,2017(22):108-110.

[71] 刘静.模拟加速腐蚀专家模拟器软件在美海军飞机腐蚀损伤评估中的应用[J].装备环境工程,2014(6):124-129.

[72] 江雪龙,杨晓华.加速腐蚀当量加速关系研究方法综述[J].装备环境工程,2014(6):50-58.

[73] 张天宇,何宇廷,李昌范,等.盐雾加速腐蚀与沿海大气环境的腐蚀等效关系研究[J].机械强度,2018(3):596-601.

[74] 王秀静,陈克勤,张炬,等.金属大气暴露与模拟加速腐蚀结果相关性探讨[J].装备环境工程,2012,9(1):99-103,109.

[75] 赵保平,张韬.系统级装备环境试验与评估若干问题探讨[J].装备环境工程,2012(06):60-68,77.

[76] 金伟晨.以南海环境为例的海洋环境下装备适应性研究[J].船舶物资与市场,2018,153(05):37-41.

[77] 王绍明.模拟大气环境加速腐蚀试验的研究[J].装备环境工程,2005,2(4):4.

[78] 陈群志,孙祚东,韩恩厚,等.典型飞机结构加速腐蚀试验方法研究[J].装备环境工程,2004,1(5):18-22.

[79] 谭晓明,穆志韬,张丹峰,等.海军飞机结构当量加速腐蚀试验研究[J].装备环境工程,2008,5(2):9-11.

[80] 徐安桃,周慧,李锡栋,等.车辆装备有机涂层加速腐蚀试验方案设计[J].军事交通学院学报,2008,20(12):36-40.

[81] 刘治国,贾明明,王晓刚,等.某型复合材料加速腐蚀与大气腐蚀当量关系分析[J].装备环境工程,2018,15(1):74-77.

[82] 谭晓明,王德,衣俸贤,等.当量加速腐蚀条件下飞机结构耐久性评估方法研究[J].装备环境工程,2017,14(3):84-89.

[83] 徐安桃,孙波,吕湘毅,等.车辆装备涂层加速试验环境谱研究[J].军事交通学院学报,2016,18(4):30-34.

[84] 武月琴,傅耘,敖亮,等.典型环境条件下装备环境适应性的评估方法[J].装备环境工程,2010,7(6):109-112.

[85] 李敏伟,傅耘,蔡良续,等. 航空装备腐蚀损伤当量折算方法研究[J]. 装备环境工程,2010(6):224-227.

[86] 穆志韬,柳文林,于战樵. 飞机服役环境当量加速腐蚀折算方法研究[J]. 海军航空工程学院学报,2007(3):5-8.

[87] 陈跃良,段成美,金平,等. 飞机结构局部环境加速腐蚀当量谱[J]. 南京航空航天大学学报,1999,31(3):338-341.

[88] 康蓉莉,姬广振. 装甲车辆环境剖面分析及环境量值确定[J]. 装备环境工程,2008,5(6):68-71.

[89] 张皓玥,张菲玥,钟勇,等. 装备的环境腐蚀效应抑制技术[J]. 四川兵工学报,2017,38(3):180-182,187.

[90] 张则敏,遇宏. 导弹装备在沿海地区防腐蚀措施[J]. 装备环境工程,2004(5):32-35.

[91] 张皓瘫. 装备的环境腐蚀效应抑制技术[J]. 兵器装备工程学报,2017,38(3):180-182,187.

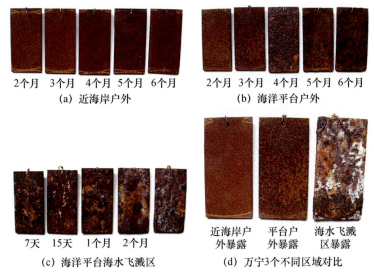

图 3-2 20 钢暴露于海南万宁近海岸户外、海洋平台户外和
海洋平台海水飞溅区腐蚀形貌

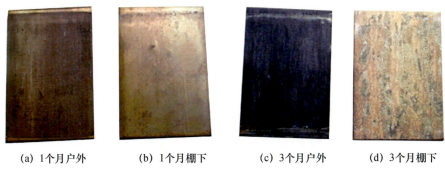

图 3-4 H68 黄铜暴露于万宁平台户外和棚下宏观腐蚀形貌

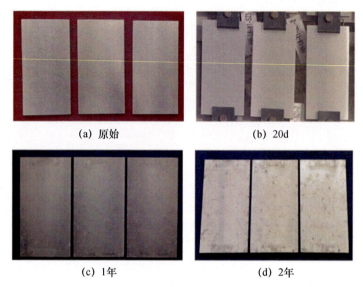

(a) 原始 (b) 20d

(c) 1年 (d) 2年

图 3-8 6061 铝合金硫酸阳极氧化海洋大气环境暴露试验的宏观腐蚀形貌

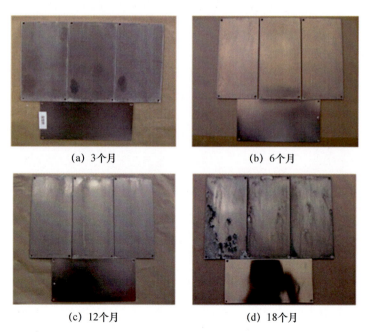

(a) 3个月 (b) 6个月

(c) 12个月 (d) 18个月

图 3-9 2A12 铝合金镀镍层海南万宁滨海户外腐蚀形貌

(a) 原始

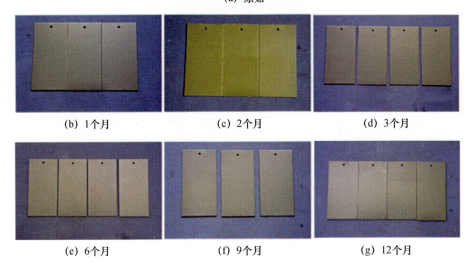

图 3-10 铝合金涂层体系外观形貌

(a) 原始

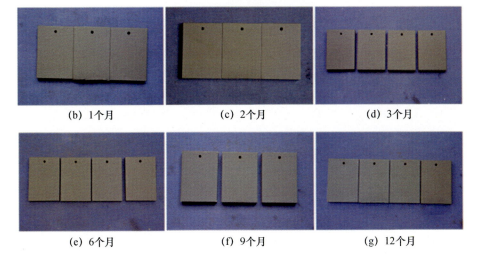

图 3-11 镁合金涂层体系外观形貌

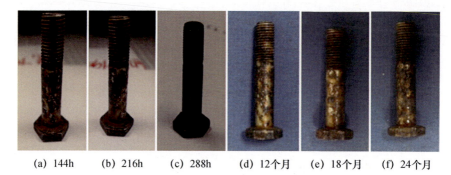

(a) 144h (b) 216h (c) 288h (d) 12个月 (e) 18个月 (f) 24个月

图 4-15 钝化后的螺栓在盐雾环境模拟试验和外场自然环境试验下的宏观腐蚀照片对比

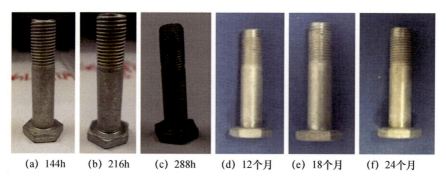

(a) 144h (b) 216h (c) 288h (d) 12个月 (e) 18个月 (f) 24个月

图 4-17 镀镉螺栓盐雾环境模拟试验和自然环境试验外观

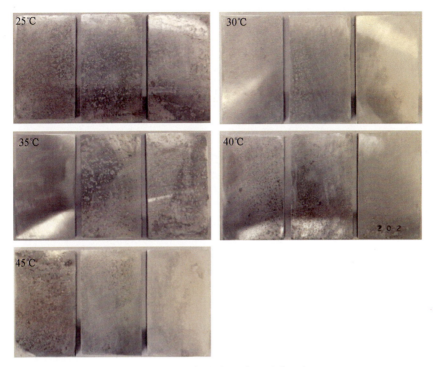

图 5-6 挂片宏观腐蚀形貌

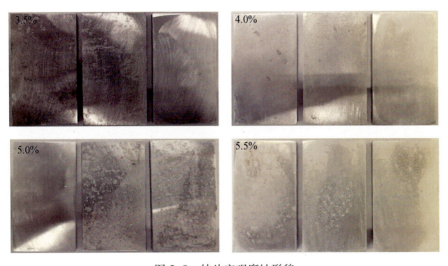

图 5-8 挂片宏观腐蚀形貌

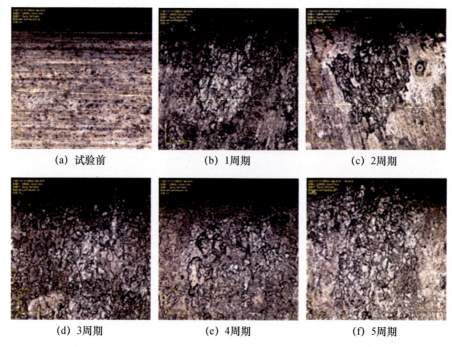

图 5-21 盐雾环境模拟试验不同周期后的 2A12 铝合金表面形貌

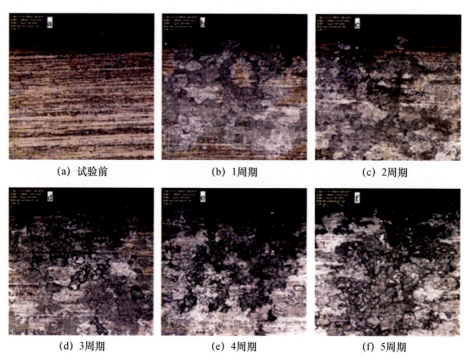

图 5-22 盐雾环境模拟试验不同周期后的 6061 铝合金表面形貌

图 6-6　正面 ORB 特征点图

图 6-7　正面和偏差 15°目标特征匹配图

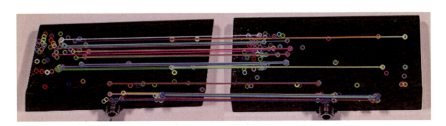

图 6-8　正面和偏角 30°目标特征匹配图

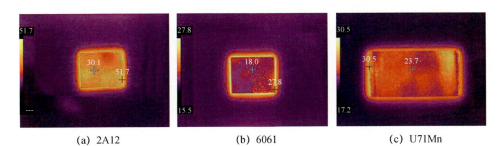

(a)　2A12　　　　　　　(b)　6061　　　　　　　(c)　U71Mn

图 6-17　盐雾模拟试验前金属被试装备的红外热像图

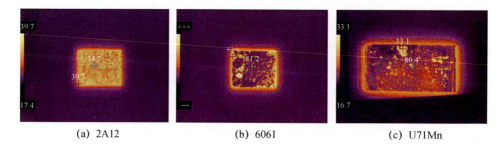

图 6-18　盐雾模拟试验后金属被试装备的红外热像图

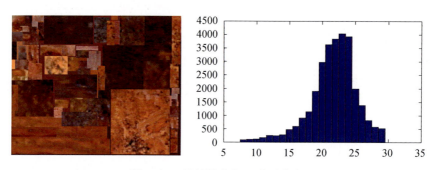

图 6-21　铁锈样本与 H 分量分布

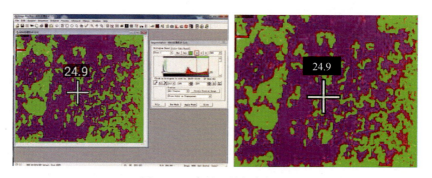

图 6-37　腐蚀区域颜色标记

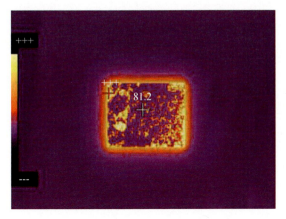

图 6-54 某样件盐雾模拟试验后红外热成像采集图像

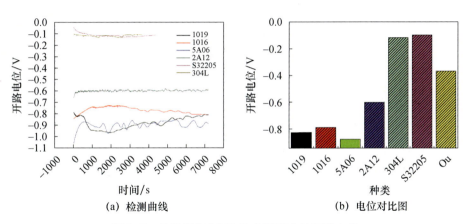

(a) 检测曲线　　　　　　　　(b) 电位对比图

图 8-5 各材质在 5%NaCl 水溶液中的开路电位

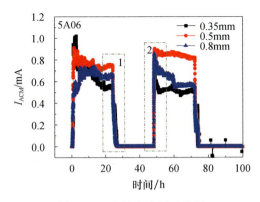

图 8-16 腐蚀电流测试结果

彩 9

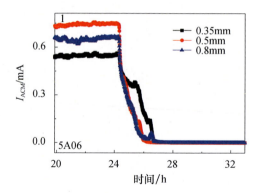

图 8-17 喷雾转干燥阶段电流监测曲线

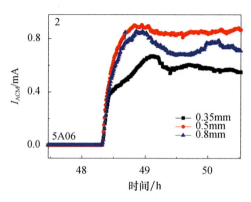

图 8-18 干燥转喷雾阶段电流监测曲线

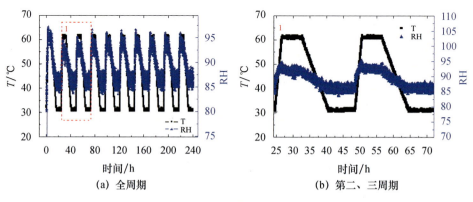

(a) 全周期　　　　　　　　　　(b) 第二、三周期

图 8-19 湿热试验温湿度的测试曲线

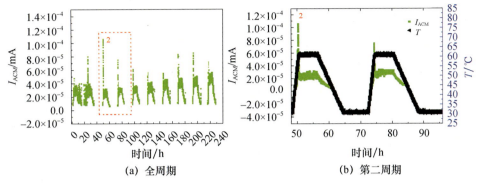

图 8-20 不涂盐传感器腐蚀电流的测试曲线

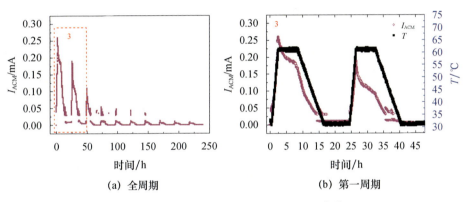

图 8-21 涂盐传感器腐蚀电流的测试曲线

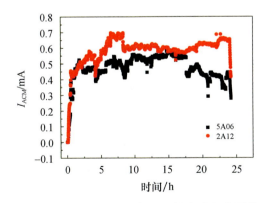

图 8-22 环境腐蚀测量仪测试的腐蚀电流图谱

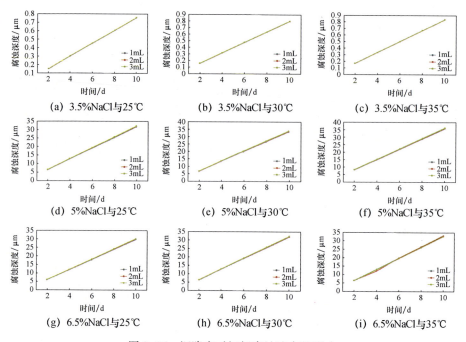

图 9-26　沉降率对铝板腐蚀速率的影响

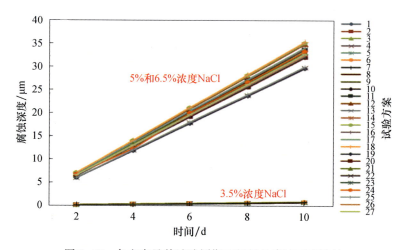

图 9-27　各方案及其试验周期下铝板的腐蚀速率统计

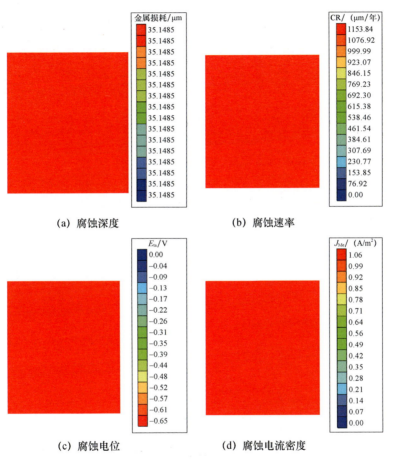

图 9-28　方案 18 中铝板各腐蚀数据

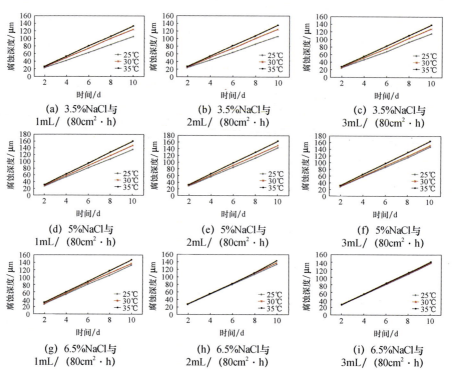

图 9-29 温度对 Fe-Al 模型腐蚀速率的影响

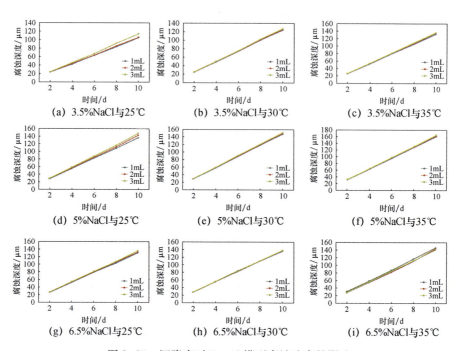

图 9-31 沉降率对 Fe-Al 模型腐蚀速率的影响

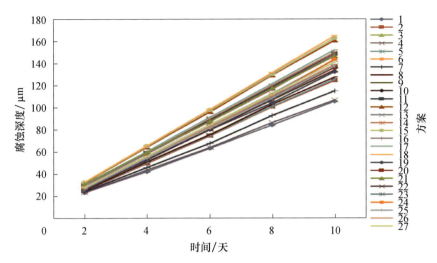

图 9-32　各试验方案下 Fe-Al 模型的腐蚀速率统计

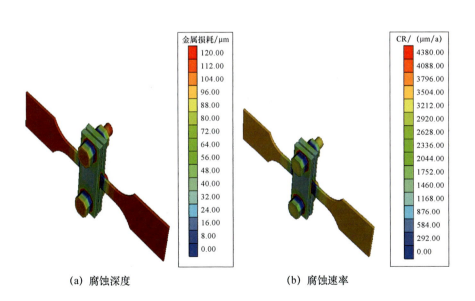

(a) 腐蚀深度　　　　　　　　(b) 腐蚀速率

彩 15

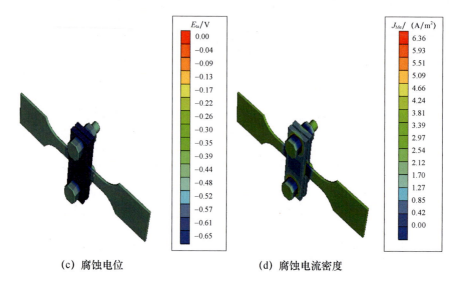

(c) 腐蚀电位　　　　　　　　(d) 腐蚀电流密度

图 9-33　方案 18 中 Fe-Al 模型的各腐蚀数据

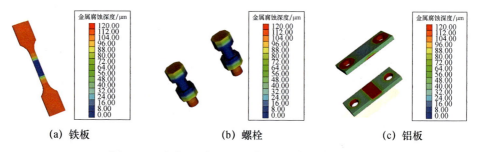

(a) 铁板　　　　　　(b) 螺栓　　　　　　(c) 铝板

图 9-34　方案 18 中 Fe-Al 模型各部件的腐蚀深度

彩 16